职业院校课程改革“十四五”精品教材

U0325309

工程数学

主编◎易福侠　胡美菱　吴青燕

哈爾濱工程大學出版社
Harbin Engineering University Press

内容简介

本书是在高等教育大众化和办学层次多样化的新形势下，结合工科学生工程数学教学的基本要求，充分体现知识的需求和实用性，符合新形势下的教学改革精神。全书共三篇 11 章，主要包括行列式，矩阵，线性方程组，矩阵的特征值、特征向量与二次型，随机事件与概率，随机变量及其概率分布，随机变量的数字特征，大数定律与中心极限定理，样本与抽样分布，参数估计，假设检验。

本书既可作为高等职业院校理工科类各专业教材，也可作为工程技术人员参考用书。

图书在版编目（CIP）数据

工程数学 / 易福侠，胡美菱，吴青燕主编. —哈尔滨：哈尔滨工程大学出版社，2024.1

ISBN 978-7-5661-4261-0

I. ①工… II. ①易… ②胡… ③吴… III. ①工程数学 IV. ①TB11

中国国家版本馆 CIP 数据核字（2024）第 018470 号

工程数学

GONGCHENG SHUXUE

责任编辑 吴振雷

封面设计 赵俊红

出版发行 哈尔滨工程大学出版社

社　　址 哈尔滨市南岗区南通大街 145 号

邮政编码 150001

发行电话 0451-82519328

传　　真 0451-82519699

经　　销 新华书店

印　　刷 三河市中晟雅豪印务有限公司

开　　本 787 mm×1 092 mm　1/16

印　　张 15.5

字　　数 396 千字

版　　次 2024 年 1 月第 1 版

印　　次 2024 年 1 月第 1 次印刷

定　　价 49.80 元

书　　号 ISBN 978-7-5661-4261-0

http://www.hrbeupress.com

E-mail:heupress@hrbeu.edu.cn

前　言

党的二十大报告提出，“建设现代化产业体系。坚持把发展经济的着力点放在实体经济上，推进新型工业化，加快建设制造强国、质量强国、航天强国、交通强国、网络强国、数字中国”。

工程数学是各本（专）科院校学生的一门必修的基础理论课程，内容涵盖线性代数、概率论与数理统计等，是专业必需的知识基础和数学工具。工程数学的应用领域渗透到自然科学、工程技术、社会科学、经济管理等多个方面，对于培养学生的逻辑思维、工程应用、空间想象等能力，以及养成良好的科学素养有着重要意义。

本书以循序渐进、深入浅出的方式介绍工程数学中的各个知识点，结合大量例题进行讲解，以实际案例为知识背景，创设教学情境，提高学生学习知识的兴趣，充分调动学生参与课堂教学的积极性、主动性。

本书的内容体系完备，结构合理，重、难点叙述详尽，并与工程实际相结合。每章末都配有一定量的习题，以巩固所学知识。

全书共三篇 11 章，主要包括行列式，矩阵，线性方程组，矩阵的特征值、特征向量与二次型，随机事件与概率，随机变量及其概率分布，随机变量的数字特征，大数定律与中心极限定理，样本与抽样分布，参数估计，假设检验。

本书由易福侠、吴青燕和胡美菱担任主编，由魏小红、李智、陶亚宾、董显正、宁雪彤、曾志芳担任副主编。本书具体分工如下：易福侠编写第 1 到第 3 章，吴青燕编写第 4 章，胡美菱编写第 5 章，魏小红编写第 6 章，李智编写第 7 章，陶亚宾编写第 8 章，董显正编写第 9 章，宁雪彤编写第 10 章，曾志芳编写第 11 章。本书的相关资料和售后服务可扫封底微信二维码或登录 www.bjzzwh.com 下载获得。

由于编者水平有限，书中难免存在疏漏和不当之处，敬请各位专家及读者批评指正。

编　者

目 录

第一篇 线性代数

第二篇 概率论

第三篇　数理统计

第一篇

线性代数

第1章　行　列　式

本章导读

行列式起源于求解线性方程组，是方阵的一个数字特征．在线性代数中也是一个基本工具，讨论许多问题都要用到它．本章首先引入二阶和三阶行列式的概念，并在此基础上给出 n 阶行列式的定义并讨论其性质和计算，进而应用 n 阶行列式导出了求解 n 元线性方程组的克莱姆法则，同时应用 n 阶行列式给出求逆矩阵的另一种方法——伴随矩阵法．

本章重点

- 掌握行列式的定义．
- 了解行列式的应用．
- 掌握克莱姆法则．
- 掌握行列式的基本计算方法．

素质目标

- 引导学生灵活、抽象、猜想、活跃的数学思维，逐步形成数学意识．
- 培养学生严谨逻辑推理能力，空间想象能力，运算能力和综合运用所学知识分析问题和解决问题的能力．

1.1　行列式的定义和性质

1.1.1　行列式的定义

初等数学中，二阶行列式是在二元线性方程组的求解中提出的．设二元线性方程组为

$$\begin{cases} a_{11}x_1 + a_{12}x_2 = b_1, \\ a_{21}x_1 + a_{22}x_2 = b_2. \end{cases} \tag{1.1}$$

可以写成矩阵方程 $\boldsymbol{AX}=\boldsymbol{b}$，其中系数矩阵、位置数列向量和常数列向量分别为

$$A=\begin{pmatrix}a_{11} & a_{12}\\ a_{21} & a_{22}\end{pmatrix},\ X=\begin{pmatrix}x_1\\ x_2\end{pmatrix},\ b=\begin{pmatrix}b_1\\ b_2\end{pmatrix}.$$

利用消元法可得

$$\begin{cases}(a_{11}a_{22}-a_{12}a_{21})x_1=a_{22}b_1-a_{12}b_2,\\(a_{11}a_{22}-a_{12}a_{21})x_2=a_{11}b_2-a_{21}b_1.\end{cases}\tag{1.2}$$

即

$$\begin{cases}x_1=\dfrac{a_{22}b_1-a_{12}b_2}{a_{11}a_{22}-a_{12}a_{21}},\\[2ex]x_2=\dfrac{a_{11}b_2-a_{21}b_1}{a_{11}a_{22}-a_{12}a_{21}}.\end{cases}\tag{1.3}$$

为了使式(1.3)更加简明便于记忆，把式中分母，即二阶方阵 $A=\begin{pmatrix}a_{11} & a_{12}\\ a_{21} & a_{22}\end{pmatrix}$ 的对角线元素乘积 $a_{11}a_{22}$ 减副对角线元素 $a_{12}a_{21}$ 的差（“对角线法则”），称为二阶方阵 A 的行列式，简称二阶行列式，记为 $|A|=\begin{vmatrix}a_{11} & a_{12}\\ a_{21} & a_{22}\end{vmatrix}=a_{11}a_{22}-a_{12}a_{21}$. 利用二阶行列式的定义，式(1.3)可表示为

$$x_1=\frac{\begin{vmatrix}b_1 & a_{12}\\ b_2 & a_{22}\end{vmatrix}}{\begin{vmatrix}a_{11} & a_{12}\\ a_{21} & a_{22}\end{vmatrix}},\quad x_2=\frac{\begin{vmatrix}a_{11} & b_1\\ a_{21} & b_2\end{vmatrix}}{\begin{vmatrix}a_{11} & a_{12}\\ a_{21} & a_{22}\end{vmatrix}}.$$

类似的，在三元线性方程组 $\begin{cases}a_{11}x_1+a_{12}x_2+a_{13}x_3=b_1,\\a_{21}x_1+a_{22}x_2+a_{23}x_3=b_2,\\a_{31}x_1+a_{32}x_2+a_{33}x_3=b_3\end{cases}$ 的求解中引出三阶行列式，其定义为

$$|A|=\begin{vmatrix}a_{11} & a_{12} & a_{13}\\ a_{21} & a_{22} & a_{23}\\ a_{31} & a_{32} & a_{33}\end{vmatrix}=a_{11}a_{22}a_{33}+a_{12}a_{23}a_{31}+a_{13}a_{21}a_{32}-a_{13}a_{22}a_{31}$$
$$-a_{12}a_{21}a_{33}-a_{11}a_{23}a_{32}.$$

三阶行列式展开式也可用对角线法则得到：对角线及与之“平行”的两条线上各三个元素乘积外加“+”号，而副对角线及与之“平行”的两条线上各个元素的乘积外加“—”号，三阶行列式的“值”，等于这六项的代数和.

例 1 计算三阶行列式 $\begin{vmatrix}1 & 0 & 5\\ -1 & 4 & 3\\ 2 & 4 & 7\end{vmatrix}$.

解法 1（用定义）

$$\begin{vmatrix}1 & 0 & 5\\ -1 & 4 & 3\\ 2 & 4 & 7\end{vmatrix}=1\times\begin{vmatrix}4 & 3\\ 4 & 7\end{vmatrix}-0\times\begin{vmatrix}-1 & 3\\ 2 & 7\end{vmatrix}+5\times\begin{vmatrix}-1 & 4\\ 2 & 4\end{vmatrix}=1\times(28-12)-0+5\times$$

$(-4-8)=-44$.

解法 2 （用对角线法则）

$$\begin{vmatrix} 1 & 0 & 5 \\ -1 & 4 & 3 \\ 2 & 4 & 7 \end{vmatrix}=1\times4\times7+0\times3\times2+5\times(-1)\times4-1\times3\times4-0\times(-1)\times7-5\times4\times2=-44.$$

我们还发现三阶行列式 $|\mathbf{A}|$ 还可以写为如下形式

$$|\mathbf{A}|=\begin{vmatrix} a_{11} & a_{12} & a_{13} \\ a_{21} & a_{22} & a_{23} \\ a_{31} & a_{32} & a_{33} \end{vmatrix}$$

$$=(-1)^{1+1}a_{11}\begin{vmatrix} a_{22} & a_{23} \\ a_{32} & a_{33} \end{vmatrix}+(-1)^{1+2}a_{12}\begin{vmatrix} a_{21} & a_{23} \\ a_{31} & a_{33} \end{vmatrix}+(-1)^{1+3}a_{13}\begin{vmatrix} a_{21} & a_{22} \\ a_{31} & a_{32} \end{vmatrix}. \tag{1.4}$$

分析式(1.4)：右端的三项是三阶行列式中第 1 行的三个元素 $a_{1j}(j=1, 2, 3)$ 分别乘一个二阶行列式，而所乘的二阶行列式是划去该元素所在的行与列以后，由剩余的元素组成；另外，每一项之前都要乘以 $(-1)^{1+j}$，1 和 j 恰好是 a_{1j} 的行标和列标.

按照这一规律，可以用三阶行列式定义出四阶行列式，以此类推，可以给出 n 阶行列式的定义.

定义 1.1 n 阶方阵 $\mathbf{A}=(a_{ij})_{n\times n}$ 的行列式 $|\mathbf{A}|=\begin{vmatrix} a_{11} & a_{12} & \cdots & a_{1n} \\ a_{21} & a_{22} & \cdots & a_{2n} \\ \vdots & \vdots & & \vdots \\ a_{n1} & a_{n2} & \cdots & a_{nn} \end{vmatrix}$ 是按如下规则确定的一个数：

当 $n=1$ 时，$|\mathbf{A}|=|a_{11}|=a_{11}$；

当 $n\geqslant2$ 时，假定 $n-1$ 阶行列式已经定义，删除 n 阶行列式 $|\mathbf{A}|$ 元素 a_{ij} 所在的第 i 行和第 j 列，所得到的 $n-1$ 阶行列式，称为 a_{ij}（在行列式 $|\mathbf{A}|$ 中或在矩阵 $\mathbf{A}$ 中）的余子式，记为 M_{ij}；而令 $A_{ij}=(-1)^{i+j}M_{ij}$，A_{ij} 称为元素 a_{ij}（在行列式 $|\mathbf{A}|$ 中或在矩阵 $\mathbf{A}$ 中）的代数余子式.

$$|\mathbf{A}|=\begin{vmatrix} a_{11} & a_{12} & \cdots & a_{1n} \\ a_{21} & a_{22} & \cdots & a_{2n} \\ \vdots & \vdots & & \vdots \\ a_{n1} & a_{n2} & \cdots & a_{nn} \end{vmatrix}=a_{11}A_{11}+a_{12}A_{12}+\cdots+a_{1n}A_{1n}=\sum_{j=1}^{n}a_{1j}A_{1j} \tag{1.5}$$

公式(1.5) 表明：n 阶行列式等于行列式第 1 行的各元素乘以各自代数余子式之积的和．因此公式(1.5) 又称为行列式“按第 1 行展开”.

如果按公式(1.5) 逐次递推，最终得到 n！项，每一项的形式为 $\pm a_{1j_1}a_{2j_2}\cdots a_{nj_n}$，其中 j_1，j_2，…，j_n 是自然数 1，2，…，n 的一种排列．n 阶行列式的“完全展开式”的 n！个项，都是不同行、不同列的 n 个元素的乘积，冠以确定的正、负号．简记为 $D=$

$\det(a_{ij})$ 或 $D=|a_{ij}|$.

要特别注意的是，前面提到的关于三阶行列式的“对角线法则”，对于四阶和四阶以上的行列式是不适用的.

为了理解 n 阶行列式的定义及余子式、代数余子式的定义，给出下例.

例 2 按定义计算四阶行列式 $D=\begin{vmatrix} 0 & 3 & 6 & 0 \\ -2 & 3 & 0 & 1 \\ 0 & 1 & 7 & 2 \\ 4 & -5 & 1 & 1 \end{vmatrix}$.

解 按上定义 2.1，有

$$D=0A_{11}+3A_{12}+6A_{13}+0A_{14}=3A_{12}+6A_{13}=-3\begin{vmatrix} -2 & 0 & 1 \\ 0 & 7 & 2 \\ 4 & 1 & 1 \end{vmatrix}+6\begin{vmatrix} -2 & 3 & 1 \\ 0 & 1 & 2 \\ 4 & -5 & 1 \end{vmatrix}$$

$$=102.$$

例 3 计算下三角行列式(当 $i<j$ 时，$a_{ij}=0$，即主对角线以上元素全为零)：

$$D_n=\begin{vmatrix} a_{11} & & & \\ a_{21} & a_{22} & & \\ \vdots & \vdots & \ddots & \\ a_{n1} & a_{n2} & \cdots & a_{nn} \end{vmatrix}.$$

解 由 n 阶行列式的定义

$$D_n=\begin{vmatrix} a_{11} & & & \\ a_{21} & a_{22} & & \\ \vdots & \vdots & \ddots & \\ a_{n1} & a_{n2} & \cdots & a_{nn} \end{vmatrix}=a_{11}\begin{vmatrix} a_{22} & & & \\ a_{32} & a_{33} & & \\ \vdots & \vdots & \ddots & \\ a_{n1} & a_{n2} & \cdots & a_{nn} \end{vmatrix}=\cdots=a_{11}a_{22}\cdots a_{nn}.$$

同样可计算上三角行列式(当 $i>j$ 时，$a_{ij}=0$，即主对角线以下元素全为零)：

$$D_n=\begin{vmatrix} a_{11} & a_{12} & \cdots & a_{1n} \\ & a_{22} & \cdots & a_{2n} \\ & & \ddots & \vdots \\ & & & a_{nn} \end{vmatrix}=a_{11}a_{22}\cdots a_{nn}.$$

特别的，对角矩阵 $\boldsymbol{\Lambda}$ 所对应的行列式，即

$$|\boldsymbol{\Lambda}|=\begin{vmatrix} a_{11} & & & \\ & a_{22} & & \\ & & \ddots & \\ & & & a_{nn} \end{vmatrix}=a_{11}a_{22}\cdots a_{nn},$$

单位矩阵 $\boldsymbol{E}$ 所对应的行列式，即

$$|\boldsymbol{E}|=\begin{vmatrix}1 & & & \\ & 1 & & \\ & & \ddots & \\ & & & 1\end{vmatrix}=1.$$

在 n 阶行列式的定义中，给出了行列式计算的一般方法，但在实际中，用这种方法计算三阶以上的行列式，计算量大．因此，本章将讨论行列式的性质，以得到简化计算行列式的方法．但在讨论行列式的性质前，应该特别指出，行列式和矩阵是两个不同的概念，矩阵是数字排成的矩形表格，若矩阵中只是改变一个元素，就改变了矩阵．而行列式外形像方阵，但它不用括号，而用直线段包围，它是方阵的一个数字特征，即方阵对应的行列式是一个数；两个看起来差别很大的行列式有可能相等，例如，

$$\begin{vmatrix}1 & 2 & 3\\ 0 & 4 & 5\\ 0 & 0 & 6\end{vmatrix}=\begin{vmatrix}4 & 5\\ 0 & 6\end{vmatrix}=\begin{vmatrix}2 & 0\\ 5 & 12\end{vmatrix}=24.$$

1.1.2　行列式的性质

与矩阵相仿，行列式的行与列互换称为转置，行列式 D 的转置行列式记为 D^{T}.

性质 1　行列式与其转置行列式相等.

性质 2　行列式的某一行(列) 的公因子可以提到行列式的记号外，换言之，若用数 k 乘以行列式，等于把数 k 乘以行列式的某一行(列)：

$$\begin{vmatrix}\boldsymbol{\alpha}_1\\ \vdots\\ k\boldsymbol{\alpha}_s\\ \vdots\\ \boldsymbol{\alpha}_n\end{vmatrix}=k\begin{vmatrix}\boldsymbol{\alpha}_1\\ \vdots\\ \boldsymbol{\alpha}_s\\ \vdots\\ \boldsymbol{\alpha}_n\end{vmatrix}.\text{(以行为例)}$$

性质 3　互换行列式的两行(列)，行列式变号：

$|\boldsymbol{\alpha}_1, \cdots, \overset{(s)}{\boldsymbol{\alpha}_s}, \cdots, \overset{(t)}{\boldsymbol{\alpha}_t}, \cdots, \boldsymbol{\alpha}_n|=-|\boldsymbol{\alpha}_1, \cdots, \overset{(s)}{\boldsymbol{\alpha}_t}, \cdots, \overset{(t)}{\boldsymbol{\alpha}_s}, \cdots, \boldsymbol{\alpha}_n|$，$1\leqslant s<t\leqslant n$.(以列为例)

性质 4　如果行列式有两行(列) 相同，那么行列式为零.

证　互换行列式的某两行(列)，则 $|\boldsymbol{A}|=-|\boldsymbol{A}|$，则 $|\boldsymbol{A}|=0$.

推论 1　若行列式某两行(列) 对应成比例，则行列式等于零：

$|\boldsymbol{\alpha}_1, \cdots, \overset{(s)}{\boldsymbol{\alpha}_s}, \cdots, \overset{(t)}{k\boldsymbol{\alpha}_s}, \cdots, \boldsymbol{\alpha}_n|=k|\boldsymbol{\alpha}_1, \cdots, \overset{(s)}{\boldsymbol{\alpha}_s}, \cdots, \overset{(t)}{\boldsymbol{\alpha}_s}, \cdots, \boldsymbol{\alpha}_n|=0$.

推论 2　若行列式含有零行(列)，则行列式的值为零.

性质 5　若行列式的某行(列) 的元素为两个数之和，则行列式可以拆为两个行列式之和.

$$\begin{vmatrix} \boldsymbol{\alpha}_1 \\ \vdots \\ \boldsymbol{\alpha}_s+\boldsymbol{\beta}_s \\ \vdots \\ \boldsymbol{\alpha}_n \end{vmatrix} = \begin{vmatrix} \boldsymbol{\alpha}_1 \\ \vdots \\ \boldsymbol{\alpha}_s \\ \vdots \\ \boldsymbol{\alpha}_n \end{vmatrix} + \begin{vmatrix} \boldsymbol{\alpha}_1 \\ \vdots \\ \boldsymbol{\beta}_s \\ \vdots \\ \boldsymbol{\alpha}_n \end{vmatrix}.\text{(以行为例)}$$

性质 6　把行列式的某一行(列)的元素乘以同一个数，然后与另一行(列)对应元素相加，所得行列式与原行列式相等：

$$|\boldsymbol{\alpha}_1, \cdots, \boldsymbol{\alpha}_s, \cdots, \boldsymbol{\alpha}_t, \cdots, \boldsymbol{\alpha}_n| = |\boldsymbol{\alpha}_1, \cdots, \boldsymbol{\alpha}_s+k\boldsymbol{\alpha}_t, \cdots, \boldsymbol{\alpha}_t, \cdots, \boldsymbol{\alpha}_n|.\text{(以列为例)}$$

证　可由性质 4 和性质 5 得

$$\begin{aligned} |\boldsymbol{\alpha}_1, \cdots, \boldsymbol{\alpha}_s+k\boldsymbol{\alpha}_t, \cdots, \boldsymbol{\alpha}_t, \cdots, \boldsymbol{\alpha}_n| &= |\boldsymbol{\alpha}_1, \cdots, \boldsymbol{\alpha}_s, \cdots, \boldsymbol{\alpha}_t, \cdots, \boldsymbol{\alpha}_n| \\ &\quad + |\boldsymbol{\alpha}_1, \cdots, k\boldsymbol{\alpha}_t, \cdots, \boldsymbol{\alpha}_t, \cdots, \boldsymbol{\alpha}_n| \\ &= |\boldsymbol{\alpha}_1, \cdots, \boldsymbol{\alpha}_s, \cdots, \boldsymbol{\alpha}_t, \cdots, \boldsymbol{\alpha}_n|. \end{aligned}$$

性质 7　设 $\boldsymbol{A}$ 是 n 阶方阵，k 是一个数，则 $|k\boldsymbol{A}|=k^n|\boldsymbol{A}|$.

证　反复利用性质 2　有

$$|k\boldsymbol{A}| = \begin{vmatrix} ka_{11} & ka_{12} & \cdots & ka_{1n} \\ ka_{21} & ka_{22} & \cdots & ka_{2n} \\ \vdots & \vdots & & \vdots \\ ka_{n1} & ka_{n2} & \cdots & ka_{nn} \end{vmatrix} = k^n \begin{vmatrix} a_{11} & a_{12} & \cdots & a_{1n} \\ a_{21} & a_{22} & \cdots & a_{2n} \\ \vdots & \vdots & & \vdots \\ a_{n1} & a_{n2} & \cdots & a_{nn} \end{vmatrix} = k^n|\boldsymbol{A}|$$

事实上，由行列式的以上性质可得以下定理.

定理 1　n 阶行列式 D 等于它的任意一行(列)中所有元素与其对应的代数余子式的乘积之和，即

$$D=a_{i1}A_{i1}+a_{i2}A_{i2}+\cdots+a_{in}A_{in}=\sum_{j=1}^{n}a_{ij}A_{ij}.\text{(以行为例)}$$

证　(1) 在 D 中第一行的元素中除 a_{11} 外其余元素均为零的特殊情况，即

$$D=a_{11}A_{11}=a_{11}(-1)^{1+1}M_{11}=a_{11}M_{11}.$$

(2) 在 D 中第 i 行元素中除 a_{ij} 外其余元素均为零的情况下，利用(1)的结果，将 a_{11} 调换到第一行第一列的位置，这样经过 $i-1$ 次邻换换至第一行，$j-1$ 次邻换换至第一列，即

$$D=a_{ij}(-1)^{i+j-2}M_{ij}=(-1)^{i+j}a_{ij}M_{ij}=a_{ij}A_{ij}.$$

(3) 当每个元素都不为零时，将 D 写成

$$D=\begin{vmatrix} a_{11} & a_{12} & \cdots & a_{1n} \\ \vdots & \vdots & & \vdots \\ a_{i1}+0+\cdots+0 & 0+a_{i2}+\cdots+0 & \cdots & 0+\cdots+0+a_{in} \\ \vdots & \vdots & & \vdots \\ a_{n1} & a_{n2} & \cdots & a_{nn} \end{vmatrix}$$

$$=\begin{vmatrix} a_{11} & a_{12} & \cdots & a_{1n} \\ \vdots & \vdots & & \vdots \\ a_{i1} & 0 & \cdots & 0 \\ \vdots & \vdots & & \vdots \\ a_{n1} & a_{n2} & \cdots & a_{nn} \end{vmatrix}+\begin{vmatrix} a_{11} & a_{12} & \cdots & a_{1n} \\ \vdots & \vdots & & \vdots \\ 0 & a_{i2} & \cdots & 0 \\ \vdots & \vdots & & \vdots \\ a_{n1} & a_{n2} & \cdots & a_{nn} \end{vmatrix}+\cdots+\begin{vmatrix} a_{11} & a_{12} & \cdots & a_{1n} \\ \vdots & \vdots & & \vdots \\ 0 & 0 & \cdots & a_{in} \\ \vdots & \vdots & & \vdots \\ a_{n1} & a_{n2} & \cdots & a_{nn} \end{vmatrix}$$

$$=a_{i1}A_{i1}+a_{i2}A_{i2}+\cdots+a_{in}A_{in}.$$

定理 2　n 阶行列式 D 中的任意一行(列)中所有元素与另外一行(列)对应元素的代数余子式的乘积之和等于零. 即 $D=a_{j1}A_{i1}+a_{j2}A_{i2}+\cdots+a_{jn}A_{in}=0$.(以按行展开为例)

读者自证.

性质 8(方阵乘积的行列式)　设 $\boldsymbol{A}$，$\boldsymbol{B}$ 都是 n 阶方阵，则 $|\boldsymbol{AB}|=|\boldsymbol{A}||\boldsymbol{B}|$，此式也成为行列式乘法公式.

性质 8 可以推广到有限多个同阶方阵的情况，即 $|\boldsymbol{ABC}\cdots\boldsymbol{H}|=|\boldsymbol{A}||\boldsymbol{B}|\cdots|\boldsymbol{H}|$.

例 1　求证 $\begin{vmatrix} a_{11} & a_{12} & c_{11} & c_{12} \\ a_{21} & a_{22} & c_{21} & c_{22} \\ 0 & 0 & b_{11} & b_{12} \\ 0 & 0 & b_{21} & b_{22} \end{vmatrix}=\begin{vmatrix} a_{11} & a_{12} \\ a_{21} & a_{22} \end{vmatrix}\begin{vmatrix} b_{11} & b_{12} \\ b_{21} & b_{22} \end{vmatrix}$.

证

$$\begin{vmatrix} a_{11} & a_{12} & c_{11} & c_{12} \\ a_{21} & a_{22} & c_{21} & c_{22} \\ 0 & 0 & b_{11} & b_{12} \\ 0 & 0 & b_{21} & b_{22} \end{vmatrix}=a_{11}\begin{vmatrix} a_{22} & c_{21} & c_{22} \\ 0 & b_{11} & b_{12} \\ 0 & b_{21} & b_{22} \end{vmatrix}-a_{21}\begin{vmatrix} a_{12} & c_{11} & c_{12} \\ 0 & b_{11} & b_{12} \\ 0 & b_{21} & b_{22} \end{vmatrix}$$

$$=a_{11}a_{22}\begin{vmatrix} b_{11} & b_{12} \\ b_{21} & b_{22} \end{vmatrix}-a_{21}a_{12}\begin{vmatrix} b_{11} & b_{12} \\ b_{21} & b_{22} \end{vmatrix}$$

$$=(a_{11}a_{22}-a_{21}a_{12})\begin{vmatrix} b_{11} & b_{12} \\ b_{21} & b_{22} \end{vmatrix}=\begin{vmatrix} a_{11} & a_{12} \\ a_{21} & a_{22} \end{vmatrix}\begin{vmatrix} b_{11} & b_{12} \\ b_{21} & b_{22} \end{vmatrix}.$$

由例 1 的结论可推广到一般情况.

性质 9(“四块缺角”行列式)　设 $\boldsymbol{A}$，$\boldsymbol{B}$ 依次是 s 阶、t 阶方阵，$\boldsymbol{C}$，$\boldsymbol{D}$ 依次是 $s\times t$，$t\times s$ 矩阵，则 $s+t$ 阶行列式 $\begin{vmatrix} \boldsymbol{A} & \boldsymbol{C} \\ \boldsymbol{O} & \boldsymbol{B} \end{vmatrix}=|\boldsymbol{A}||\boldsymbol{B}|$，$\begin{vmatrix} \boldsymbol{A} & \boldsymbol{O} \\ \boldsymbol{C} & \boldsymbol{B} \end{vmatrix}=|\boldsymbol{A}||\boldsymbol{B}|$.

例 2　计算行列式 $D=\begin{vmatrix} 5 & 6 & 0 & 0 & 0 \\ 1 & 5 & 6 & 0 & 0 \\ 0 & 1 & 5 & 6 & 0 \\ 0 & 0 & 1 & 5 & 6 \\ 0 & 0 & 0 & 1 & 5 \end{vmatrix}$.

解 $$D=\begin{vmatrix}5&6&0+0&0&0\\1&5&6+0&0&0\\0&1&5+0&6&0\\0&0&1+0&5&6\\0&0&0+0&1&5\end{vmatrix}=\begin{vmatrix}5&6&0&0&0\\1&5&6&0&0\\0&1&5&6&0\\0&0&0&5&6\\0&0&0&1&5\end{vmatrix}+\begin{vmatrix}5&6&0&0&0\\1&5&0&0&0\\0&1&0&6&0\\0&0&1&5&6\\0&0&0&1&5\end{vmatrix}$$

$$=\begin{vmatrix}5&6&0\\1&5&6\\0&1&5\end{vmatrix}\cdot\begin{vmatrix}5&6\\1&5\end{vmatrix}+\begin{vmatrix}5&6\\1&5\end{vmatrix}\cdot\begin{vmatrix}0&6&0\\1&5&6\\0&1&5\end{vmatrix}=665.$$

用 r_i，c_i 分别表示行列式(或矩阵)的第 i 行、第 i 列，则根据性质可得

交换行列式的某两行(列)表示为：$r_i\leftrightarrow r_j$，$c_i\leftrightarrow c_j$(注意此时行列式变号).

行列式的某行(列)乘以某个数 k 表示为：kr_i，kc_i.

将行列式某一行(列)乘以一个数加到另一行(列)表示为：r_i+kr_j，c_i+kc_j.

1.2 行列式的计算

1.2.1 化行列式为上(下)三角行列式

利用行列式的性质，将行列式化为上(下)三角行列式来计算，是计算行列式的基本方法之一.

例 1 设 $a_1a_2\cdots a_n\neq 0$，计算 $n+1$ 阶行列式(空白处元素为零).

$$d=\begin{vmatrix}1&1&1&\cdots&1\\-1&a_1&&&\\-1&&a_2&&\\\vdots&&&\ddots&\\-1&&&&a_n\end{vmatrix}.$$

解 n 次应用性质 6，即作 $c_1+\left(\frac{1}{a_1}c_2+\frac{1}{a_2}c_3+\cdots+\frac{1}{a_n}c_{n+1}\right)$，将 d 化为上三角行列式

$$d=\begin{vmatrix}1+\sum\limits_{k=1}^{n}\frac{1}{a_k}&1&1&\cdots&1\\&a_1&&&\\&&a_2&&\\&&&\ddots&\\&&&&a_n\end{vmatrix}=\left(1+\sum_{k=1}^{n}\frac{1}{a_k}\right)a_1a_2\cdots a_n.$$

形如例 1 中的行列式，即除第 1 行、第 1 列及对角线元素之外，其余元素全为零的

行列式，可以称为“伞形行列式”(或“爪形行列式”)，通常伞形行列式很容易化成三角形行列式而求出其值.

例 2　计算 $D=\begin{vmatrix} a & b & b & \cdots & b \\ b & a & b & \cdots & b \\ b & b & a & \cdots & b \\ \vdots & \vdots & \vdots & & \vdots \\ b & b & b & \cdots & a \end{vmatrix}$.

解　先把行列式的第 2，3，…，n 行都加到行列式的第 1 行，然后将第 1 行的公因子 $[a+(n-1)b]$ 提到行列式外，得

$$\begin{vmatrix} a & b & b & \cdots & b \\ b & a & b & \cdots & b \\ b & b & a & \cdots & b \\ \vdots & \vdots & \vdots & & \vdots \\ b & b & b & \cdots & a \end{vmatrix}=[a+(n-1)b]\begin{vmatrix} 1 & 1 & 1 & \cdots & 1 \\ b & a & b & \cdots & b \\ b & b & a & \cdots & b \\ \vdots & \vdots & \vdots & & \vdots \\ b & b & b & \cdots & a \end{vmatrix},$$

再把新的行列式的第 2，3，…，n 行都减去第 1 行的 b 倍，得

$$[a+(n-1)b]\begin{vmatrix} 1 & 1 & 1 & \cdots & 1 \\ 0 & a-b & 0 & \cdots & 0 \\ 0 & 0 & a-b & \cdots & 0 \\ \vdots & \vdots & \vdots & & \vdots \\ 0 & 0 & 0 & \cdots & a-b \end{vmatrix}=[a+(n-1)b](a-b)^{n-1}.$$

1.2.2　逐次降阶法

计算行列式的另外一个常用方法是“逐次降阶法”，这种方法主要是用行列式按行(列)展开定理，具体计算时先用行列式性质，将某一行(列)的元素尽可能多的化为零元素，然后再按此行(列)展开，通常降低直至二阶或三阶，计算出结果.

例 3　计算行列式 $D=\begin{vmatrix} 1 & 2 & 3 & 4 \\ 1 & 0 & 1 & 2 \\ 3 & -1 & -1 & 0 \\ 1 & 2 & 0 & -5 \end{vmatrix}$.

解

$$\begin{vmatrix} 1 & 2 & 3 & 4 \\ 1 & 0 & 1 & 2 \\ 3 & -1 & -1 & 0 \\ 1 & 2 & 0 & -5 \end{vmatrix}\xlongequal[r_4+2r_2]{r_1+2r_2}\begin{vmatrix} 7 & 0 & 1 & 4 \\ 1 & 0 & 1 & 2 \\ 3 & -1 & -1 & 0 \\ 7 & 0 & -2 & -5 \end{vmatrix}=(-1)\times(-1)^{3+2}\begin{vmatrix} 7 & 1 & 4 \\ 1 & 1 & 2 \\ 7 & -2 & -5 \end{vmatrix}$$

$$\xlongequal[r_3+2r_2]{r_1-r_2}\begin{vmatrix} 6 & 0 & 2 \\ 1 & 1 & 2 \\ 9 & 0 & -1 \end{vmatrix}=1\times(-1)^{2+2}\begin{vmatrix} 6 & 2 \\ 9 & -1 \end{vmatrix}=-24.$$

例 4 设 $\boldsymbol{A}=(\boldsymbol{A}_1,\boldsymbol{A}_2,\boldsymbol{A}_3,\boldsymbol{A}_4)$，$\boldsymbol{B}=(\boldsymbol{A}_2,2\boldsymbol{A}_1,\boldsymbol{A}_3,2\boldsymbol{A}_4)$，其中 $\boldsymbol{A}_i$ 是四维列向量，$i=1,2,3,4$，已知 $|\boldsymbol{A}|=a$，求 $|\boldsymbol{A}+\boldsymbol{B}|$：

解　本题涉及了矩阵加法及行列式计算，矩阵相加的规则是对应元素相加，因此也是对应列向量相加，则

$$\boldsymbol{A}+\boldsymbol{B}=(\boldsymbol{A}_1+\boldsymbol{A}_2,\ 2\boldsymbol{A}_1+\boldsymbol{A}_2,\ 2\boldsymbol{A}_3,\ 3\boldsymbol{A}_4),$$

再取行列式，应按行列式的性质计算

$$\begin{aligned}|\boldsymbol{A}+\boldsymbol{B}|&=|\boldsymbol{A}_1+\boldsymbol{A}_2,\ 2\boldsymbol{A}_1+\boldsymbol{A}_2,\ 2\boldsymbol{A}_3,\ 3\boldsymbol{A}_4|\xlongequal{c_2-c_1}|\boldsymbol{A}_1+\boldsymbol{A}_2,\ \boldsymbol{A}_1,\ 2\boldsymbol{A}_3,\ 3\boldsymbol{A}_4|\\&=|\boldsymbol{A}_2,\ \boldsymbol{A}_1,\ 2\boldsymbol{A}_3,\ 3\boldsymbol{A}_4|\\&=-|\boldsymbol{A}_1,\ \boldsymbol{A}_2,\ 2\boldsymbol{A}_3,\ 3\boldsymbol{A}_4|=-6|\boldsymbol{A}_1,\ \boldsymbol{A}_2,\ \boldsymbol{A}_3,\ \boldsymbol{A}_4|=-6|\boldsymbol{A}|=-6a.\end{aligned}$$

例 5 设三阶方阵 $\boldsymbol{A}$，$\boldsymbol{B}$ 满足 $\boldsymbol{A}^2+\boldsymbol{AB}+2\boldsymbol{E}=\boldsymbol{O}$，已知 $|\boldsymbol{A}|=2$，求 $|\boldsymbol{A}+\boldsymbol{B}|$.

解　由题设得 $\boldsymbol{A}(\boldsymbol{A}+\boldsymbol{B})=-2\boldsymbol{E}$ 两边取行列式，根据行列式性质得

$$|\boldsymbol{A}(\boldsymbol{A}+\boldsymbol{B})|=|\boldsymbol{A}|\,|(\boldsymbol{A}+\boldsymbol{B})|=|-2\boldsymbol{E}|=(-2)^3\,|\boldsymbol{E}|=-8,$$

再由 $|\boldsymbol{A}|=2$，得 $|\boldsymbol{A}+\boldsymbol{B}|=-4$.

例 6 证明 n 阶 $(n\geqslant 2)$ 范得蒙(Vandermonde) 行列式

$$V_n=\begin{vmatrix}1&1&1&\cdots&1\\a_1&a_2&a_3&\cdots&a_n\\a_1^2&a_2^2&a_3^2&\cdots&a_n^2\\\vdots&\vdots&\vdots&&\vdots\\a_1^{n-1}&a_2^{n-1}&a_3^{n-1}&\cdots&a_n^{n-1}\end{vmatrix}=\prod_{1\leqslant j<i\leqslant n}(a_i-a_j),$$

其中，a_1，a_2，…，a_n 是行列式的 n 个参数.

证　对阶数 n 用数学归纳法. 首先有 $V_2=\begin{vmatrix}1&1\\a_1&a_2\end{vmatrix}=a_2-a_1=\prod\limits_{1\leqslant j<i\leqslant 2}(a_i-a_j)$，即对 $n=2$ 时，公式成立.

现假设上式对 $n-1$ 阶范得蒙行列式成立，去推证对 n 阶范得蒙行列式也成立.

对 V_n 依次作 $r_n-a_1r_{n-1}$，…，$r_3-a_1r_2$，$r_2-a_1r_1$ 得

$$V_n=\begin{vmatrix}1&1&1&\cdots&1\\0&a_2-a_1&a_3-a_1&\cdots&a_n-a_1\\0&a_2^2-a_1a_2&a_3^2-a_1a_3&\cdots&a_n^2-a_1a_n\\\vdots&\vdots&\vdots&&\vdots\\0&a_2^{n-1}-a_1a_2^{n-2}&a_3^{n-1}-a_1a_3^{n-2}&\cdots&a_n^{n-1}-a_1a_n^{n-2}\end{vmatrix},$$

按第一列展开为 $n-1$ 阶行列式后，各列提出公因子得

$$V_n=(a_2-a_1)(a_3-a_1)\cdots(a_n-a_1)\begin{vmatrix}1&1&\cdots&1\\a_2&a_3&\cdots&a_n\\\vdots&\vdots&&\vdots\\a_2^{n-2}&a_3^{n-2}&\cdots&a_n^{n-2}\end{vmatrix},$$

右端出现了 $n-1$ 阶范得蒙行列式，其参数是 a_1，a_2，…，a_n，按归纳假设，等于 $\prod\limits_{2\leqslant j<i\leqslant n}(a_i-a_j)$，于是，

$$V_n=(a_2-a_1)(a_3-a_1)\cdots(a_n-a_1)\prod_{2\leqslant j<i\leqslant n}(a_i-a_j)=\prod_{1\leqslant j<i\leqslant n}(a_i-a_j).$$

1.3　行列式的应用

1.3.1　伴随矩阵求逆矩阵

定义 1.2　设方阵 $\boldsymbol{A}=\begin{pmatrix}a_{11} & a_{12} & \cdots & a_{1n}\\ a_{21} & a_{22} & \cdots & a_{2n}\\ \vdots & \vdots & & \vdots\\ a_{n1} & a_{n2} & \cdots & a_{nn}\end{pmatrix}$，由 $\boldsymbol{A}$ 的元素 a_{ij} 的代数余子式 A_{ij} 构成的如下的 n 阶方阵

$$\boldsymbol{A}^*=\begin{pmatrix}A_{11} & A_{21} & \cdots & A_{n1}\\ A_{12} & A_{22} & \cdots & A_{n2}\\ \vdots & \vdots & & \vdots\\ A_{1n} & A_{2n} & \cdots & A_{nn}\end{pmatrix}$$

称为矩阵 $\boldsymbol{A}$ 的伴随矩阵.

由定义容易验证

$$\boldsymbol{AA}^*=\begin{pmatrix}a_{11} & a_{12} & \cdots & a_{1n}\\ a_{21} & a_{22} & \cdots & a_{2n}\\ \vdots & \vdots & & \vdots\\ a_{n1} & a_{n2} & \cdots & a_{nn}\end{pmatrix}\begin{pmatrix}A_{11} & A_{21} & \cdots & A_{n1}\\ A_{12} & A_{22} & \cdots & A_{n2}\\ \vdots & \vdots & & \vdots\\ A_{1n} & A_{2n} & \cdots & A_{nn}\end{pmatrix}=(c_{ij}),\ c_{ij}=\sum_{k=1}^{n}a_{ik}A_{ik},$$

由 $\sum\limits_{k=1}^{n}a_{ik}A_{ik}=\begin{cases}|\boldsymbol{A}|, & i=j\\ 0, & i\neq j\end{cases}$，$c_{ij}=\begin{cases}|\boldsymbol{A}|, & i=j\\ 0, & i\neq j\end{cases}$，

$$\boldsymbol{AA}^*=\begin{pmatrix}|\boldsymbol{A}| & 0 & \cdots & 0\\ 0 & |\boldsymbol{A}| & \cdots & 0\\ \vdots & \vdots & & \vdots\\ 0 & 0 & \cdots & |\boldsymbol{A}|\end{pmatrix}=|\boldsymbol{A}|\boldsymbol{E}_n.$$

由此，可得以下定理.

定理 1　n 阶矩阵 $\boldsymbol{A}$ 可逆的充要条件为 $|\boldsymbol{A}|\neq 0$，如果 $\boldsymbol{A}$ 可逆，则 $\boldsymbol{A}^{-1}=\dfrac{1}{|\boldsymbol{A}|}\boldsymbol{A}^*$.

证　必要性　若 $\boldsymbol{A}$ 可逆，则 $\boldsymbol{AA}^{-1}=\boldsymbol{A}^{-1}\boldsymbol{A}=\boldsymbol{E}$，两边取行列式，得 $|A||A^{-1}|=1$，因而 $|\boldsymbol{A}|\neq 0$.

充分性　若 $|\boldsymbol{A}|\neq 0$，则 $\boldsymbol{A}\left(\dfrac{1}{|\boldsymbol{A}|}\boldsymbol{A}^*\right)=\left(\dfrac{1}{|\boldsymbol{A}|}\boldsymbol{A}^*\right)\boldsymbol{A}=\boldsymbol{E}$，由逆矩阵的唯一性可

知，$\boldsymbol{A}$ 可逆，且

$$\boldsymbol{A}^{-1}=\frac{1}{|\boldsymbol{A}|}\boldsymbol{A}^{*}.$$

若 n 阶矩阵 $\boldsymbol{A}$ 的行列式不为零，即 $|\boldsymbol{A}|\neq 0$，则称 $\boldsymbol{A}$ 为非奇异矩阵，否则称为奇异矩阵．定理1说明了矩阵 $\boldsymbol{A}$ 可逆与矩阵 $\boldsymbol{A}$ 非奇异是等价的概念，即可以用 $|\boldsymbol{A}|\neq 0$ 判定矩阵 $\boldsymbol{A}$ 是否可逆.

推论 1 $|\boldsymbol{A}^{-1}|=\dfrac{1}{|\boldsymbol{A}|}$.

因为，$|\boldsymbol{A}\boldsymbol{A}^{-1}|=|\boldsymbol{A}|\,|\boldsymbol{A}^{-1}|=|\boldsymbol{E}|=1$，所以，$|\boldsymbol{A}^{-1}|=\dfrac{1}{|\boldsymbol{A}|}$.

推论 2 $|\boldsymbol{A}^{*}|=|\boldsymbol{A}|^{n-1}$.

因为 $\boldsymbol{A}^{*}=\boldsymbol{A}^{-1}|\boldsymbol{A}|$，所以，$|\boldsymbol{A}^{*}|=|\boldsymbol{A}^{-1}|\boldsymbol{A}||=|\boldsymbol{A}|^{n}\dfrac{1}{|\boldsymbol{A}|}=|\boldsymbol{A}|^{n-1}$.

例 1 设矩阵 $\boldsymbol{A}=\begin{pmatrix}1&1&2\\2&2&1\\0&1&2\end{pmatrix}$，判断矩阵 $\boldsymbol{A}$ 是否可逆？若可逆，求 $\boldsymbol{A}^{-1}$.

解 因为 $|\boldsymbol{A}|=3\neq 0$，故 $\boldsymbol{A}$ 可逆

$$A_{11}=(-1)^{1+1}\begin{vmatrix}2&1\\1&2\end{vmatrix}=3,\ A_{12}=(-1)^{1+2}\begin{vmatrix}2&1\\0&2\end{vmatrix}=-4,\ A_{13}=(-1)^{1+3}\begin{vmatrix}2&2\\0&1\end{vmatrix}=2,$$

依次类推

$$A_{21}=0,\ A_{22}=2,\ A_{23}=-1,\ A_{31}=-3,\ A_{32}=3,\ A_{33}=0,$$

则矩阵 $\boldsymbol{A}$ 的伴随矩阵 $\boldsymbol{A}^{*}=\begin{pmatrix}3&0&-3\\-4&2&3\\2&-1&0\end{pmatrix}$,

所以 $\boldsymbol{A}^{-1}=\dfrac{1}{|\boldsymbol{A}|}\boldsymbol{A}^{*}=\begin{pmatrix}1&0&-1\\-\frac{4}{3}&\frac{2}{3}&1\\\frac{2}{3}&-\frac{1}{3}&0\end{pmatrix}$.

伴随矩阵求逆在实际应用中，只有对三阶以下矩阵较为简便，四阶以及四阶以上就较为繁琐.

1.3.2 克莱姆(Cramer)法则

用行列式解线性方程组，在本章开始已作了介绍，但只局限于解二、三元线性方程组，下面讨论 n 元线性方程组

$$\begin{cases}a_{11}x_1+a_{12}x_2+\cdots+a_{1n}x_n=b_1\\a_{21}x_1+a_{22}x_2+\cdots+a_{2n}x_n=b_2\\\qquad\vdots\\a_{n1}x_1+a_{n2}x_2+\cdots+a_{nn}x_n=b_n\end{cases}\tag{1.6}$$

的解.

令 $\boldsymbol{A}=\begin{pmatrix} a_{11} & a_{12} & \cdots & a_{1n} \\ a_{21} & a_{22} & \cdots & a_{2n} \\ \vdots & \vdots & & \vdots \\ a_{n1} & a_{n2} & \cdots & a_{nn} \end{pmatrix}$，$\boldsymbol{X}=\begin{pmatrix} x_1 \\ x_2 \\ \vdots \\ x_n \end{pmatrix}$，$\boldsymbol{b}=\begin{pmatrix} b_1 \\ b_2 \\ \vdots \\ b_n \end{pmatrix}$，则方程组(1.6)可以写成矩阵形式 $\boldsymbol{AX}=\boldsymbol{b}$.

定理 2(克莱姆法则) 设含有 n 个方程 n 个未知量的线性方程组(1.6)的系数矩阵的行列式

$$D=|\boldsymbol{A}|=\begin{vmatrix} a_{11} & a_{12} & \cdots & a_{1n} \\ a_{21} & a_{22} & \cdots & a_{2n} \\ \vdots & \vdots & & \vdots \\ a_{n1} & a_{n2} & \cdots & a_{nn} \end{vmatrix}\neq 0,$$

则方程组(1.6)有唯一的一组解，且 $x_j=\dfrac{D_j}{D}(j=1, 2, \cdots, n)$. 其中 D_j 是用常数列 $(b_1, b_2, \cdots, b_n)^{\mathrm{T}}$ 替换 D 中的第 j 列得到的 n 阶行列式.

证 根据方程组的矩阵形式 $\boldsymbol{AX}=\boldsymbol{b}$，由 $|\boldsymbol{A}|\neq 0$ 知 $\boldsymbol{A}$ 可逆，所以

$$\boldsymbol{X}=\boldsymbol{A}^{-1}\boldsymbol{b}=\frac{1}{|\boldsymbol{A}|}\boldsymbol{A}^*\boldsymbol{b}=\frac{1}{|\boldsymbol{A}|}\begin{pmatrix} A_{11} & A_{21} & \cdots & A_{n1} \\ A_{12} & A_{22} & \cdots & A_{n2} \\ \vdots & \vdots & & \vdots \\ A_{1n} & A_{2n} & \cdots & A_{nn} \end{pmatrix}\begin{pmatrix} b_1 \\ b_2 \\ \vdots \\ b_n \end{pmatrix},$$

即，$x_j=\dfrac{1}{|\boldsymbol{A}|}\sum\limits_{i=1}^{n}b_iA_{ij} \quad (j=1, 2, \cdots, n)$.

其中，$\sum\limits_{i=1}^{n}b_iA_{ij}$ 就是 D 按第 j 列的展开式 $D=\sum\limits_{i=1}^{n}a_{ij}A_{ij}$ 中用 $b_1, b_2, \cdots, b_n$ 替换 D 的第 j 列元素 $a_{1j}, a_{2j}, \cdots, a_{nj}$ 得到的，即 $\sum\limits_{i=1}^{n}b_iA_{ij}=D_j$，故 $x_j=\dfrac{D_j}{D} \quad (j=1, 2, \cdots, n)$.

显然，如果线性方程组的系数行列式 $|\boldsymbol{A}|\neq 0$，则方程组一定有解且有唯一的解，即表示如果线性方程组无解或有两个不同的解，则它的系数行列式必为零.

当线性方程组(1.6)的右端的常数项 $b_1, b_2, \cdots, b_n$ 不全为零时，线性方程组称为非齐次线性方程组；当 $b_1, b_2, \cdots, b_n$ 全为零时，线性方程组称为齐次线性方程组.

对于齐次线性方程组

$$\begin{cases} a_{11}x_1+a_{12}x_2+\cdots+a_{1n}x_n=0 \\ a_{21}x_1+a_{22}x_2+\cdots+a_{2n}x_n=0 \\ \qquad\qquad\vdots \\ a_{n1}x_1+a_{n2}x_2+\cdots+a_{nn}x_n=0 \end{cases} \tag{1.7}$$

有如下定理：

定理 3 对于齐次线性方程组 $\boldsymbol{AX}=0$，当 $|\boldsymbol{A}|\neq 0$ 时只有一组零解(未知数全取零的解)，若齐次线性方程组 $\boldsymbol{AX}=0$ 有非零解，则它的系数行列式 $|\boldsymbol{A}|=0$.

例 2 解方程组$\begin{cases}x_1+x_2+x_3=0,\\x_1+2x_2+3x_3=-1,\\x_1+3x_2+6x_3=0.\end{cases}$

解　方程组的系数矩阵的行列式为$D=\begin{vmatrix}1&1&1\\1&2&3\\1&3&6\end{vmatrix}=1\neq 0$，由克莱姆法则，此方程组仅有唯一一组解，

$$D_1=\begin{vmatrix}0&1&1\\-1&2&3\\0&3&6\end{vmatrix}=3,\ D_2=\begin{vmatrix}1&0&1\\1&-1&3\\1&0&6\end{vmatrix}=-5,\ D_3=\begin{vmatrix}1&1&0\\1&2&-1\\1&3&0\end{vmatrix}=2,$$

则 $x_1=3$，$x_2=-5$，$x_3=2$.

用克莱姆法则求解方程组的方法有很大的局限性：第一，方程的系数矩阵必须是方阵；第二，方程的系数矩阵的行列式必须不等于零．但很多线性方程组不满足这两个条件，而且对于未知量多于4个的方程组来说，即使能满足这两个条件，用克莱姆法则求解的计算量相当大，在实际应用中是不可行的.

例 3 问 λ 取何值时，齐次线性方程组$\begin{cases}(1-\lambda)x_1-2x_2+4x_3=0,\\2x_1+(3-\lambda)x_2+x_3=0,\\x_1+x_2+(1-\lambda)x_3=0\end{cases}$有非零解？

解　系数行列式为

$$\begin{aligned}D&=\begin{vmatrix}1-\lambda&-2&4\\2&3-\lambda&1\\1&1&1-\lambda\end{vmatrix}=\begin{vmatrix}1-\lambda&-3+\lambda&4\\2&1-\lambda&1\\1&0&1-\lambda\end{vmatrix}\\&=(1-\lambda)^3+(\lambda-3)-4(1-\lambda)-2(1-\lambda)(-3+\lambda)\\&=-\lambda^3+5\lambda^2+6\lambda=-\lambda(\lambda-2)(\lambda-3).\end{aligned}$$

令 $D=0$，得 $\lambda=0$，$\lambda=2$，$\lambda=3$.

因此，当 $\lambda=0$，$\lambda=2$ 或 $\lambda=3$ 时，该齐次线性方程组有非零解.

习题 1

1. 计算下列行列式.

(1) $\begin{vmatrix}2&-1\\3&4\end{vmatrix}$；　(2) $\begin{vmatrix}5&-2\\3&-1\end{vmatrix}$；

(3) $\begin{vmatrix}1&2&-3\\2&1&1\\3&0&5\end{vmatrix}$；　(4) $\begin{vmatrix}2&1&3\\0&1&1\\-7&3&4\end{vmatrix}$.

2. 设 $D=\begin{vmatrix} 4 & 1 & 3 & -2 \\ 3 & 3 & 3 & -6 \\ -1 & 2 & 0 & 7 \\ 1 & 2 & 9 & -2 \end{vmatrix}$，

(1) 求证：$A_{31}+A_{32}+A_{33}=2A_{34}$；

(2) 求 $3M_{11}-M_{21}+M_{31}+M_{41}$.

3. 计算下列行列式.

(1) $\begin{vmatrix} 0 & -1 & -1 & 2 \\ 1 & -1 & 0 & 2 \\ -1 & 2 & -1 & 0 \\ 2 & 1 & 1 & 0 \end{vmatrix}$；　　(2) $\begin{vmatrix} 0 & 1 & 3 & -2 \\ 1 & 0 & -2 & 1 \\ 3 & -2 & 7 & 2 \\ -2 & 1 & 2 & 4 \end{vmatrix}$；

(3) $\begin{vmatrix} 1-a & 1 & 1 & 1 \\ 1 & 1-a & 1 & 1 \\ 1 & 1 & 1+b & 1 \\ 1 & 1 & 1 & 1-b \end{vmatrix}$；　　(4) $\begin{vmatrix} 1 & 1 & 1 & 1 \\ a & x & a & a \\ b & b & x & b \\ c & c & c & x \end{vmatrix}$.

4. 计算下列 n 阶行列式.

(1) $\begin{vmatrix} 1 & 2 & 3 & \cdots & n-1 & n \\ -1 & 0 & 3 & \cdots & n-1 & n \\ -1 & -2 & 0 & \cdots & n-1 & n \\ \vdots & \vdots & \vdots & & \vdots & \vdots \\ -1 & -2 & -3 & \cdots & 0 & n \\ -1 & -2 & -3 & \cdots & -(n-1) & 0 \end{vmatrix}$；

(2) $\begin{vmatrix} 1 & 1 & \cdots & 1 & -n \\ 1 & 1 & \cdots & -n & 1 \\ \vdots & \vdots & & \vdots & \vdots \\ 1 & -n & \cdots & 1 & 1 \\ -n & 1 & \cdots & 1 & 1 \end{vmatrix}$ (n 阶)；

(3) $\begin{vmatrix} 1+a_1 & 1 & 1 & \cdots & 1 \\ 1 & 1+a_2 & 1 & \cdots & 1 \\ 1 & 1 & 1+a_3 & \cdots & 1 \\ \vdots & \vdots & \vdots & & \vdots \\ 1 & 1 & 1 & \cdots & 1+a_n \end{vmatrix}$ $(a_1a_2\cdots a_n\neq 0)$；

(4) $\begin{vmatrix} x & a_1 & a_2 & \cdots & a_n \\ a_1 & x & a_2 & \cdots & a_n \\ a_1 & a_2 & x & \cdots & a_n \\ \vdots & \vdots & \vdots & & \vdots \\ a_1 & a_2 & a_3 & \cdots & x \end{vmatrix}$.

5. 设 $\boldsymbol{\gamma}_1$，$\boldsymbol{\gamma}_2$，$\boldsymbol{\gamma}_3$，$\boldsymbol{\alpha}$，$\boldsymbol{\beta}$ 均为四维列向量，$\boldsymbol{A}=(\boldsymbol{\gamma}_1,\boldsymbol{\gamma}_2,\boldsymbol{\gamma}_3,\boldsymbol{\alpha})$，$\boldsymbol{B}=$

$(\boldsymbol{\gamma}_1, \boldsymbol{\gamma}_2, \boldsymbol{\gamma}_3, \boldsymbol{\beta})$，已知 $|\boldsymbol{A}|=2$，$|\boldsymbol{B}|=3$，求 $|\boldsymbol{A}+\boldsymbol{B}|$.

6. 设 $\boldsymbol{A}$，$\boldsymbol{B}$ 均为 3 阶方阵，$|\boldsymbol{A}|=2$，$|\boldsymbol{B}|=-3$，求行列式 $2|\boldsymbol{AB}|$ 的值.

7. 设 $\boldsymbol{A}=\begin{pmatrix}2 & & \\ & 1 & \\ & & 1\end{pmatrix}$，$\boldsymbol{B}=\begin{pmatrix}-3 & 0 & 0\\ 92 & 2 & 0\\ 79 & 48 & 1\end{pmatrix}$，求 $|\boldsymbol{AB}|+|\boldsymbol{B}^{-1}|$.

8. 设 $\boldsymbol{A}$ 是三阶方阵，且 $|\boldsymbol{A}|=\dfrac{1}{2}$，则求 $|\boldsymbol{A}^{-1}-4\boldsymbol{A}^*|$.

9. 设 $\boldsymbol{A}=\begin{pmatrix}1 & 0 & 0\\ 2 & 2 & 0\\ 3 & 4 & 5\end{pmatrix}$，求 $(\boldsymbol{A}^*)^{-1}$.

10. 设 $n(n\geqslant 2)$ 阶矩阵 $\boldsymbol{A}$ 非奇异，$\boldsymbol{A}^*$ 是 $\boldsymbol{A}$ 的伴随矩阵，求 $(\boldsymbol{A}^*)^*$.

11. 利用行列式，判断下列矩阵是否可逆，若可逆，用伴随矩阵求其逆.

(1) $\begin{pmatrix}1 & 2\\ 3 & 4\end{pmatrix}$；　(2) $\begin{pmatrix}1 & 2\\ 3 & 6\end{pmatrix}$；

(3) $\begin{pmatrix}1 & 1 & -1\\ 2 & -1 & 0\\ -2 & 1 & 0\end{pmatrix}$；　(4) $\begin{pmatrix}2 & 1 & 3\\ 0 & 1 & 2\\ 1 & 0 & 3\end{pmatrix}$.

12. 用克莱姆法则求解下列线性方程组.

(1) $\begin{cases}2x_1+5x_1=1,\\ 3x_1+7x_2=2;\end{cases}$　(2) $\begin{cases}x_1+x_2-2x_3=-3,\\ 5x_1-2x_2+7x_3=22,\\ 2x_1-5x_2+4x_3=4;\end{cases}$

(3) $\begin{cases}2x_1+x_2-5x_3+x_4=8,\\ x_1-3x_2-6x_4=9,\\ 2x_2-x_3+2x_4=-5,\\ x_1+4x_2-7x_3+6x_4=0;\end{cases}$　(4) $\begin{cases}2x_1+2x_2-x_3+x_4=4,\\ 4x_1+3x_2-x_3+2x_4=6,\\ 8x_1+3x_2-3x_3+4x_4=12,\\ 3x_1+3x_2-2x_3-2x_4=6.\end{cases}$

13. 如果齐次线性方程组有非零解，λ 应取什么值？

$$\begin{cases}\lambda x_1+x_2+x_3=0,\\ x_1+\lambda x_2-x_3=0,\\ 2x_1-x_2+x_3=0.\end{cases}$$

14. λ 取什么值时，齐次线性方程组 $\begin{cases}\lambda x_1+x_2-x_3=0,\\ x_1+\lambda x_2-x_3=0,\\ 2x_1-x_2+x_3=0\end{cases}$ 仅有零解？

15. 当 λ，μ 取何值时，齐次线性方程组 $\begin{cases}\lambda x_1+x_2+x_3=0,\\ x_1+\mu x_2+x_3=0,\\ x_1+2\mu x_2+x_3=0\end{cases}$ 有非零解？

第2章　矩　　阵

本章导读

线性代数是研究多个变量与多个变量之间的线性(一次)关系. 在线性代数中，矩阵是主要的研究对象. 矩阵是数量关系的一种表现形式，是将一个有序数表作为一个整体来研究，使问题变得简洁明了.

本章重点

▶ 掌握矩阵的概念.

▶ 熟悉矩阵的线性运算.

▶ 掌握初等变换在求逆矩阵中的应用.

素质目标

▶ 培养学生追求真理的科学理想和献身科学的牺牲精神，使学生具有科学的成败观和探索科学疑难问题的信心和勇气.

▶ 树立学生实事求是、一丝不苟的科学精神.

2.1　矩阵的概念

定义 2.1　由 $m \times n$ 个数 a_{ij} $(i=1, 2, \cdots, m; j=1, 2, \cdots, n)$ 排成的 m 行 n 列的矩形数表

$$\begin{pmatrix} a_{11} & a_{12} & \cdots & a_{1n} \\ a_{21} & a_{22} & \cdots & a_{2n} \\ \vdots & \vdots & & \vdots \\ a_{m1} & a_{m2} & \cdots & a_{mn} \end{pmatrix}$$

称为 $m \times n$ **矩阵**. 通常用大写字母 $\boldsymbol{A}$，$\boldsymbol{B}$，$\boldsymbol{C}$，⋯ 表示矩阵，如记作 $\boldsymbol{A}$ 或 $\boldsymbol{A}_{m\times n}$，也可记作 $(a_{ij})_{m\times n}$. 其中，a_{ij} 称为矩阵第 i 行第 j 列的元素，下标 i 和 j 分别称为行标和列标.

元素全为实数的矩阵称为**实矩阵**，元素全为复数的矩阵称为**复矩阵**. 本书中若无特别强调，均指实矩阵.

若矩阵$\boldsymbol{A}$的行数和列数都等于n，则称$\boldsymbol{A}$为n阶矩阵，或称为n阶方阵．n阶方阵$\boldsymbol{A}$记作$\boldsymbol{A}_n$．

只有一行的矩阵称为行矩阵，也可称为行向量．记作$\boldsymbol{A}=(a_1, a_2, \cdots, a_n)$．

只有一列的矩阵称为列矩阵，也可称为列向量．记作$\boldsymbol{B}=\begin{pmatrix} b_1 \\ b_2 \\ \vdots \\ b_n \end{pmatrix}$．

两个矩阵的行数相等、列数也相等，称为同型矩阵．若矩阵$\boldsymbol{A}=(a_{ij})$与$\boldsymbol{B}=(b_{ij})$是同型矩阵，且对所有i，j都有$a_{ij}=b_{ij}$，则称矩阵$\boldsymbol{A}=\boldsymbol{B}$．例如由$\begin{pmatrix} 3 & x & -1 \\ y & 2 & 1 \end{pmatrix}=\begin{pmatrix} z & 1 & -1 \\ 3 & 2 & 1 \end{pmatrix}$，可得$x=1$，$y=3$，$z=3$．

2.2 矩阵的运算

2.2.1 矩阵的线性运算

定义 2.2 设$\boldsymbol{A}=(a_{ij})_{m\times n}$，$\boldsymbol{B}=(b_{ij})_{m\times n}$，称$(a_{ij}+b_{ij})_{m\times n}$为$\boldsymbol{A}$与$\boldsymbol{B}$相加所得的和，记为$\boldsymbol{A}+\boldsymbol{B}$，即

$$\boldsymbol{A}+\boldsymbol{B}=\begin{pmatrix} a_{11}+b_{11} & a_{12}+b_{12} & \cdots & a_{1n}+b_{1n} \\ a_{21}+b_{21} & a_{22}+b_{22} & \cdots & a_{2n}+b_{2n} \\ \vdots & \vdots & & \vdots \\ a_{m1}+b_{m1} & a_{m2}+b_{m2} & \cdots & a_{mn}+b_{mn} \end{pmatrix}.$$

显然，两个矩阵只有当它们是同型矩阵时才能相加，并且规则是对应位置的元素相加．

定义 2.3 设$\boldsymbol{A}=(a_{ij})_{m\times n}$，$k$是实数，称$(ka_{ij})_{m\times n}=\begin{pmatrix} ka_{11} & ka_{12} & \cdots & ka_{1n} \\ ka_{21} & ka_{22} & \cdots & ka_{2n} \\ \vdots & \vdots & & \vdots \\ ka_{m1} & ka_{m2} & \cdots & ka_{mn} \end{pmatrix}$为数$k$和矩阵$\boldsymbol{A}$（数乘）的积，记为$k\boldsymbol{A}$或$\boldsymbol{A}k$．

显然，数与矩阵的积就是用数k乘矩阵的每一个元素．

矩阵$\boldsymbol{A}$的负矩阵$-\boldsymbol{A}=(-1)\boldsymbol{A}$，由此可定义矩阵的减法：$\boldsymbol{A}_{m\times n}-\boldsymbol{B}_{m\times n}=\boldsymbol{A}_{m\times n}+(-\boldsymbol{B})_{m\times n}$．即

$$\boldsymbol{A}-\boldsymbol{B}=\begin{pmatrix} a_{11}-b_{11} & a_{12}-b_{12} & \cdots & a_{1n}-b_{1n} \\ a_{21}-b_{21} & a_{22}-b_{22} & \cdots & a_{2n}-b_{2n} \\ \vdots & \vdots & & \vdots \\ a_{m1}-b_{m1} & a_{m2}-b_{m2} & \cdots & a_{mn}-b_{mn} \end{pmatrix}.$$

矩阵的加法和数乘称为矩阵的线性运算．线性运算有以下性质：

(1) 交换律：$\boldsymbol{A}+\boldsymbol{B}=\boldsymbol{B}+\boldsymbol{A}$；

(2) 结合律：$(\boldsymbol{A}+\boldsymbol{B})+\boldsymbol{C}=\boldsymbol{A}+(\boldsymbol{B}+\boldsymbol{C})$；

(3) $\boldsymbol{A}+\boldsymbol{O}=\boldsymbol{A}$；

(4) $\boldsymbol{A}+(-\boldsymbol{A})=\boldsymbol{O}$；

(5) $1\cdot\boldsymbol{A}=\boldsymbol{A}$；

(6) $k(\boldsymbol{A}+\boldsymbol{B})=k\boldsymbol{A}+k\boldsymbol{B}$；

(7) $(k+l)\boldsymbol{A}=k\boldsymbol{A}+l\boldsymbol{A}$；

(8) $k(l\boldsymbol{A})=kl\boldsymbol{A}$.

以上 $\boldsymbol{A}$，$\boldsymbol{B}$，$\boldsymbol{C}$ 都是 $m\times n$ 矩阵，k，l 是实数.

例 1 已知矩阵 $\boldsymbol{A}=\begin{pmatrix}3&-2&7&5\\1&0&4&-3\\6&8&0&2\end{pmatrix}$，$\boldsymbol{B}=\begin{pmatrix}-2&0&1&4\\5&-1&7&6\\4&-2&1&-9\end{pmatrix}$，求 $3\boldsymbol{A}-2\boldsymbol{B}$，$3\boldsymbol{A}+2\boldsymbol{B}$.

解 $3\boldsymbol{A}=\begin{pmatrix}9&-6&21&15\\3&0&12&-9\\18&24&0&6\end{pmatrix}$，$2\boldsymbol{B}=\begin{pmatrix}-4&0&2&8\\10&-2&14&12\\8&-4&2&-18\end{pmatrix}$，

$$3\boldsymbol{A}-2\boldsymbol{B}=\begin{pmatrix}13&-6&19&7\\-7&2&-2&-21\\10&28&-2&24\end{pmatrix}，3\boldsymbol{A}+2\boldsymbol{B}=\begin{pmatrix}5&-6&23&23\\13&-2&26&3\\26&20&2&-12\end{pmatrix}.$$

2.2.2 矩阵的乘法

应用实例 某装配工厂把四种零部件装配成三种产品，用 a_{ij} 表示组装一个第 i 种产品($i=1，2，3$)需要第 j 种零部件的个数($j=1，2，3，4$)．每种零部件又有国产和进口之分，用 b_{j1} 和 b_{j2} 分别表示国产的和进口的第 j 种零件的单价($j=1，2，3，4$)．记

$$\boldsymbol{A}=\begin{pmatrix}a_{11}&a_{12}&a_{13}&a_{14}\\a_{21}&a_{22}&a_{23}&a_{24}\\a_{31}&a_{32}&a_{33}&a_{34}\end{pmatrix}，\boldsymbol{B}=\begin{pmatrix}b_{11}&b_{12}\\b_{21}&b_{22}\\b_{31}&b_{32}\\b_{41}&b_{42}\end{pmatrix}，$$

则用国产或进口零件生产一个第 i 种产品，在零件方面的成本分别是：

$$\begin{aligned}c_{i1}&=a_{i1}b_{11}+a_{i2}b_{21}+a_{i3}b_{31}+a_{i4}b_{41}\\c_{i2}&=a_{i1}b_{12}+a_{i2}b_{22}+a_{i3}b_{32}+a_{i4}b_{42}\end{aligned}\quad(i=1，2，3)$$

可以注意到 c_{ij} 是$\boldsymbol{A}$ 的第i 行与$\boldsymbol{B}$ 的第j 列对应元素乘积之和．以 c_{ij} 为元素可以得到一个 3×2 的矩阵

$$C=\begin{pmatrix}c_{11} & c_{12}\\ c_{21} & c_{22}\\ c_{31} & c_{32}\end{pmatrix},$$

我们把这种运算定义为乘法运算.

定义 2.4　设 $\boldsymbol{A}=(a_{ij})_{m\times s}$，$\boldsymbol{B}=(b_{ij})_{s\times n}$，令

$$c_{ij}=\sum_{k=1}^{s}a_{ik}b_{kj}=a_{i1}b_{1j}+a_{i2}b_{2j}+\cdots+a_{is}b_{sj}\quad (i=1,\ \cdots,\ m;\ j=1,\ \cdots,\ n),$$

称 $\boldsymbol{C}=(c_{ij})_{m\times n}$ 为矩阵 $\boldsymbol{A}$ 与 $\boldsymbol{B}$ 的积，记为 $\boldsymbol{C}=\boldsymbol{AB}$.

由定义可知，矩阵乘积 $\boldsymbol{AB}$ 有意义的前提是 $\boldsymbol{A}$ 的列数等于 $\boldsymbol{B}$ 的行数；这时 $\boldsymbol{AB}$ 的行数与列数分别为 $\boldsymbol{A}$ 的行数与 $\boldsymbol{B}$ 的列数；$\boldsymbol{AB}$ 的第 i 行第 j 列元素等于 $\boldsymbol{A}$ 的第 i 行与 $\boldsymbol{B}$ 的第 j 列对应元素乘积之和.

思考　如何将 n 元一次线性方程组简洁地写成矩阵的形式.

例 2　设矩阵 $\boldsymbol{A}=\begin{pmatrix}0 & 0\\ 0 & 1\end{pmatrix}$，$\boldsymbol{B}=\begin{pmatrix}0 & 1\\ 0 & 0\end{pmatrix}$，求 $\boldsymbol{AB}$ 和 $\boldsymbol{BA}$.

解　$\boldsymbol{AB}=\begin{pmatrix}0 & 0\\ 0 & 1\end{pmatrix}\begin{pmatrix}0 & 1\\ 0 & 0\end{pmatrix}=\begin{pmatrix}0 & 0\\ 0 & 0\end{pmatrix}$，$\boldsymbol{BA}=\begin{pmatrix}0 & 1\\ 0 & 0\end{pmatrix}\begin{pmatrix}0 & 0\\ 0 & 1\end{pmatrix}=\begin{pmatrix}0 & 1\\ 0 & 0\end{pmatrix}$.

可见矩阵的乘法一般不满足交换律，即 $\boldsymbol{AB}$ 不一定等于 $\boldsymbol{BA}$，为了区别相乘的次序，称 $\boldsymbol{AB}$ 为“$\boldsymbol{A}$ 右乘以 $\boldsymbol{B}$”或“$\boldsymbol{B}$ 左乘以 $\boldsymbol{A}$”. 只有在特定的条件下才有 $\boldsymbol{AB}=\boldsymbol{BA}$，这时称 $\boldsymbol{A}$，$\boldsymbol{B}$ 是可交换矩阵.

例 3　设矩阵 $\boldsymbol{A}=\begin{pmatrix}1 & 2 & -2\\ 3 & 2 & 4\end{pmatrix}$，$\boldsymbol{B}=\begin{pmatrix}1 & 4 & -1\\ 3 & 1 & -3\end{pmatrix}$，$\boldsymbol{C}=\begin{pmatrix}1 & 1\\ 0 & 0\\ 0 & 0\end{pmatrix}$，求 $\boldsymbol{AC}$ 和 $\boldsymbol{BC}$.

解　$\boldsymbol{AC}=\begin{pmatrix}1 & 2 & -2\\ 3 & 2 & 4\end{pmatrix}\begin{pmatrix}1 & 1\\ 0 & 0\\ 0 & 0\end{pmatrix}=\begin{pmatrix}1 & 1\\ 3 & 3\end{pmatrix}$，$\boldsymbol{BC}=\begin{pmatrix}1 & 4 & -1\\ 3 & 1 & -3\end{pmatrix}\begin{pmatrix}1 & 1\\ 0 & 0\\ 0 & 0\end{pmatrix}=\begin{pmatrix}1 & 1\\ 3 & 3\end{pmatrix}$.

可见 $\boldsymbol{AC}=\boldsymbol{BC}$，$\boldsymbol{C}\neq\boldsymbol{O}$ 但 $\boldsymbol{A}\neq\boldsymbol{B}$，矩阵乘法运算不满足消去律；同样值得注意的是，仅由 $\boldsymbol{AB}=\boldsymbol{O}$ 不能推断 $\boldsymbol{A}=\boldsymbol{O}$ 或 $\boldsymbol{B}=\boldsymbol{O}$，例如 $\begin{pmatrix}1 & -2\\ -1 & 2\end{pmatrix}\begin{pmatrix}2 & 2\\ 1 & 1\end{pmatrix}=\begin{pmatrix}0 & 0\\ 0 & 0\end{pmatrix}$，但矩阵的乘法仍满足下列运算律：(假定等式的左端或右端有意义)

(1) 结合律：$(\boldsymbol{AB})\boldsymbol{C}=\boldsymbol{A}(\boldsymbol{BC})$；

(2) 左分配律：$\boldsymbol{A}(\boldsymbol{B}+\boldsymbol{C})=\boldsymbol{AB}+\boldsymbol{AC}$；右分配律：$(\boldsymbol{B}+\boldsymbol{C})\boldsymbol{A}=\boldsymbol{BA}+\boldsymbol{CA}$；

(3) $k(\boldsymbol{AB})=(k\boldsymbol{A})\boldsymbol{B}=\boldsymbol{A}(k\boldsymbol{B})$.

应用实例(矩阵在图形学上的应用)　平面图形由一个封闭曲线围成的区域构成. 如字母 L 由 a，b，c，d，e，f 的连线构成，如将这 6 个点的坐标记录下来，便可由此生成这个字母. 将 6 个点的坐标按矩阵 $\boldsymbol{A}=\begin{pmatrix}0 & 4 & 4 & 1 & 1 & 0\\ 0 & 0 & 1 & 1 & 6 & 6\end{pmatrix}$ 记录下来，第 i 个行向量就是第 i 个点的坐标. 数乘矩阵 $k\boldsymbol{A}$ 所对应的图形相当于把图形放大 k 倍，用矩阵 $\boldsymbol{P}=$

$\begin{pmatrix}1 & 0.25\\0 & 1\end{pmatrix}$乘 $\boldsymbol{A}$，$\boldsymbol{PA}=\begin{pmatrix}0 & 4 & 4.25 & 1.25 & 2.5 & 1.5\\0 & 0 & 1 & 1 & 6 & 6\end{pmatrix}$矩阵 $\boldsymbol{PA}$ 所对应的字母变成斜体.

定义 2.5　设 $\boldsymbol{A}$ 为方阵，规定 $\boldsymbol{A}^0=\boldsymbol{I}$，$\boldsymbol{A}^1=\boldsymbol{A}$，$\boldsymbol{A}^2=\boldsymbol{AA}$，…，$\boldsymbol{A}^{k+1}=\boldsymbol{A}^k\boldsymbol{A}^1$（$k$ 为正整数）.

根据矩阵乘法的结合律，易证方阵的幂有以下性质：

（1）$\boldsymbol{A}^k\boldsymbol{A}^l=\boldsymbol{A}^{k+l}$；

（2）$(\boldsymbol{A}^k)^l=\boldsymbol{A}^{kl}$，其中 k，l 均为正整数.

值得注意的是，对于 n 阶方阵 $\boldsymbol{A}$，$\boldsymbol{B}$，因为矩阵乘法不满足交换律，所以一般而言$(\boldsymbol{AB})^k\neq\boldsymbol{A}^k\boldsymbol{B}^k$，只有当 $\boldsymbol{A}$、$\boldsymbol{B}$ 可交换时，才有$(\boldsymbol{AB})^k=\boldsymbol{A}^k\boldsymbol{B}^k$.

思考　对于 n 阶方阵 $\boldsymbol{A}$，$\boldsymbol{B}$，乘法公式$(\boldsymbol{A}+\boldsymbol{B})^2=\boldsymbol{A}^2+2\boldsymbol{AB}+\boldsymbol{B}^2$ 以及二项式定理，是否无条件成立？如不是，附加何种条件后，能够确保成立？

2.2.3　转置矩阵的运算律

（1）$(\boldsymbol{A}^{\mathrm{T}})^{\mathrm{T}}=\boldsymbol{A}$；

（2）$(\boldsymbol{A}+\boldsymbol{B})^{\mathrm{T}}=\boldsymbol{A}^{\mathrm{T}}+\boldsymbol{B}^{\mathrm{T}}$；

（3）$(\lambda\boldsymbol{A})^{\mathrm{T}}=\lambda\boldsymbol{A}^{\mathrm{T}}$（$\lambda$ 为实数）；

（4）$(\boldsymbol{AB})^{\mathrm{T}}=\boldsymbol{B}^{\mathrm{T}}\boldsymbol{A}^{\mathrm{T}}$.

证　仅证(4). 设 $\boldsymbol{A}=(a_{ij})_{m\times s}$，$\boldsymbol{B}=(b_{ij})_{s\times n}$，记 $\boldsymbol{AB}=\boldsymbol{C}=(c_{ij})_{m\times n}$，$\boldsymbol{B}^{\mathrm{T}}\boldsymbol{A}^{\mathrm{T}}=\boldsymbol{D}=(d_{ij})_{n\times m}$，$(\boldsymbol{AB})^{\mathrm{T}}$ 的第 i 行第 j 列元素就是 $\boldsymbol{AB}$ 的第 j 行第 i 列的元素：$c_{ji}=a_{j1}b_{1i}+a_{j2}b_{2i}+\cdots+a_{js}b_{si}$，而 $\boldsymbol{B}^{\mathrm{T}}\boldsymbol{A}^{\mathrm{T}}$ 的第 i 行第 j 列元素是 $\boldsymbol{B}^{\mathrm{T}}$ 的第 i 行$(b_{1i}, b_{2i}, \cdots, b_{si})$与 $\boldsymbol{A}^{\mathrm{T}}$ 的第 j 列$(a_{j1}, a_{j2}, \cdots, a_{js})^{\mathrm{T}}$ 的乘积，所以 $d_{ji}=b_{1i}a_{j1}+b_{2i}a_{j2}+\cdots+b_{si}a_{js}$，$d_{ij}=c_{ji}$ $(i=1, 2, \cdots, n;\ j=1, 2, \cdots, m)$. 即$(\boldsymbol{AB})^{\mathrm{T}}=\boldsymbol{B}^{\mathrm{T}}\boldsymbol{A}^{\mathrm{T}}$.

例如，矩阵 $\boldsymbol{A}=\begin{pmatrix}2 & 0 & -1\\1 & 2 & 3\end{pmatrix}$，$\boldsymbol{B}=\begin{pmatrix}1 & 4 & -1\\0 & 2 & 3\\2 & 0 & 1\end{pmatrix}$，

$$\boldsymbol{AB}=\begin{pmatrix}2 & 0 & -1\\1 & 2 & 3\end{pmatrix}\begin{pmatrix}1 & 4 & -1\\0 & 2 & 3\\2 & 0 & 1\end{pmatrix}=\begin{pmatrix}0 & 8 & -3\\7 & 8 & 8\end{pmatrix},$$

$$(\boldsymbol{AB})^{\mathrm{T}}=\begin{pmatrix}0 & 7\\8 & 8\\-3 & 8\end{pmatrix}，而\ \boldsymbol{B}^{\mathrm{T}}\boldsymbol{A}^{\mathrm{T}}=\begin{pmatrix}1 & 0 & 2\\4 & 2 & 0\\-1 & 3 & 1\end{pmatrix}\begin{pmatrix}2 & 1\\0 & 2\\-1 & 3\end{pmatrix}=\begin{pmatrix}0 & 7\\8 & 8\\-3 & 8\end{pmatrix}=(\boldsymbol{AB})^{\mathrm{T}}.$$

2.3 矩阵的秩和逆矩阵

2.3.1 矩阵的秩

定义 2.6 设 $\boldsymbol{A}$ 是一个 $m\times n$ 矩阵，任取 $\boldsymbol{A}$ 的 k 行与 k 列 $(0<k\leqslant m,\ 0<k\leqslant n)$，位于这些行列交叉处的 k^2 个元素，按原来的次序所构成的 k 阶行列式，称为矩阵 $\boldsymbol{A}$ 的 k 阶子式.

$m\times n$ 矩阵 $\boldsymbol{A}$ 的 k 阶子式共有 $\boldsymbol{C}_m^k\boldsymbol{C}_n^k$ 个.

显然，$\boldsymbol{A}$ 的每一个元素 a_{ij} 是 $\boldsymbol{A}$ 的一个一阶子式，而当 $\boldsymbol{A}$ 为 n 阶方阵时，它的 n 阶子式只有一个，即 $\boldsymbol{A}$ 的行列式 $|\boldsymbol{A}|$.

例如，在 $\boldsymbol{A}=\begin{pmatrix}1&2&3&4\\0&1&2&0\\2&6&4&5\end{pmatrix}$ 中选取第 2，3 行及第 1，4 列，它们交叉点处元素所成行列式 $\begin{vmatrix}0&0\\2&5\end{vmatrix}=0$ 就是 $\boldsymbol{A}$ 的一个二阶子式，再选取 1，2，3 行及 2，3，4 列得到一个 3 阶子式 $\begin{vmatrix}2&3&4\\1&2&0\\6&4&5\end{vmatrix}=15\neq 0$. 由于行和列的取法很多，所以一个矩阵 $\boldsymbol{A}$ 的子式有很多个. 在这样的子式中，有的值为零，有的值不为零. 对于不为零的子式，我们有以下定义：

定义 2.7 矩阵 $\boldsymbol{A}$ 的不为零的子式的最高阶数称为矩阵 $\boldsymbol{A}$ 的秩，记为 $R(\boldsymbol{A})$.

规定零矩阵的秩为零.

由定义 4.2 可知：

(1) 若 $R(\boldsymbol{A})=r$，则矩阵 $\boldsymbol{A}$ 至少有一个 r 阶子式不为零，所有的 $r+1$ 阶都为零；

(2) $0\leqslant R(\boldsymbol{A}_{m\times n})\leqslant \min\{m,\ n\}$；

(3) $R(\boldsymbol{A}^{\mathrm{T}})=R(\boldsymbol{A})$；

(4) 对于 n 阶方阵 $\boldsymbol{A}$，有 $R(\boldsymbol{A})=n\Leftrightarrow|\boldsymbol{A}|\neq 0$.

$\max\{R(\boldsymbol{A}),\ R(\boldsymbol{B})\}\leqslant R(\boldsymbol{A},\ \boldsymbol{B})\leqslant R(\boldsymbol{A})+R(\boldsymbol{B})$. 特别地，当 $\boldsymbol{B}=\boldsymbol{b}$ 为列向量时，有 $R(\boldsymbol{A})\leqslant R(\boldsymbol{A},\ \boldsymbol{b})\leqslant R(\boldsymbol{A})+1$.

例如，矩阵 $\boldsymbol{A}=\begin{pmatrix}1&2&3\\2&4&6\\0&8&7\end{pmatrix}$ 中 $|\boldsymbol{A}|=\begin{vmatrix}1&2&3\\2&4&6\\0&8&7\end{vmatrix}=0$，$\begin{vmatrix}2&4\\0&8\end{vmatrix}=16\neq 0$，所以 $R(\boldsymbol{A})=2$.

矩阵 $\boldsymbol{A}=\begin{pmatrix}2&5&-1\\0&0&3\\0&4&-2\end{pmatrix}$，由于 $|\boldsymbol{A}|\neq 0$，因此 $R(\boldsymbol{A})=3$.

对于行、列数较多的矩阵，用秩的定义计算 $R(\boldsymbol{A})$，有时要计算多个行列式，计算量相当大．然而，某些特殊类型的矩阵的秩的计算是十分简单的．例如，在矩阵 $\boldsymbol{B}=\begin{pmatrix}1&2&3&-1\\0&-1&-1&1\\0&0&0&0\end{pmatrix}$ 中，由于 $\boldsymbol{B}$ 的所有的 3 阶子式全为零，而在二阶子式中 $\begin{vmatrix}1&2\\0&-1\end{vmatrix}$ 是 $\boldsymbol{B}$ 的一个二阶非零子式，因此 $R(\boldsymbol{B})=2$.

矩阵 $\boldsymbol{B}$ 称为阶梯形矩阵．从计算阶梯形矩阵的秩的过程中，不难得到，任何一个阶梯形矩阵的秩等于它的非零行的个数．由矩阵的初等变换知道，任何一个矩阵总可以经初等变换化为阶梯形矩阵，那么矩阵经过初等变换后，其秩会不会改变呢？

定理 1　初等变换不改变矩阵的秩.

证　（以行变换为例）设 $\boldsymbol{A}$ 是 $m\times n$ 矩阵，$R(\boldsymbol{A})=r$，$\boldsymbol{A}$ 经有限次初等行变换变成 $\boldsymbol{B}$，要证 $R(\boldsymbol{B})=r$.

先分别考虑以下三种行变换：

（1）$\boldsymbol{A}\xrightarrow{r_i\leftrightarrow r_j}\boldsymbol{B}$；这时 $\boldsymbol{B}$ 的任一 s 阶子式与 $\boldsymbol{A}$ 的某一 s 阶子式要么相等，要么只差一个负号，因此 $R(\boldsymbol{A})=r=R(\boldsymbol{B})$.

（2）$\boldsymbol{A}\xrightarrow{kr_i}\boldsymbol{B}$，$k\neq 0$；这时 $\boldsymbol{B}$ 的任一 s 阶子式与 $\boldsymbol{A}$ 的相应 s 阶子式要么相等，要么为 k 倍关系 $(k\neq 0)$，因此 $R(\boldsymbol{A})=r=R(\boldsymbol{B})$.

（3）$\boldsymbol{A}\xrightarrow{r_i+kr_j}\boldsymbol{B}$；这时 $\boldsymbol{B}$ 的任一 s 阶子式与 $\boldsymbol{A}$ 的相应 s 阶子式相等，因此 $R(\boldsymbol{A})=r=R(\boldsymbol{B})$.

既然每一种初等行变换都不改变矩阵的秩，那么有限次初等行变换也不改变矩阵的秩.

定理 1 的意义在于指明：矩阵的秩是反映矩阵本质属性的一个数，是矩阵在初等行变换之下的不变量；它可以通过初等变换将矩阵化为阶梯形来求出矩阵的秩，但与初等行变换无关.

例 1　求矩阵 $\boldsymbol{A}=\begin{pmatrix}1&-1&-1&0&-2\\-1&2&2&2&6\\0&1&1&2&4\\0&1&1&-1&1\end{pmatrix}$ 的秩.

解

$$\boldsymbol{A}\xrightarrow{r_2+r_1}\begin{pmatrix}1&-1&-1&0&-2\\0&1&1&2&4\\0&1&1&2&4\\0&1&1&-1&1\end{pmatrix}\longrightarrow\begin{pmatrix}1&-1&-1&0&-2\\0&1&1&2&4\\0&0&0&0&0\\0&0&0&-3&-3\end{pmatrix}$$

$$\xrightarrow{r_3\leftrightarrow r_4}\begin{pmatrix}1&-1&-1&0&-2\\0&1&1&2&4\\0&0&0&-3&-3\\0&0&0&0&0\end{pmatrix},$$

故 $R(\boldsymbol{A})=3$.

例 2 设 $\boldsymbol{A}$ 是 $m\times n$ 矩阵，$\boldsymbol{P}$ 是 m 阶可逆方阵，$\boldsymbol{Q}$ 是 n 阶可逆方阵，则 $R(\boldsymbol{PA})=R(\boldsymbol{AQ})=R(\boldsymbol{PAQ})=R(\boldsymbol{A})$.

证　因为矩阵 $\boldsymbol{A}$ 的左边乘以可逆方阵 $\boldsymbol{P}$，相当于对 $\boldsymbol{A}$ 进行一系列初等行变换，由定理 1，得到 $R(\boldsymbol{PA})=R(\boldsymbol{A})$，类似可证 $R(\boldsymbol{AQ})=R(\boldsymbol{A})$，$R(\boldsymbol{PAQ})=R(\boldsymbol{A})$.

例 3 设 $\boldsymbol{A}=\begin{pmatrix}k&1&1\\1&k&1\\1&1&2\end{pmatrix}$，$\boldsymbol{b}=\begin{pmatrix}1\\k\\2\end{pmatrix}$，$\boldsymbol{B}=(\boldsymbol{A},\boldsymbol{b})$. 问 k 取何值，可使：

(1) $R(\boldsymbol{A})=R(\boldsymbol{B})=3$；(2) $R(\boldsymbol{A})<R(\boldsymbol{B})$；(3) $R(\boldsymbol{A})=R(\boldsymbol{B})<3$.

解　由于

$$\boldsymbol{B}=\begin{pmatrix}k&1&1&1\\1&k&1&k\\1&1&2&2\end{pmatrix}\longrightarrow\begin{pmatrix}1&1&2&2\\0&k-1&-1&k-2\\0&1-k&1-2k&1-2k\end{pmatrix}$$

$$\xrightarrow{r_2+r_3}\begin{pmatrix}1&1&2&2\\0&1-k&1&2-k\\0&0&2k&k+1\end{pmatrix},$$

因此，(1) 当 $k\neq 0$ 且 $k\neq -1$ 时，$R(\boldsymbol{A})=R(\boldsymbol{B})=3$.

(2) 当 $k=0$ 时，$R(\boldsymbol{A})=2$，$R(\boldsymbol{B})=3$，$R(\boldsymbol{A})<R(\boldsymbol{B})$.

(3) 当 $k=-1$ 时，

$$\begin{pmatrix}1&1&2&2\\0&1-k&1&2-k\\0&0&2k&k+1\end{pmatrix}=\begin{pmatrix}1&1&2&2\\0&0&1&1\\0&0&2&2\end{pmatrix}\rightarrow\begin{pmatrix}1&1&2&2\\0&0&1&1\\0&0&0&0\end{pmatrix},$$

故 $R(\boldsymbol{A})=R(\boldsymbol{B})=2<3$.

2.3.2 逆矩阵

上一节中，介绍了矩阵的加法、减法、乘法，本节要讨论的问题是对于矩阵的乘法是否也和数的乘法一样有逆运算.

定义 2.8 设 $\boldsymbol{A}$ 是一个 n 阶方阵，如果存在 n 阶方阵 $\boldsymbol{B}$，使得 $\boldsymbol{AB}=\boldsymbol{BA}=\boldsymbol{E}$，则称 $\boldsymbol{B}$ 是 $\boldsymbol{A}$ 的一个逆矩阵或 $\boldsymbol{A}$ 的逆，记为 $\boldsymbol{A}^{-1}$，并称 $\boldsymbol{A}$ 为可逆矩阵.

逆矩阵的唯一性：如果矩阵 $\boldsymbol{A}$ 是可逆的，那么 $\boldsymbol{A}$ 的逆矩阵是唯一的.

事实上，若 $\boldsymbol{B}_1$ 和 $\boldsymbol{B}_2$ 都是 $\boldsymbol{A}$ 的逆矩阵，则有 $\boldsymbol{AB}_1=\boldsymbol{B}_1\boldsymbol{A}=\boldsymbol{E}$，$\boldsymbol{AB}_2=\boldsymbol{B}_2\boldsymbol{A}=\boldsymbol{E}$，于是根据矩阵乘法的结合律及单位矩阵的性质有：$\boldsymbol{B}_1=\boldsymbol{B}_1\boldsymbol{E}=\boldsymbol{B}_1(\boldsymbol{AB}_2)=(\boldsymbol{B}_1\boldsymbol{A})\boldsymbol{B}_2=\boldsymbol{EB}_2=\boldsymbol{B}_2$，即 $\boldsymbol{B}_1=\boldsymbol{B}_2$，所以逆矩阵是唯一的.

可逆矩阵的性质：

(1) 若 $\boldsymbol{A}$ 可逆，则 $\boldsymbol{A}^{-1}$ 也可逆，且 $(\boldsymbol{A}^{-1})^{-1}=\boldsymbol{A}$；

(2) 若 $\boldsymbol{A}$ 可逆，数 $\lambda\neq 0$，则 $\lambda\boldsymbol{A}$ 可逆，且 $(\lambda\boldsymbol{A})^{-1}=\dfrac{1}{\lambda}\boldsymbol{A}^{-1}$；

(3) 若 $\boldsymbol{A}$ 可逆，那么 $\boldsymbol{A}^{\mathrm{T}}$ 也可逆，且 $(\boldsymbol{A}^{\mathrm{T}})^{-1}=(\boldsymbol{A}^{-1})^{\mathrm{T}}$；

(4) 若 $\boldsymbol{A}$，$\boldsymbol{B}$ 均为 n 阶可逆阵，则 $\boldsymbol{AB}$ 也可逆，且 $(\boldsymbol{AB})^{-1}=\boldsymbol{B}^{-1}\boldsymbol{A}^{-1}$.

下面证明性质(4)，其余性质的证明请读者完成.

证　因 $\boldsymbol{A}^{-1}$、$\boldsymbol{B}^{-1}$ 存在，又 $(\boldsymbol{AB})(\boldsymbol{B}^{-1}\boldsymbol{A}^{-1})=\boldsymbol{ABB}^{-1}\boldsymbol{A}^{-1}=\boldsymbol{AEA}^{-1}=\boldsymbol{AA}^{-1}=\boldsymbol{E}$，

$$(\boldsymbol{B}^{-1}\boldsymbol{A}^{-1})(\boldsymbol{AB})=\boldsymbol{B}^{-1}(\boldsymbol{A}^{-1}\boldsymbol{A})\boldsymbol{B}=\boldsymbol{B}^{-1}\boldsymbol{EB}=\boldsymbol{B}^{-1}\boldsymbol{B}=\boldsymbol{E},$$

可知 $\boldsymbol{B}^{-1}\boldsymbol{A}^{-1}$ 是 $\boldsymbol{AB}$ 的逆矩阵.

推广：如果 $\boldsymbol{A}_1$，$\boldsymbol{A}_2$，…，$\boldsymbol{A}_s$ 都是同阶可逆阵，那么 $\boldsymbol{A}_1\boldsymbol{A}_2\cdots\boldsymbol{A}_s$ 也是可逆矩阵，且

$$(\boldsymbol{A}_1\boldsymbol{A}_2\cdots\boldsymbol{A}_s)^{-1}=\boldsymbol{A}_s{}^{-1}\cdots\boldsymbol{A}_2{}^{-1}\boldsymbol{A}_1{}^{-1}.$$

例 1　若方阵 $\boldsymbol{A}$ 满足等式 $\boldsymbol{A}^2-\boldsymbol{A}+\boldsymbol{E}=\boldsymbol{O}$，问 $\boldsymbol{A}$ 是否可逆？若 $\boldsymbol{A}$ 可逆，求出 $\boldsymbol{A}^{-1}$.

解　由 $\boldsymbol{A}^2-\boldsymbol{A}+\boldsymbol{E}=\boldsymbol{O}$ 可得 $\boldsymbol{A}-\boldsymbol{A}^2=\boldsymbol{E}$ 再变形得 $\boldsymbol{A}(\boldsymbol{E}-\boldsymbol{A})=(\boldsymbol{E}-\boldsymbol{A})\boldsymbol{A}=\boldsymbol{E}$ 由逆矩阵的定义可知 $\boldsymbol{A}$ 可逆，且 $\boldsymbol{A}^{-1}=\boldsymbol{E}-\boldsymbol{A}$.

对角矩阵的逆　设 $\boldsymbol{A}=\begin{pmatrix}\lambda_1 & & & \\ & \lambda_2 & & \\ & & \ddots & \\ & & & \lambda_n\end{pmatrix}$，如果 $\lambda_i\neq 0(i=1,2,\cdots,n)$，容易验证 $\boldsymbol{A}$ 的逆矩阵为

$$\boldsymbol{A}^{-1}=\begin{pmatrix}\lambda_1{}^{-1} & & & \\ & \lambda_2{}^{-1} & & \\ & & \ddots & \\ & & & \lambda_n{}^{-1}\end{pmatrix}.$$

2.4　分块矩阵

对阶数较高的矩阵进行运算时，为了利用某些矩阵的特点，常采用分块法将大矩阵的运算划分为若干个小矩阵的运算，使高阶矩阵的运算转化为低阶矩阵的运算，这是处理高阶矩阵常用的方法，它可以大大简化运算步骤.

所谓矩阵的分块就是在矩阵的某些行之间插入横线，某些列之间插入纵线，从而把矩阵分割成若干“子块”(子矩阵)，被分块以后的矩阵称为**分块矩阵**.

例如，

$\boldsymbol{A}=\begin{pmatrix}\boldsymbol{E}_3 & \boldsymbol{A}_1\\ \boldsymbol{O} & \boldsymbol{E}_1\end{pmatrix}$，其中 $\boldsymbol{E}_3=\begin{pmatrix}1&0&0\\0&1&0\\0&0&1\end{pmatrix}$，$\boldsymbol{A}_1=\begin{pmatrix}2\\3\\4\end{pmatrix}$，$\boldsymbol{O}=(0\quad 0\quad 0)$，$E_1=(1)$ 为

子块.

在对分块矩阵进行运算时，是将子块当作元素来处理，按矩阵的运算规则来进行，即要求分块后的矩阵运算和对应子块的运算都是可行，现在说明如下。

1. 分块加法

设矩阵 $\boldsymbol{A}$，$\boldsymbol{B}$ 的行数相同，列数相同，则对 $\boldsymbol{A}$，$\boldsymbol{B}$ 采用相同分法后可以分块相加，即

$\boldsymbol{A}=\begin{pmatrix}\boldsymbol{A}_{11} & \cdots & \boldsymbol{A}_{1r}\\ \vdots & & \vdots\\ \boldsymbol{A}_{s1} & \cdots & \boldsymbol{A}_{sr}\end{pmatrix}$，$\boldsymbol{B}=\begin{pmatrix}\boldsymbol{B}_{11} & \cdots & \boldsymbol{B}_{1r}\\ \vdots & & \vdots\\ \boldsymbol{B}_{s1} & \cdots & \boldsymbol{B}_{sr}\end{pmatrix}$. 其中，$\boldsymbol{A}_{ij}$ 与 $\boldsymbol{B}_{ij}$ 的行数相同、列数相同，那么

$$\boldsymbol{A}\pm\boldsymbol{B}=\begin{pmatrix}\boldsymbol{A}_{11}\pm\boldsymbol{B}_{11} & \cdots & \boldsymbol{A}_{1r}\pm\boldsymbol{B}_{1r}\\ \vdots & & \vdots\\ \boldsymbol{A}_{s1}\pm\boldsymbol{B}_{s1} & \cdots & A_{sr}\pm\boldsymbol{B}_{sr}\end{pmatrix}.$$

2. 分块数乘

无论对 $\boldsymbol{A}$ 如何分块，根据数乘的定义总有 $k\boldsymbol{A}=k\begin{pmatrix}\boldsymbol{A}_{11} & \cdots & \boldsymbol{A}_{1r}\\ \vdots & & \vdots\\ \boldsymbol{A}_{s1} & \cdots & \boldsymbol{A}_{sr}\end{pmatrix}=\begin{pmatrix}k\boldsymbol{A}_{11} & \cdots & k\boldsymbol{A}_{1r}\\ \vdots & & \vdots\\ k\boldsymbol{A}_{s1} & \cdots & k\boldsymbol{A}_{sr}\end{pmatrix}$.

3. 分块矩阵的乘法

设 $\boldsymbol{A}$ 为 $m\times l$ 矩阵，$\boldsymbol{B}$ 为 $l\times n$ 矩阵，分块成 $\boldsymbol{A}=\begin{pmatrix}\boldsymbol{A}_{11} & \cdots & \boldsymbol{A}_{1t}\\ \vdots & & \vdots\\ \boldsymbol{A}_{s1} & \cdots & \boldsymbol{A}_{st}\end{pmatrix}$，$\boldsymbol{B}=\begin{pmatrix}\boldsymbol{B}_{11} & \cdots & \boldsymbol{B}_{1r}\\ \vdots & & \vdots\\ \boldsymbol{B}_{t1} & \cdots & \boldsymbol{B}_{tr}\end{pmatrix}$，

其中，$\boldsymbol{A}_{i1}$，$\boldsymbol{A}_{i2}\cdots$，$\boldsymbol{A}_{it}$ 的列数分别等于 $\boldsymbol{B}_{1j}$，$\boldsymbol{B}_{2j}\cdots$，$\boldsymbol{B}_{tj}$ 的行数，那么

$$\boldsymbol{AB}=\begin{pmatrix}\boldsymbol{C}_{11} & \cdots & \boldsymbol{C}_{1r}\\ \vdots & & \vdots\\ \boldsymbol{C}_{s1} & \cdots & \boldsymbol{C}_{sr}\end{pmatrix},$$

$$\boldsymbol{C}_{ij}=\sum_{k=1}^{t}\boldsymbol{A}_{ik}\boldsymbol{B}_{kj}\ (i=1,\ \cdots,\ s;\ j=1,\ \cdots,\ r).$$

即用分块法计算矩阵乘积时，对 $\boldsymbol{A}$ 的列的分法要与 $\boldsymbol{B}$ 的行的分块一致，这样才能保证矩阵 $\boldsymbol{A}$ 与 $\boldsymbol{B}$ 的乘积是可行的.

4. 分块矩阵求逆

分块矩阵求逆比较复杂，不作一般讨论. 仅举一例来说明一种比较特殊但常遇到的“四块缺角”阵的求逆，这里“缺角”是指四块中有一个零块.

例 1 设 $\boldsymbol{A}$，$\boldsymbol{B}$ 分别为 s 阶、t 阶可逆矩阵，$\boldsymbol{C}$ 为 $t\times s$ 矩阵，$\boldsymbol{O}$ 为 $s\times t$ 型的零矩阵，求 $\begin{pmatrix}\boldsymbol{A} & \boldsymbol{O}\\ \boldsymbol{C} & \boldsymbol{B}\end{pmatrix}$ 的逆矩阵.

由逆矩阵定义有$\begin{pmatrix} \boldsymbol{A} & \boldsymbol{O} \\ \boldsymbol{C} & \boldsymbol{B} \end{pmatrix}\begin{pmatrix} \boldsymbol{X} & \boldsymbol{Y} \\ \boldsymbol{Z} & \boldsymbol{W} \end{pmatrix}=\begin{pmatrix} \boldsymbol{E}_s & \boldsymbol{O}_{s\times t} \\ \boldsymbol{O}_{t\times s} & \boldsymbol{E}_t \end{pmatrix}$，于是

$$\boldsymbol{AX}=\boldsymbol{E},\ \boldsymbol{AY}=\boldsymbol{O},\ \boldsymbol{CX}+\boldsymbol{BZ}=\boldsymbol{O},\ \boldsymbol{CY}+\boldsymbol{BW}=\boldsymbol{E}$$

依次可解 $\boldsymbol{X}=\boldsymbol{A}^{-1}$，$\boldsymbol{Y}=\boldsymbol{O}$，$\boldsymbol{Z}=-\boldsymbol{B}^{-1}\boldsymbol{CA}^{-1}$，$\boldsymbol{W}=\boldsymbol{B}^{-1}$.

因此，$\begin{pmatrix} \boldsymbol{A} & \boldsymbol{O} \\ \boldsymbol{C} & \boldsymbol{B} \end{pmatrix}^{-1}=\begin{pmatrix} \boldsymbol{A}^{-1} & \boldsymbol{O} \\ -\boldsymbol{B}^{-1}\boldsymbol{CA}^{-1} & \boldsymbol{B}^{-1} \end{pmatrix}$

思考　$\begin{pmatrix} \boldsymbol{O} & \boldsymbol{A} \\ \boldsymbol{B} & \boldsymbol{O} \end{pmatrix}^{-1}=?$

若 n 阶矩阵 $\boldsymbol{A}$ 的分块矩阵只有在对角线上有非零子块，其余子块都为零矩阵，且在对角线上的子块都是方阵(不必同阶)，称为分块对角矩阵或准对角矩阵. 可简记 diag$(\boldsymbol{A}_1,\ \boldsymbol{A}_2,\ \cdots,\ \boldsymbol{A}_s)$，且

$$\boldsymbol{A}^{-1}=\begin{pmatrix} \boldsymbol{A}_1^{-1} & & & \\ & \boldsymbol{A}_2^{-1} & & \\ & & \ddots & \\ & & & \boldsymbol{A}_s^{-1} \end{pmatrix}.$$

例 2　设 $\boldsymbol{A}=\begin{pmatrix} 2 & 4 & 0 & 0 & 0 \\ 0 & -2 & 0 & 0 & 0 \\ 0 & 0 & 3 & 0 & 0 \\ 0 & 0 & 0 & 1 & 0 \\ 0 & 0 & 0 & 3 & 4 \end{pmatrix}$，求 $\boldsymbol{A}^{-1}$.

解　$\boldsymbol{A}$ 的分块矩阵为 $\boldsymbol{A}=\begin{pmatrix} \boldsymbol{A}_1 & & \\ & \boldsymbol{A}_2 & \\ & & \boldsymbol{A}_3 \end{pmatrix}$，其中 $\boldsymbol{A}_1=\begin{pmatrix} 2 & 4 \\ 0 & -2 \end{pmatrix}$，$\boldsymbol{A}_2=(3)$，$\boldsymbol{A}_3=\begin{pmatrix} 1 & 0 \\ 3 & 4 \end{pmatrix}$，

而 $\boldsymbol{A}_1^{-1}=\begin{pmatrix} \frac{1}{2} & 1 \\ 0 & -\frac{1}{2} \end{pmatrix}$，$\boldsymbol{A}_2^{-1}=\left(\frac{1}{3}\right)$，$\boldsymbol{A}_3^{-1}=\begin{pmatrix} 1 & 0 \\ -\frac{3}{4} & \frac{1}{4} \end{pmatrix}$，

故

$$\boldsymbol{A}^{-1}=\begin{pmatrix} \frac{1}{2} & 1 & 0 & 0 & 0 \\ 0 & -\frac{1}{2} & 0 & 0 & 0 \\ 0 & 0 & \frac{1}{3} & 0 & 0 \\ 0 & 0 & 0 & 1 & 0 \\ 0 & 0 & 0 & -\frac{4}{3} & \frac{1}{4} \end{pmatrix}.$$

2.5 矩阵的初等变换

矩阵的初等变换是矩阵的一种最基本的运算，它有着广泛的应用. 矩阵的初等变换不但可用语言表述，而且可用矩阵的乘法运算来表示. 本节主要介绍矩阵的初等变换的概念及初等变换在求逆矩阵中的应用.

定义 2.9 下面三种变换称为矩阵的初等行(列)变换：

(1) 行(列)互换：互换矩阵中 i，j 两行(列)的位置，记为 $r_i \leftrightarrow r_j$；

(2) 行倍：用非零常数 k 乘矩阵的第 i 行(列)中各元素，记为 kr_i；

(3) 行倍加：把第 i 行(列)所有元素的 k 倍加到第 j 行(列)上去，记为 $r_j + kr_i$.

矩阵的行初等变换和列初等变换统称为矩阵的初等变换.

定义 2.10 满足以下条件的矩阵称为阶梯形矩阵：

(1) 若矩阵含有零行，则零行在最下方(矩阵可以没有零行)；

(2) 矩阵的非零行的首非零元的列标随着行标的增加而递增.

定义 2.11 若矩阵是阶梯形且满足以下条件称为简化阶梯矩阵，或简称行最简行(矩阵)：

(1) 矩阵的每行首非零元是 1；

(2) 矩阵首非零元 1 所在的那一列的其余元素也全为零.

例如，矩阵 $\boldsymbol{A}=\begin{pmatrix}1&0&2\\0&0&4\\0&2&1\end{pmatrix}$，$\boldsymbol{B}=\begin{pmatrix}1&0&2\\0&2&1\\0&0&4\end{pmatrix}$，$\boldsymbol{C}=\begin{pmatrix}1&0&0&3\\0&0&2&4\\0&0&0&0\end{pmatrix}$ 中，$\boldsymbol{A}$ 不是阶梯形矩阵，$\boldsymbol{B}$ 是阶梯形矩阵，$\boldsymbol{C}$ 是行最简形.

如上，可以用数学归纳法证明：任何矩阵都可以通过初等行变换变成阶梯形矩阵和行最简形，行最简形是矩阵在初等行变换下能变成的最简形式；而方阵的行最简形式就是单位矩阵.

定义 2.12 由单位矩阵经过一次初等变换得到的矩阵称为初等矩阵.

对应于三种初等行、列变换，有三种类型的初等方阵.

(1) 互换单位矩阵 $\boldsymbol{E}$ 的第 i 行(列)与第 j 行(列)的位置得初等矩阵

$$\boldsymbol{E}_{ij}=\begin{pmatrix}1&&&&&&&&\\&\ddots&&&&&&&\\&&1&&&&&&\\&&&0&\cdots&1&&&\\&&&\vdots&\ddots&\vdots&&&\\&&&1&\cdots&0&&&\\&&&&&&1&&\\&&&&&&&\ddots&\\&&&&&&&&1\end{pmatrix}\begin{matrix}\\\\\\\leftarrow 第\ i\ 行\\\\\leftarrow 第\ j\ 行\\\\\\\\\end{matrix}$$

(2) 以非零常数 k 乘单位矩阵的第 i 行(列)，得初等矩阵

$$\boldsymbol{E}_i(k)=\begin{pmatrix}1&&&&\\&\ddots&&&\\&&k&&\\&&&\ddots&\\&&&&1\end{pmatrix}\leftarrow \text{第 } i \text{ 行}$$

(3) 将单位矩阵 $\boldsymbol{E}$ 中第 i 行所有元素的 k 倍加到第 j 行上去，也相当于第 j 列的 k 倍加到第 i 列上去得初等矩阵

$$\boldsymbol{E}_{ij}=\begin{pmatrix}1&&&&&\\&\ddots&&&&\\&&1&&&\\&&\vdots&\ddots&&\\&&k&\cdots&1&\\&&&&\ddots&\\&&&&&1\end{pmatrix}\begin{matrix}\\\\\leftarrow \text{第 } i \text{ 行}\\\\\leftarrow \text{第 } j \text{ 行}\\\\\\\end{matrix}$$

下面不加证明的给出以下定理。

定理 1　设 $\boldsymbol{A}$ 是一个 $m\times n$ 矩阵，对 $\boldsymbol{A}$ 施行一次初等行变换，相当于在 $\boldsymbol{A}$ 的左边乘以相应的 m 阶初等矩阵；对 $\boldsymbol{A}$ 施行一次初等列变换，相当于在 $\boldsymbol{A}$ 的右边乘以相应的 n 阶初等矩阵.

定理 2　方阵 $\boldsymbol{A}$ 可逆的充分必要条件是存在有限个初等矩阵 $\boldsymbol{P}_1$，$\boldsymbol{P}_2$，…，$\boldsymbol{P}_l$，使得 $\boldsymbol{A}=\boldsymbol{P}_1\boldsymbol{P}_2\cdots\boldsymbol{P}_l$.

由以上定理，求方阵 $\boldsymbol{A}$ 的单位阵时，可对方阵 $\boldsymbol{A}$ 和同阶单位阵 $\boldsymbol{E}$ 作同样的初等变换，那么当 $\boldsymbol{A}$ 变为单位阵时，$\boldsymbol{E}$ 就变为 $\boldsymbol{A}^{-1}$，即 $(\boldsymbol{A}\mid\boldsymbol{E})\xrightarrow{\text{初等行变换}}(\boldsymbol{E}\mid\boldsymbol{A}^{-1})$.

例 1　求矩阵 $\boldsymbol{A}=\begin{pmatrix}1&2&3\\2&1&2\\1&3&4\end{pmatrix}$ 的逆矩阵 $\boldsymbol{A}^{-1}$.

解　$$(\boldsymbol{A}\mid\boldsymbol{E})=\left(\begin{array}{ccc|ccc}1&2&3&1&0&0\\2&1&2&0&1&0\\1&3&4&0&0&1\end{array}\right)\rightarrow\left(\begin{array}{ccc|ccc}1&2&3&1&0&0\\0&-3&-4&-2&1&0\\0&1&1&-1&0&1\end{array}\right)$$

$$\rightarrow\left(\begin{array}{ccc|ccc}1&2&3&1&0&0\\0&1&1&-1&0&1\\0&-3&-4&-2&1&0\end{array}\right)$$

$$\rightarrow\left(\begin{array}{ccc|ccc}1&2&3&1&0&0\\0&1&1&-1&0&1\\0&0&-1&-5&1&3\end{array}\right)\rightarrow\left(\begin{array}{ccc|ccc}1&0&1&-3&0&-2\\0&1&1&-1&0&1\\0&0&-1&-5&1&3\end{array}\right)$$

$$\rightarrow\left(\begin{array}{ccc|ccc}1&0&0&-2&1&1\\0&1&0&-6&1&4\\0&0&1&5&-1&-3\end{array}\right)$$

所以，$A^{-1}=\begin{pmatrix}-2&1&1\\-6&1&4\\5&-1&-3\end{pmatrix}$.

例 2 求解矩阵方程$\begin{pmatrix}1&2&3\\2&1&2\\1&3&4\end{pmatrix}X=\begin{pmatrix}1&0\\0&2\\1&3\end{pmatrix}$.

解 $X=\begin{pmatrix}1&2&3\\2&1&2\\1&3&4\end{pmatrix}^{-1}\begin{pmatrix}1&0\\0&2\\1&3\end{pmatrix}=\begin{pmatrix}-2&1&1\\-6&1&4\\5&-1&-3\end{pmatrix}\begin{pmatrix}1&0\\0&2\\1&3\end{pmatrix}=\begin{pmatrix}-1&5\\-2&14\\2&-11\end{pmatrix}$.

例 3 设 A，B 满足 $AB=A+2B$，其中 $A=\begin{pmatrix}3&0&1\\1&1&0\\0&1&4\end{pmatrix}$，求 B.

解 由 $AB=A+2B$，得$(A-2E)B=A$，$B=(A-2E)^{-1}A$.

$$(A-2E\,|\,A)=\begin{pmatrix}1&0&1&3&0&1\\1&-1&0&1&1&0\\0&1&2&0&1&4\end{pmatrix}\to\begin{pmatrix}1&0&1&3&0&1\\0&-1&1&2&-1&1\\0&0&1&-2&2&3\end{pmatrix}\to$$

$$\begin{pmatrix}1&0&0&5&-2&-2\\0&1&0&4&-3&-2\\0&0&1&-2&2&3\end{pmatrix}.$$

可知 $A-2E$ 可逆，且 $B=(A-2E)^{-1}A=\begin{pmatrix}5&-2&-2\\4&-3&-2\\-2&2&3\end{pmatrix}$.

2.6 几种特殊矩阵

(1) 零矩阵　所有元素均为 0 的矩阵称为零矩阵，记为 O.

(2) 负矩阵　矩阵 $A=(a_{ij})$ 中各个元素变号得到的矩阵，叫作矩阵 A 的负矩阵，记作 $-A=(-a_{ij})$.

(3) 对角矩阵　主对角线以外的元素全为零的方阵(即 $a_{ij}=0$，$i\neq j$) 称为对角矩阵或者对角方阵，形如

$$A=\begin{pmatrix}a_1&0&\cdots&0\\0&a_2&\cdots&0\\\vdots&\vdots&&\vdots\\0&0&\cdots&a_n\end{pmatrix}\text{或}\begin{pmatrix}a_1&&\cdots&\\&a_2&\cdots&\\\vdots&\vdots&&\vdots\\&&\cdots&a_n\end{pmatrix}\text{简记作 } \mathrm{diag}(a_1,\ a_2,\ \cdots,\ a_n).$$

(4) 数量矩阵　如果 n 阶对角矩阵 A 中的元素 $a_{11}=a_{22}=\cdots=a_{nn}=a$ (a 为常数) 时，

称 $\boldsymbol{A}$ 为 n 阶数量矩阵，即 $\boldsymbol{A}=\begin{pmatrix} a & & \cdots & \\ & a & \cdots & \\ \vdots & \vdots & & \vdots \\ & & \cdots & a \end{pmatrix}$.

(5) 单位矩阵　当 $a=1$ 时，则称此矩阵为 n 阶单位矩阵，记作 $\boldsymbol{I}_n$，$\boldsymbol{I}$ 或 $\boldsymbol{E}_n$，$\boldsymbol{E}$. 即

$$\boldsymbol{I}=\begin{pmatrix} 1 & & & \\ & 1 & & \\ & & \ddots & \\ & & & 1 \end{pmatrix}.$$

(6) 上三角矩阵　主对角线以下的元素全为零的 n 阶方阵为上三角矩阵(注：空白处元素为零). 即

$$\begin{pmatrix} a_{11} & a_{12} & \cdots & a_{1n} \\ & a_{22} & \cdots & a_{2n} \\ & & \ddots & \vdots \\ & & & a_{nn} \end{pmatrix}.$$

(7) 下三角矩阵　主对角线以上的元素全为零的 n 阶方阵为下三角矩阵. 即

$$\begin{pmatrix} a_{11} & & & \\ a_{21} & a_{22} & & \\ \vdots & \vdots & \ddots & \\ a_{n1} & a_{n2} & \cdots & a_{nn} \end{pmatrix}.$$

(8) 转置矩阵　把 $m\times n$ 矩阵 $\boldsymbol{A}=(a_{ij})$ 的各行依次改为列(必然的 $\boldsymbol{A}$ 的列依次改为行)，所得到的 $n\times m$ 矩阵称为 $\boldsymbol{A}$ 的转置矩阵或 $\boldsymbol{A}$ 的转置，记为 $\boldsymbol{A}^{\mathrm{T}}$. 即，

$$若\ \boldsymbol{A}=\begin{pmatrix} a_{11} & a_{12} & \cdots & a_{1n} \\ a_{21} & a_{22} & \cdots & a_{2n} \\ \vdots & \vdots & & \vdots \\ a_{m1} & a_{m2} & \cdots & a_{mn} \end{pmatrix}，则\ \boldsymbol{A}^{\mathrm{T}}=\begin{pmatrix} a_{11} & a_{12} & \cdots & a_{1m} \\ a_{21} & a_{22} & \cdots & a_{2m} \\ \vdots & \vdots & & \vdots \\ a_{n1} & a_{n2} & \cdots & a_{nm} \end{pmatrix}.$$

对称矩阵　满足 $\boldsymbol{A}^{\mathrm{T}}=\boldsymbol{A}$ 的矩阵 $\boldsymbol{A}$ 称为对称矩阵

注：显然对称矩阵一定是方阵，即 $m=n$，方阵 $\boldsymbol{A}=(a_{ij})$ 为对称矩阵的充要条件是对一切 i，j 有 $a_{ij}=a_{ji}$.

反对称矩阵　满足 $\boldsymbol{A}^{\mathrm{T}}=-\boldsymbol{A}$ 的矩阵 $\boldsymbol{A}$ 称为反对称矩阵.

注：显然反对称矩阵的充要条件是对一切 i，j 有 $a_{ij}=-a_{ji}$，因此反对称矩阵的主对角线元素都是 0.

习题 2

1. 设 $\boldsymbol{\alpha}=(1，0，-3，2)$，$\boldsymbol{\beta}=(-2，1，2，4)$，求(1)$2\boldsymbol{\alpha}+3\boldsymbol{\beta}$；(2) 若 $\boldsymbol{x}+\boldsymbol{\beta}=$

$\boldsymbol{\alpha}$，求 $\boldsymbol{x}$.

2. 已知向量 $\boldsymbol{\alpha}_1=(2,5,1,3)$，$\boldsymbol{\alpha}_2=(10,1,5,10)$，$\boldsymbol{\alpha}_3=(4,1,-1,1)$，且 $3(\boldsymbol{\alpha}_1-\boldsymbol{\beta})+2(\boldsymbol{\alpha}_2+\boldsymbol{\beta})=5(\boldsymbol{\alpha}_3+\boldsymbol{\beta})$，求 $\boldsymbol{\beta}$.

3. 设 $\boldsymbol{A}=\begin{pmatrix}1 & 0 & -3\\ 0 & 1 & 1\\ 1 & -2 & 4\end{pmatrix}$，$\boldsymbol{B}=\begin{pmatrix}-2 & 1 & 2\\ -2 & -1 & 1\\ 0 & 1 & -1\end{pmatrix}$，求 $3\boldsymbol{A}+2\boldsymbol{B}$.

4. 计算下列矩阵的乘积.

(1) $(1,2,3)\begin{pmatrix}1\\ 2\\ 3\end{pmatrix}$；　(2) $\begin{pmatrix}1 & 2\\ 4 & 2\end{pmatrix}\begin{pmatrix}2 & -1 & 1\\ 0 & 3 & 2\end{pmatrix}$；

(3) $\begin{pmatrix}1 & 2 & 0\\ 3 & -1 & 4\end{pmatrix}\begin{pmatrix}1 & 2 & 0\\ 3 & -1 & 4\end{pmatrix}^{\mathrm{T}}$；　(4) $\begin{pmatrix}1 & -1\\ 2 & 1\\ 0 & 2\end{pmatrix}\begin{pmatrix}2 & 1\\ 1 & -1\end{pmatrix}\begin{pmatrix}3 & -1 & 0 & 1\\ 1 & 2 & 1 & 0\end{pmatrix}$.

5. 已知 $\boldsymbol{A}=\begin{pmatrix}x^2 & 2 & x\\ y & 0 & x+y\\ -3 & z & 3x\end{pmatrix}$ 是对称矩阵，求 x，y，z.

6. 计算 $\boldsymbol{A}^n$，其中

(1) $\boldsymbol{A}=\begin{pmatrix}1 & 0\\ \lambda & 1\end{pmatrix}$；　(2) $\boldsymbol{A}=\begin{pmatrix}0 & 1 & 0\\ 0 & 0 & 1\\ 0 & 0 & 0\end{pmatrix}$.

7. 设方阵 $\boldsymbol{A}$ 满足 $\boldsymbol{A}^2-\boldsymbol{A}-2\boldsymbol{E}=0$，证明：$\boldsymbol{A}$ 与 $\boldsymbol{E}-\boldsymbol{A}$ 都可逆，求它们的逆矩阵.

8. 将下列矩阵化成阶梯形矩阵及行简化阶梯形.

(1) $\begin{pmatrix}1 & -1 & 2 & 1\\ -1 & 2 & 3 & -2\\ 2 & -3 & -2 & 2\end{pmatrix}$；　(2) $\begin{pmatrix}1 & -2 & 3 & -4 & 4\\ 0 & 1 & -1 & 1 & -3\\ 1 & 3 & 0 & -3 & 1\\ 0 & -7 & 3 & 1 & -3\end{pmatrix}$.

9. 求下列矩阵的秩.

(1) $\begin{pmatrix}1 & 2 & 3 & 4\\ 1 & -2 & 4 & 5\\ 1 & 10 & 1 & 2\end{pmatrix}$；　(2) $\begin{pmatrix}1 & 2 & 3 & 0\\ 0 & 1 & 0 & 1\\ 0 & 1 & 1 & 0\\ 0 & 0 & 0 & 0\end{pmatrix}$；

(3) $\begin{pmatrix}1 & -2 & -1 & -2\\ 4 & 1 & 2 & 1\\ 1 & 1 & 1 & 1\\ 2 & 5 & 4 & -1\end{pmatrix}$；　(4) $\begin{pmatrix}0 & 0 & 1 & 2 & -1\\ 1 & 3 & -2 & 2 & -1\\ 2 & 6 & -4 & 5 & 0\\ -1 & -3 & 4 & 0 & 5\end{pmatrix}$.

10. 设 $\boldsymbol{A}=\begin{pmatrix}1 & -2 & 3k\\ -1 & 2k & -3\\ k & -2 & 3\end{pmatrix}$，问 k 为何值，可使(1) $R(\boldsymbol{A})=1$；(2) $R(\boldsymbol{A})=2$；

(3)$R(\boldsymbol{A})=3$.

11. 利用初等变换，求下列矩阵的逆矩阵.

(1)$\begin{pmatrix}1&2\\2&1\end{pmatrix}$；　　(2)$\begin{pmatrix}3&-3&4\\2&-3&4\\0&-1&1\end{pmatrix}$；

(3)$\begin{pmatrix}2&1&2\\1&2&2\\2&2&1\end{pmatrix}$；　　(4)$\begin{pmatrix}2&2&-1\\1&-2&4\\5&8&2\end{pmatrix}$；

(5)$\begin{pmatrix}1&0&0&0\\2&1&0&0\\3&2&1&0\\4&3&2&1\end{pmatrix}$；　　(6)$\begin{pmatrix}1&1&1&1\\1&1&1&0\\1&1&0&0\\1&0&0&0\end{pmatrix}$.

12. 解下列矩阵方程，求出未知矩阵 $\boldsymbol{X}$.

(1)$\boldsymbol{X}\begin{pmatrix}2&5\\1&3\end{pmatrix}=\begin{pmatrix}4&-6\\2&1\end{pmatrix}$；　　(2)$\begin{pmatrix}1&2&3\\2&-1&1\\3&0&-1\end{pmatrix}\boldsymbol{X}=\begin{pmatrix}9&4\\8&3\\3&10\end{pmatrix}$.

13. 求矩阵 $\boldsymbol{X}$ 满足 $\boldsymbol{AX}=\boldsymbol{A}+2\boldsymbol{X}$，其中 $\boldsymbol{A}=\begin{pmatrix}3&0&1\\1&1&0\\0&1&4\end{pmatrix}$.

14. 判断下述命题是否正确，说明理由或举出反例.

(1) 若 $\boldsymbol{A}$，$\boldsymbol{B}$ 为同阶方阵，则 $(\boldsymbol{A}-\boldsymbol{B})^2=\boldsymbol{A}^2-2\boldsymbol{AB}+\boldsymbol{B}^2$.

(2) 若 $\boldsymbol{A}$ 是 n 阶矩阵，$\boldsymbol{E}$ 是 n 阶单位矩阵，则 $\boldsymbol{A}^2-\boldsymbol{E}=(\boldsymbol{A}+\boldsymbol{E})(\boldsymbol{A}-\boldsymbol{E})$.

(3) 若 $\boldsymbol{AB}=\boldsymbol{AC}$，$\boldsymbol{A}\neq\boldsymbol{O}$，则 $\boldsymbol{B}=\boldsymbol{C}$.

(4) 设 $\boldsymbol{A}$，$\boldsymbol{B}$ 为同阶方阵，则 $(\boldsymbol{AB})^2=\boldsymbol{A}^2\boldsymbol{B}^2$.

(5) 若 $\boldsymbol{A}$，$\boldsymbol{B}$ 都是 n 阶对称矩阵，则 $\boldsymbol{AB}$ 也是 n 阶对称矩阵.

(6) 若 $\boldsymbol{A}$ 是 n 阶对称矩阵，$\boldsymbol{B}$ 是 n 阶反对称矩阵，则 $\boldsymbol{AB}$ 是 n 阶反对称矩阵.

15. 用分块矩阵的乘法计算 $\boldsymbol{AB}$，其中 $\boldsymbol{A}=\begin{pmatrix}1&2&0&0\\2&8&0&0\\0&0&1&0\\0&0&0&1\end{pmatrix}$，$\boldsymbol{B}=\begin{pmatrix}1&3&0&0\\2&8&0&0\\1&0&1&0\\0&1&2&3\end{pmatrix}$.

16. 利用分块矩阵求逆矩阵：$\begin{pmatrix}0&0&4&1\\0&0&3&1\\1&0&0&0\\0&1&0&0\end{pmatrix}$.

第3章 线性方程组

本章导读

在第1章中，讲述了用克莱姆法则求解线性方程组的方法，但是运用克莱姆法则是有条件的，而正常所遇到的线性方程组并不都满足这些条件，这就促使我们要进一步讨论一般的线性方程组的求解方法.

本章重点

▶ 了解线性方程组的概念和性质.

▶ 掌握线性方程组的解法和运算规则.

素质目标

▶ 能够把理论知识与应用性较强实例有机结合起来，培养学生的逻辑思维能力并能运用到生活中.

▶ 在工作中既要充分坚持原则，也要具备灵活性处理问题的能力.

3.1 n 维向量

定义 3.1　n 个有序的数 a_1，a_2，…，a_n 所组成的数组称为 n 维向量，记为

$$\boldsymbol{a}=\begin{pmatrix}a_1\\a_2\\\vdots\\a_n\end{pmatrix} \text{或} \boldsymbol{a}^{\mathrm{T}}=(a_1, a_2, \cdots, a_n).$$

其中：$a_i\ (i=1, 2, \cdots, n)$ 称为向量 $\boldsymbol{a}$ 或 $\boldsymbol{a}^{\mathrm{T}}$ 的第 i 个分量.

分量全为实数的向量称为实向量，分量为复数的向量称为复向量.

向量 $\boldsymbol{a}=\begin{pmatrix}a_1\\a_2\\\vdots\\a_n\end{pmatrix}$ 称为列向量，向量 $\boldsymbol{a}^{\mathrm{T}}=(a_1, a_2, \cdots, a_n)$ 称为行向量. 列向量用黑

体小写字母 $\boldsymbol{a}$，$\boldsymbol{b}$，$\boldsymbol{\alpha}$，$\boldsymbol{\beta}$ 等表示，行向量则用 $\boldsymbol{a}^{\mathrm{T}}$，$\boldsymbol{b}^{\mathrm{T}}$，$\boldsymbol{\alpha}^{\mathrm{T}}$，$\boldsymbol{\beta}^{\mathrm{T}}$ 等表示．如无特别声明，向量都视为列向量.

n 维向量可以看作矩阵，按矩阵的运算规则进行运算.

n 维向量的全体所组成的集合 $\mathbf{R}^n=\{x=(x_1,\ x_2,\ \cdots,\ x_n)^{\mathrm{T}}\mid x_1,\ x_2,\ \cdots,\ x_n\in \mathbf{R}\}$ 称为 n 维向量空间.

若干个同维数的列向量(或同维数的行向量) 所组成的集合，称为向量组.

矩阵的列向量组和行向量组都是只含有限个向量的向量组；反之，一个含有限个向量的向量组总可以构成一个矩阵．例如，n 个 m 维列向量所组成的向量组 $\boldsymbol{a}_1$，$\boldsymbol{a}_2$，$\cdots$，$\boldsymbol{a}_n$ 构成一个 $m\times n$ 矩阵 $\boldsymbol{A}_{m\times n}=(\boldsymbol{a}_1,\ \boldsymbol{a}_2,\ \cdots,\ \boldsymbol{a}_n)$.

m 个 n 维行向量所组成的向量组 $\boldsymbol{\beta}_1^{\mathrm{T}}$，$\boldsymbol{\beta}_2^{\mathrm{T}}$，$\cdots$，$\boldsymbol{\beta}_m^{\mathrm{T}}$ 构成一个 $m\times n$ 矩阵

$$\boldsymbol{B}_{m\times n}=\begin{pmatrix}\boldsymbol{\beta}_1^{\mathrm{T}}\\ \boldsymbol{\beta}_2^{\mathrm{T}}\\ \vdots\\ \boldsymbol{\beta}_m^{\mathrm{T}}\end{pmatrix}.$$

综上所述，含有限个向量的有序向量组与矩阵一一对应.

定义 3.2　给定向量组 A：$\boldsymbol{a}_1$，$\boldsymbol{a}_2$，$\cdots$，$\boldsymbol{a}_m$，对于任何一组实数 k_1，k_2，$\cdots$，k_m，表达式 $k_1\boldsymbol{a}_1+k_2\boldsymbol{a}_2+\cdots+k_m\boldsymbol{a}_m$ 称为向量组 A 的一个线性组合，k_1，k_2，$\cdots$，k_m 称为其系数.

给定向量组 A：$\boldsymbol{a}_1$，$\boldsymbol{a}_2$，$\cdots$，$\boldsymbol{a}_m$ 和向量 $\boldsymbol{b}$，如果存在一组数 λ_1，λ_2，$\cdots$，λ_m，使 $\boldsymbol{b}=\lambda_1\boldsymbol{a}_1+\lambda_2\boldsymbol{a}_2+\cdots+\lambda_m\boldsymbol{a}_m$，则称向量 $\boldsymbol{b}$ 可由向量组 A 线性表示.

向量 $\boldsymbol{\beta}$ 可由向量组 A 线性表示，也就是方程组 $x_1\boldsymbol{a}_1+x_2\boldsymbol{a}_2+\cdots+x_m\boldsymbol{a}_m=\boldsymbol{b}$ 有解.

例 1　向量组 $\boldsymbol{e}_1=(1,\ 0,\ \cdots,\ 0)^{\mathrm{T}}$，$\boldsymbol{e}_2=(0,\ 1,\ \cdots,\ 0)^{\mathrm{T}}$，$\cdots$，$\boldsymbol{e}_n=(0,\ 0,\ \cdots,\ 1)^{\mathrm{T}}$ 称为 n 维单位坐标向量．对任一 n 维向量 $\boldsymbol{\alpha}=(a_1,\ a_2,\ \cdots,\ a_n)^{\mathrm{T}}$，有 $\boldsymbol{\alpha}=a_1\boldsymbol{e}_1+a_2\boldsymbol{e}_2+\cdots+a_n\boldsymbol{e}_n$.

例 2　设 $\boldsymbol{\alpha}_1=(1,\ 1,\ 1)^{\mathrm{T}}$，$\boldsymbol{\alpha}_2=(1,\ 3,\ 2)^{\mathrm{T}}$，$\boldsymbol{\beta}=(1,\ -1,\ 0)^{\mathrm{T}}$，问 $\boldsymbol{\beta}$ 能否由 $\boldsymbol{\alpha}_1$，$\boldsymbol{\alpha}_2$ 线性表示?

解　设 $x_1\boldsymbol{\alpha}_1+x_2\boldsymbol{\alpha}_2=\boldsymbol{\beta}$，有以下方程组

$$\begin{cases}x_1+x_2=1,\\ x_1+3x_2=-1,\\ x_1+2x_2=0,\end{cases}$$

可求得 $x_1=2$，$x_2=-1$，即 $2\boldsymbol{\alpha}_1-\boldsymbol{\alpha}_2=\boldsymbol{\beta}$，可见 $\boldsymbol{\beta}$ 能由 $\boldsymbol{\alpha}_1$，$\boldsymbol{\alpha}_2$ 线性表示.

事实上，初等行变换不改变矩阵秩的同时也不改变向量组之间向量与向量的关系.

例 3　设 $\boldsymbol{\alpha}_1=(1,\ 2,\ 1)^{\mathrm{T}}$，$\boldsymbol{\alpha}_2=(2,\ 1,\ -1)^{\mathrm{T}}$，$\boldsymbol{\alpha}_3=(2,\ -2,\ -4)^{\mathrm{T}}$，$\boldsymbol{\beta}=(1,\ -2,\ -3)^{\mathrm{T}}$，问 $\boldsymbol{\beta}$ 能否由 $\boldsymbol{\alpha}_1$，$\boldsymbol{\alpha}_2$，$\boldsymbol{\alpha}_3$ 线性表示?

解　由于

$$(\boldsymbol{\alpha}_1, \boldsymbol{\alpha}_2, \boldsymbol{\alpha}_3, \boldsymbol{\beta})=\begin{pmatrix}1 & 2 & 2 & 1\\ 2 & 1 & -2 & -2\\ 1 & -1 & -5 & -4\end{pmatrix}\rightarrow\begin{pmatrix}1 & 0 & 0 & \frac{1}{3}\\ 0 & 1 & 0 & -\frac{2}{3}\\ 0 & 0 & 1 & 1\end{pmatrix},$$

所以，向量$\boldsymbol{\beta}$可由向量$\boldsymbol{\alpha}_1$，$\boldsymbol{\alpha}_2$，$\boldsymbol{\alpha}_3$线性表示，且表示式为$\boldsymbol{\beta}=\frac{1}{3}\boldsymbol{\alpha}_1-\frac{2}{3}\boldsymbol{\alpha}_2+\boldsymbol{\alpha}_3$.

3.2　向量组的线性相关性

设有3个向量$\boldsymbol{\alpha}_1=\begin{pmatrix}1\\0\\0\end{pmatrix}$，$\boldsymbol{\alpha}_2=\begin{pmatrix}0\\1\\0\end{pmatrix}$，$\boldsymbol{\alpha}_3=\begin{pmatrix}1\\1\\0\end{pmatrix}$，若用向量$\boldsymbol{\alpha}_1$，$\boldsymbol{\alpha}_2$，$\boldsymbol{\alpha}_3$线性表示零向量，易见$\boldsymbol{\alpha}_1+\boldsymbol{\alpha}_2-\boldsymbol{\alpha}_3=\mathbf{0}$或者$0\boldsymbol{\alpha}_1+0\boldsymbol{\alpha}_2+0\boldsymbol{\alpha}_3=\mathbf{0}$. 而对于有的向量，例如，$\boldsymbol{e}_1=\begin{pmatrix}1\\0\\0\end{pmatrix}$，$\boldsymbol{e}_2=\begin{pmatrix}0\\1\\0\end{pmatrix}$，$\boldsymbol{e}_3=\begin{pmatrix}0\\0\\1\end{pmatrix}$线性表示零向量，仅有$0\boldsymbol{e}_1+0\boldsymbol{e}_2+0\boldsymbol{e}_3=\mathbf{0}$. 因此有以下定义：

定义 3.3　设有向量组A：$\boldsymbol{\alpha}_1$，$\boldsymbol{\alpha}_2$，…，$\boldsymbol{\alpha}_m$，如果存在不全为零的数k_1，k_2，…，k_m，使$k_1\boldsymbol{\alpha}_1+k_2\boldsymbol{\alpha}_2+\cdots+k_m\boldsymbol{\alpha}_m=\mathbf{0}$，则称向量组$A$：$\boldsymbol{\alpha}_1$，$\boldsymbol{\alpha}_2$，…，$\boldsymbol{\alpha}_m$是线性相关的，否则称为线性无关.

显然，在上例中向量组$\boldsymbol{\alpha}_1$，$\boldsymbol{\alpha}_2$，$\boldsymbol{\alpha}_3$线性相关，而向量组$\boldsymbol{e}_1$，$\boldsymbol{e}_2$，$\boldsymbol{e}_3$线性无关.

注：若应用初等行变换方法判断行(列)向量组的线性相关性与无关性，要将向量组转化为列向量的形式判断；反之，若应用初等列变换的方法判断行(列)向量组的线性相关性与无关性，则要将向量组转化为行向量的形式判断.

例 1　试证：n维基本单位向量$\boldsymbol{e}_1$，$\boldsymbol{e}_2$，…，$\boldsymbol{e}_n$线性无关.

证　若$k_1\boldsymbol{e}_1+k_2\boldsymbol{e}_2+\cdots+k_n\boldsymbol{e}_n=\mathbf{0}$，即

$$k_1(1, 0, \cdots, 0)+k_2(0, 1, \cdots, 0)+\cdots+k_n(0, 0, \cdots, 1)=(0, 0, \cdots, 0).$$

从而$k_1=0$，$k_2=0$，…，$k_n=0$，故$\boldsymbol{e}_1$，$\boldsymbol{e}_2$，…，$\boldsymbol{e}_n$线性无关.

例 2　讨论向量组$\boldsymbol{\alpha}_1=(1, 1, 1)$，$\boldsymbol{\alpha}_2=(1, 3, 5)$，$\boldsymbol{\alpha}_3=(1, -1, -3)$的线性相关性.

解　设$x_1\boldsymbol{\alpha}_1+x_2\boldsymbol{\alpha}_2+x_3\boldsymbol{\alpha}_3=\mathbf{0}$，其系数矩阵的行列式$|\boldsymbol{A}|=\begin{vmatrix}1 & 1 & 1\\ 1 & 3 & -1\\ 1 & 5 & -3\end{vmatrix}=0$，由齐次线性方程组解的理论知，方程组有非零解，故$\boldsymbol{\alpha}_1$，$\boldsymbol{\alpha}_2$，$\boldsymbol{\alpha}_3$线性相关．如$2\boldsymbol{\alpha}_1-$

$\boldsymbol{\alpha}_2-\boldsymbol{\alpha}_3=\mathbf{0}$.

例 3 设 $\boldsymbol{\alpha}_1$，$\boldsymbol{\alpha}_2$，$\boldsymbol{\alpha}_3$ 线性无关，求证：$\boldsymbol{\alpha}_1+\boldsymbol{\alpha}_2$，$\boldsymbol{\alpha}_2+2\boldsymbol{\alpha}_3$，$\boldsymbol{\alpha}_3-3\boldsymbol{\alpha}_1$ 线性无关.

证 令 $x_1(\boldsymbol{\alpha}_1+\boldsymbol{\alpha}_2)+x_2(\boldsymbol{\alpha}_2+2\boldsymbol{\alpha}_3)+x_3(\boldsymbol{\alpha}_3-3\boldsymbol{\alpha}_1)=\mathbf{0}$，按 $\boldsymbol{\alpha}_1$，$\boldsymbol{\alpha}_2$，$\boldsymbol{\alpha}_3$ 集项有

$$(x_1-3x_3)\boldsymbol{\alpha}_1+(x_1+x_2)\boldsymbol{\alpha}_2+(2x_2+x_3)\boldsymbol{\alpha}_3=\mathbf{0},$$

由 $\boldsymbol{\alpha}_1$，$\boldsymbol{\alpha}_2$，$\boldsymbol{\alpha}_3$ 线性无关得线性方程组

$$\begin{cases}x_1-3x_3=0,\\x_1+x_2=0,\\2x_2+x_3=0,\end{cases}$$

其系数行列式 $\begin{vmatrix}1&0&-3\\1&1&0\\0&2&1\end{vmatrix}=-5\neq0$，由齐次线性方程组解的理论知，方程组只有零解，故 $\boldsymbol{\alpha}_1$，$\boldsymbol{\alpha}_2$，$\boldsymbol{\alpha}_3$ 线性无关.

例 4 设 $\boldsymbol{\beta}_1=\boldsymbol{\alpha}_1+\boldsymbol{\alpha}_2$，$\boldsymbol{\beta}_2=\boldsymbol{\alpha}_2+\boldsymbol{\alpha}_3$，$\boldsymbol{\beta}_3=\boldsymbol{\alpha}_3+\boldsymbol{\alpha}_4$，$\boldsymbol{\beta}_4=\boldsymbol{\alpha}_4+\boldsymbol{\alpha}_1$. 证明：向量组 $\boldsymbol{\beta}_1$，$\boldsymbol{\beta}_2$，$\boldsymbol{\beta}_3$，$\boldsymbol{\beta}_4$ 线性相关.

证 由于 $\boldsymbol{\beta}_1+\boldsymbol{\beta}_3=\boldsymbol{\beta}_2+\boldsymbol{\beta}_4$，即 $\boldsymbol{\beta}_1-\boldsymbol{\beta}_2+\boldsymbol{\beta}_3-\boldsymbol{\beta}_4=\mathbf{0}$，所以向量组 $\boldsymbol{\beta}_1$，$\boldsymbol{\beta}_2$，$\boldsymbol{\beta}_3$，$\boldsymbol{\beta}_4$ 线性相关.

例 5 若 $\boldsymbol{\alpha}_1$，$\boldsymbol{\alpha}_2$，…，$\boldsymbol{\alpha}_r$ 线性无关，而 $\boldsymbol{\alpha}_{r+1}$ 不能由 $\boldsymbol{\alpha}_1$，$\boldsymbol{\alpha}_2$，…，$\boldsymbol{\alpha}_r$ 线性表示，则 $\boldsymbol{\alpha}_1$，$\boldsymbol{\alpha}_2$，…，$\boldsymbol{\alpha}_r$，$\boldsymbol{\alpha}_{r+1}$ 线性无关.

证 用反证法．若 $\boldsymbol{\alpha}_1$，$\boldsymbol{\alpha}_2$，…，$\boldsymbol{\alpha}_r$，$\boldsymbol{\alpha}_{r+1}$ 线性相关，则有不全为零的数 k_1，k_2，…，k_r，k_{r+1}，使

$$k_1\boldsymbol{\alpha}_1+k_2\boldsymbol{\alpha}_2+\cdots+k_r\boldsymbol{\alpha}_r+k_{r+1}\boldsymbol{\alpha}_{r+1}=\mathbf{0},$$

其中 $k_{r+1}\neq0$，否则有 $k_1\boldsymbol{\alpha}_1+k_2\boldsymbol{\alpha}_2+\cdots+k_r\boldsymbol{\alpha}_r=\mathbf{0}$，由 $\boldsymbol{\alpha}_1$，$\boldsymbol{\alpha}_2$，…，$\boldsymbol{\alpha}_r$ 线性无关，可得 $k_1=0$，$k_2=0$，…，$k_r=0$，从而与 $\boldsymbol{\alpha}_1$，$\boldsymbol{\alpha}_2$，…，$\boldsymbol{\alpha}_r$，$\boldsymbol{\alpha}_{r+1}$ 线性相关矛盾．但是，当 $k_{r+1}\neq0$ 时，$\boldsymbol{\alpha}_{r+1}$ 可由 $\boldsymbol{\alpha}_1$，$\boldsymbol{\alpha}_2$，…，$\boldsymbol{\alpha}_r$ 线性表示，又与题设矛盾．所以 $\boldsymbol{\alpha}_1$，$\boldsymbol{\alpha}_2$，…，$\boldsymbol{\alpha}_r$，$\boldsymbol{\alpha}_{r+1}$ 线性无关.

根据定义 3.3 可以得到判别向量组线性相关或线性无关的一些准则.

准则 1 单个向量 $\boldsymbol{\alpha}$ 线性相关 $\Leftrightarrow\boldsymbol{\alpha}=\mathbf{0}$.

准则 2 两个向量 $\boldsymbol{\alpha}$，$\boldsymbol{\beta}$ 线性相关 $\Leftrightarrow\boldsymbol{\alpha}$，$\boldsymbol{\beta}$ 的分量成比例.

由准则 2 得：两向量线性相关的几何解释是两向量共线(平行).

准则 3 含零向量的向量组线性相关.

准则 4 m 个 n 维的列向量($m<n$).

若 $\boldsymbol{\alpha}_1$，$\boldsymbol{\alpha}_2$，…，$\boldsymbol{\alpha}_m$ 线性相关 $\Leftrightarrow R(\boldsymbol{A})<m\Leftrightarrow$ 齐次线性方程组 $\boldsymbol{AX}=\mathbf{0}$ 有非零解.

若 $\boldsymbol{\alpha}_1$，$\boldsymbol{\alpha}_2$，…，$\boldsymbol{\alpha}_m$ 线性无关 $\Leftrightarrow R(\boldsymbol{A})=m\Leftrightarrow$ 齐次线性方程组 $\boldsymbol{AX}=\mathbf{0}$ 只有零解.

准则 5 n 个 n 维的列向量 $\boldsymbol{\alpha}_1$，$\boldsymbol{\alpha}_2$，…，$\boldsymbol{\alpha}_n$，设 $\boldsymbol{A}=(\boldsymbol{\alpha}_1,\boldsymbol{\alpha}_2,\cdots,\boldsymbol{\alpha}_n)$ 线性相关，则

$\boldsymbol{\alpha}_1$，$\boldsymbol{\alpha}_2$，…，$\boldsymbol{\alpha}_n$ 线性相关 $\Leftrightarrow |\boldsymbol{A}|=0 \Leftrightarrow$ 齐次线性方程组 $\boldsymbol{AX}=\boldsymbol{0}$ 有非零解.

$\boldsymbol{\alpha}_1$，$\boldsymbol{\alpha}_2$，…，$\boldsymbol{\alpha}_n$ 线性无关 $\Leftrightarrow |\boldsymbol{A}| \neq 0 \Leftrightarrow$ 齐次线性方程组 $\boldsymbol{AX}=\boldsymbol{0}$ 只有零解.

例 6 当 a 为何值时，向量组 $(3, 2, -1)$，$(0, 1, 2)$，$(1, 0, a)$ 线性相关.

解 根据准则 5，三个向量线性相关的充要条件是 $\begin{vmatrix} 3 & 0 & 1 \\ 2 & 1 & 0 \\ -1 & 2 & a \end{vmatrix}=3a+5=0$，即 $a=-\dfrac{5}{3}$，所以当且仅当 $a=-\dfrac{5}{3}$ 时，原向量组线性相关.

由空间解析几何知，三阶行列式 $|\boldsymbol{\alpha}_1, \boldsymbol{\alpha}_2, \boldsymbol{\alpha}_3|$ 表示三个向量 $\boldsymbol{\alpha}_1$，$\boldsymbol{\alpha}_2$，$\boldsymbol{\alpha}_3$ 的混合积，其绝对值则等于以 $\boldsymbol{\alpha}_1$，$\boldsymbol{\alpha}_2$，$\boldsymbol{\alpha}_3$ 为棱的平行六面体的体积，因此三向量线性相关的几何意义是三向量共平面.

准则 6 m 个 n 维的列向量 $(m>n)$ 构成的向量组线性相关.

准则 7 若 $\boldsymbol{\alpha}_1$，$\boldsymbol{\alpha}_2$，…，$\boldsymbol{\alpha}_n$ 线性相关，则 $\boldsymbol{\alpha}_1$，$\boldsymbol{\alpha}_2$，…，$\boldsymbol{\alpha}_n$，$\boldsymbol{\alpha}_{n+1}$ 线性相关.

证 因 $\boldsymbol{\alpha}_1$，$\boldsymbol{\alpha}_2$，…，$\boldsymbol{\alpha}_n$ 线性相关，有不全为零的数 k_1，k_2，…，k_n，使

$$k_1\boldsymbol{\alpha}_1+k_2\boldsymbol{\alpha}_2+\cdots+k_n\boldsymbol{\alpha}_n=\boldsymbol{0}.$$

于是，有不全为零的数 k_1，k_2，…，k_n，0，使

$$k_1\boldsymbol{\alpha}_1+k_2\boldsymbol{\alpha}_2+\cdots+k_n\boldsymbol{\alpha}_n+0\boldsymbol{\alpha}_{n+1}=\boldsymbol{0}.$$

这说明 $\boldsymbol{\alpha}_1$，$\boldsymbol{\alpha}_2$，…，$\boldsymbol{\alpha}_n$，$\boldsymbol{\alpha}_{n+1}$ 线性相关

准则 7 可推广成：线性相关的向量组增加若干个同维向量后仍然线性相关．其逆否命题：线性无关向量组的部分组必定线性无关.

准则 8 若向量组 $\boldsymbol{\alpha}_1=\begin{pmatrix} a_{11} \\ \vdots \\ a_{n1} \end{pmatrix}$，…，$\boldsymbol{\alpha}_s=\begin{pmatrix} a_{1s} \\ \vdots \\ a_{ns} \end{pmatrix}$ 线性无关，b_1，b_2，…，b_s 是数，则向量组

$$\boldsymbol{\beta}_1=\begin{pmatrix} a_{11} \\ \vdots \\ a_{n1} \\ b_1 \end{pmatrix}, \cdots, \boldsymbol{\beta}_s=\begin{pmatrix} a_{1s} \\ \vdots \\ a_{ns} \\ b_s \end{pmatrix}$$

也线性无关.

证 $x_1\boldsymbol{\beta}_1+\cdots+x_s\boldsymbol{\beta}_s=\boldsymbol{0}$ 与 $x_1\boldsymbol{\alpha}_1+\cdots+x_s\boldsymbol{\alpha}_s=\boldsymbol{0}$ 的不同之处仅仅是多一个方程 $x_1b_1+\cdots+x_sb_s=0$，因 $\boldsymbol{\alpha}_1$，…，$\boldsymbol{\alpha}_s$ 线性无关，故后者只有零解．因此前者也只有零解，表明 $\boldsymbol{\beta}_1$，…，$\boldsymbol{\beta}_s$ 线性无关.

准则 8 可推广成：线性无关向量组的每个向量"同位拉长"(即在相同位置增添相同个数分量得到较高维向量组) 后仍线性无关．其逆否命题：线性相关向量组各向量"同位截短"后仍线性相关.

准则 9 向量组 $\boldsymbol{\alpha}_1$，$\boldsymbol{\alpha}_2$，…，$\boldsymbol{\alpha}_s\ (s \geqslant 2)$ 线性相关的充要条件是：$\boldsymbol{\alpha}_1$，$\boldsymbol{\alpha}_2$，…，

$\boldsymbol{\alpha}_s$ 中(至少)有某个向量能由其余 $s-1$ 个向量线性表示.

证　必要性．设 $\boldsymbol{\alpha}_1$，$\boldsymbol{\alpha}_2$，…，$\boldsymbol{\alpha}_s$ 线性相关，则有不全为零的数 k_1，k_2，…，k_s，使

$$k_1\boldsymbol{\alpha}_1+k_2\boldsymbol{\alpha}_2+\cdots+k_s\boldsymbol{\alpha}_s=\mathbf{0},$$

若 $k_1\neq 0$，则可解出 $\boldsymbol{\alpha}_1=\left(-\frac{k_2}{k_1}\right)\boldsymbol{\alpha}_2+\cdots+\left(-\frac{k_s}{k_1}\right)\boldsymbol{\alpha}_s$.

同理，若 $k_i\neq 0(1\leqslant i\leqslant s)$，则可解出 $\boldsymbol{\alpha}_i$ 可由其余 $s-1$ 个向量线性表示.

充分性．设向量组中某个向量能由其余 $s-1$ 个向量线性表示，不妨设 $\boldsymbol{\alpha}_s$ 可由 $\boldsymbol{\alpha}_1$，$\boldsymbol{\alpha}_2$，…，$\boldsymbol{\alpha}_{s-1}$ 线性表示，即有 l_1，l_2，…，l_{s-1}，使 $\boldsymbol{\alpha}_s=l_1\boldsymbol{\alpha}_1+l_2\boldsymbol{\alpha}_2+\cdots+l_{s-1}\boldsymbol{\alpha}_{s-1}$，则数 l_1，l_2，…，l_{s-1}，-1 不全为零，使

$$l_1\boldsymbol{\alpha}_1+\cdots+l_{s-1}\boldsymbol{\alpha}_{s-1}(-1)\boldsymbol{\alpha}_s=\mathbf{0}.$$

这表明 $\boldsymbol{\alpha}_1$，$\boldsymbol{\alpha}_2$，…，$\boldsymbol{\alpha}_s$ 线性相关.

准则 9 揭示了线性相关与线性表示这两个概念之间的深刻联系．值得注意的是，向量组线性相关并不意味着组内任一向量都能由其余向量线性表示，而只能保证组内至少有某一向量能由其余向量线性表示.

准则 10　若向量组 $\boldsymbol{\alpha}_1$，$\boldsymbol{\alpha}_2$，…，$\boldsymbol{\alpha}_s$ 线性相关，向量组 $\boldsymbol{\beta}_1$，$\boldsymbol{\beta}_2$，…，$\boldsymbol{\beta}_s$ 可由向量组 $\boldsymbol{\alpha}_1$，$\boldsymbol{\alpha}_2$，…，$\boldsymbol{\alpha}_s$ 线性表示，则向量组 $\boldsymbol{\beta}_1$，$\boldsymbol{\beta}_2$，…，$\boldsymbol{\beta}_s$ 也线性相关.

读者自证.

定理 1(唯一表示定理)　若向量组 $\boldsymbol{\alpha}_1$，$\boldsymbol{\alpha}_2$，…，$\boldsymbol{\alpha}_s$ 线性无关，而向量组 $\boldsymbol{\alpha}_1$，$\boldsymbol{\alpha}_2$，…，$\boldsymbol{\alpha}_s$，$\boldsymbol{\beta}$ 线性相关，则 $\boldsymbol{\beta}$ 能由 $\boldsymbol{\alpha}_1$，$\boldsymbol{\alpha}_2$，…，$\boldsymbol{\alpha}_s$ 唯一的线性表示.

证　存在性．若向量组 $\boldsymbol{\alpha}_1$，$\boldsymbol{\alpha}_2$，…，$\boldsymbol{\alpha}_s$，$\boldsymbol{\beta}$ 线性相关，则存在不全为零的数 k_1，k_2，…，k_s，k_0 使

$$k_1\boldsymbol{\alpha}_1+k_2\boldsymbol{\alpha}_2+\cdots+k_s\boldsymbol{\alpha}_s+k_0\boldsymbol{\beta}=\mathbf{0},$$

此式中若 $k_0=0$，则 k_1，k_2，…，k_s 不全为零，使

$$k_1\boldsymbol{\alpha}_1+k_2\boldsymbol{\alpha}_2+\cdots+k_s\boldsymbol{\alpha}_s=\mathbf{0},$$

这与定理的向量组 $\boldsymbol{\alpha}_1$，$\boldsymbol{\alpha}_2$，…，$\boldsymbol{\alpha}_s$ 线性相关的条件矛盾，所以 $k_0\neq 0$. 故

$$\boldsymbol{\beta}=\left(-\frac{k_1}{k_0}\right)\boldsymbol{\alpha}_1+\left(-\frac{k_2}{k_0}\right)\boldsymbol{\alpha}_2+\cdots+\left(-\frac{k_s}{k_0}\right)\boldsymbol{\alpha}_s.$$

再来证唯一性，假设

$\boldsymbol{\beta}=l_1\boldsymbol{\alpha}_1+l_2\boldsymbol{\alpha}_2+\cdots+l_s\boldsymbol{\alpha}_s$，$\boldsymbol{\beta}=\lambda_1\boldsymbol{\alpha}_1+\lambda_2\boldsymbol{\alpha}_2+\cdots+\lambda_s\boldsymbol{\alpha}_s l_i\neq\lambda_i(i=1, 2\cdots, s)$，

两式相减得

$$(l_1-\lambda_1)\boldsymbol{\alpha}_1+(l_2-\lambda_2)\boldsymbol{\alpha}_2+\cdots+(l_s-\lambda_s)\boldsymbol{\alpha}_s=\mathbf{0},$$

再由 $\boldsymbol{\alpha}_1$，$\boldsymbol{\alpha}_2$，…，$\boldsymbol{\alpha}_s$ 线性无关，立即可得 $l_1=\lambda_1$，$l_2=\lambda_2$，…，$l_s=\lambda_s$，所以 $\boldsymbol{\beta}$ 能由 $\boldsymbol{\alpha}_1$，$\boldsymbol{\alpha}_2$，…，$\boldsymbol{\alpha}_s$ 唯一的线性表示.

例 7　设向量组 $\boldsymbol{\alpha}_1$，$\boldsymbol{\alpha}_2$，$\boldsymbol{\alpha}_3$ 线性相关，向量组 $\boldsymbol{\alpha}_2$，$\boldsymbol{\alpha}_3$，$\boldsymbol{\alpha}_4$ 线性无关，问

(1)$\boldsymbol{\alpha}_1$ 能否由 $\boldsymbol{\alpha}_2$，$\boldsymbol{\alpha}_3$ 线性表示？为什么？

(2)$\boldsymbol{\alpha}_4$ 能否由 $\boldsymbol{\alpha}_1$，$\boldsymbol{\alpha}_2$，$\boldsymbol{\alpha}_3$ 线性表示？为什么？

解 (1) 因 $\boldsymbol{\alpha}_2$，$\boldsymbol{\alpha}_3$，$\boldsymbol{\alpha}_4$ 线性无关，知 $\boldsymbol{\alpha}_2$，$\boldsymbol{\alpha}_3$ 线性无关(否则 $\boldsymbol{\alpha}_2$，$\boldsymbol{\alpha}_3$，$\boldsymbol{\alpha}_4$ 线性相关，矛盾)，又已知 $\boldsymbol{\alpha}_1$，$\boldsymbol{\alpha}_2$，$\boldsymbol{\alpha}_3$ 线性相关，所以根据准则，$\boldsymbol{\alpha}_1$ 能由 $\boldsymbol{\alpha}_2$，$\boldsymbol{\alpha}_3$ 线性表示(且表示系数只有一组).

(2) 根据(1) 可设 $\boldsymbol{\alpha}_1=l_1\boldsymbol{\alpha}_1+l_2\boldsymbol{\alpha}_2$，假设 $\boldsymbol{\alpha}_4$ 能由 $\boldsymbol{\alpha}_1$，$\boldsymbol{\alpha}_2$，$\boldsymbol{\alpha}_3$ 线性表示，$\boldsymbol{\alpha}_4=c_1\boldsymbol{\alpha}_1+c_2\boldsymbol{\alpha}_2+c_3\boldsymbol{\alpha}_3$. 将前式代入后式整理得 $\boldsymbol{\alpha}_4=(c_1k_2+c_2)\boldsymbol{\alpha}_2+(c_1k_3+c_3)\boldsymbol{\alpha}_3$. 此式表明，$\boldsymbol{\alpha}_4$ 能由 $\boldsymbol{\alpha}_2$，$\boldsymbol{\alpha}_3$ 线性表示. 则 $\boldsymbol{\alpha}_2$，$\boldsymbol{\alpha}_3$，$\boldsymbol{\alpha}_4$ 线性相关，与已知条件矛盾. 所以 $\boldsymbol{\alpha}_4$ 不能由 $\boldsymbol{\alpha}_1$，$\boldsymbol{\alpha}_2$，$\boldsymbol{\alpha}_3$ 线性表示.

例 8 判断下列向量组是否线性相关，为什么?

(1) $\boldsymbol{\alpha}_1=(-1, 2, 4)^{\mathrm{T}}$，$\boldsymbol{\alpha}_2=(2, -4, -8)^{\mathrm{T}}$；

(2) $\boldsymbol{\alpha}_1=(1, 2, 3)^{\mathrm{T}}$，$\boldsymbol{\alpha}_2=(2, 4, 6)^{\mathrm{T}}$，$\boldsymbol{\alpha}_3=(0, 0, 0)^{\mathrm{T}}$；

(3) $\boldsymbol{\alpha}_1=(1, 2, 1)^{\mathrm{T}}$，$\boldsymbol{\alpha}_2=(2, 1, 3)^{\mathrm{T}}$，$\boldsymbol{\alpha}_3=(1, 0, 1)^{\mathrm{T}}$；

(4) $\boldsymbol{\alpha}_1=(1, 2, 0)^{\mathrm{T}}$，$\boldsymbol{\alpha}_2=(2, 1, 0)^{\mathrm{T}}$，$\boldsymbol{\alpha}_3=(1, 3, 0)^{\mathrm{T}}$；

(5) $\boldsymbol{\alpha}_1=(1, 0, 0, 0)^{\mathrm{T}}$，$\boldsymbol{\alpha}_2=(2, 3, 0, 0)^{\mathrm{T}}$，$\boldsymbol{\alpha}_3=(1, 3, 5, 7)^{\mathrm{T}}$，$\boldsymbol{\alpha}_4=(1, 2, 3, 0)^{\mathrm{T}}$；

(6) $\boldsymbol{\alpha}_1=(2, 0, 0, 0)^{\mathrm{T}}$，$\boldsymbol{\alpha}_2=(1, 3, 0, 0)^{\mathrm{T}}$，$\boldsymbol{\alpha}_3=(1, -1, 1, 1)^{\mathrm{T}}$.

解 (1) 两向量成比例，所以线性相关；

(2) 向量组含有零向量，所以向量组线性相关；

(3) $|\boldsymbol{A}|=|\boldsymbol{\alpha}_1, \boldsymbol{\alpha}_2, \boldsymbol{\alpha}_3|\neq 0$，所以线性无关；

(4) $|\boldsymbol{A}|=|\boldsymbol{\alpha}_1, \boldsymbol{\alpha}_2, \boldsymbol{\alpha}_3|=0$，所以线性相关；

(5) $|\boldsymbol{A}|=|\boldsymbol{\alpha}_1, \boldsymbol{\alpha}_2, \boldsymbol{\alpha}_3, \boldsymbol{\alpha}_4|\neq 0$，所以线性相关；

(6) $R(\boldsymbol{A})=3$，向量组线性无关.

3.3 向量组的极大无关组和秩

3.3.1 向量组的极大无关组和秩

我们知道，线性相关的向量组中至少有一个向量可由其余的向量线性表示，逐个去掉被表示的向量，直到得到一个线性无关的部分向量组. 归纳出这个部分向量组的特征，就得到向量组的极大无关组的概念.

例 1 在线性相关的向量组 $\boldsymbol{\alpha}_1=(1, 0, 0)^{\mathrm{T}}$，$\boldsymbol{\alpha}_2=(0, 1, 0)^{\mathrm{T}}$，$\boldsymbol{\alpha}_3=(1, 1, 0)^{\mathrm{T}}$ 中，由表示式 $\boldsymbol{\alpha}_3=\boldsymbol{\alpha}_1+\boldsymbol{\alpha}_2$ 我们去掉 $\boldsymbol{\alpha}_3$ 得部分组 $\boldsymbol{\alpha}_1$，$\boldsymbol{\alpha}_2$，它满足:

(1) $\boldsymbol{\alpha}_1$，$\boldsymbol{\alpha}_2$ 线性无关；

(2) $\boldsymbol{\alpha}_1=1\boldsymbol{\alpha}_1+0\boldsymbol{\alpha}_2$，$\boldsymbol{\alpha}_2=0\boldsymbol{\alpha}_1+1\boldsymbol{\alpha}_2$，$\boldsymbol{\alpha}_3=\boldsymbol{\alpha}_1+\boldsymbol{\alpha}_2$，即原向量组中的任何一个向量都可由这个线性无关的部分组线性表示.

具有这样两条性质的部分组 $\boldsymbol{\alpha}_1$，$\boldsymbol{\alpha}_2$ 称为原向量组的一个极大线性无关组. 对于一

般的向量组我们有

定义 3.4　设向量组 A，如果它的一个部分向量组 $\boldsymbol{\alpha}_1$，$\boldsymbol{\alpha}_2$，…，$\boldsymbol{\alpha}_r$ 满足：

(1) $\boldsymbol{\alpha}_1$，$\boldsymbol{\alpha}_2$，…，$\boldsymbol{\alpha}_r$ 线性无关；

(2) 向量组 A 中任意 $r+1$ 个向量(若 A 中有 $r+1$ 个向量的话)都线性相关.

则称部分组 $\boldsymbol{\alpha}_1$，$\boldsymbol{\alpha}_2$，…，$\boldsymbol{\alpha}_r$ 为向量组 A 的一个极大无关组.

定义中的条件(2)也可表述为向量组 A 中任一向量均可由此部分组线性表示.

不难验证，例 1 中的向量组 $\boldsymbol{\alpha}_1$，$\boldsymbol{\alpha}_3$ 与 $\boldsymbol{\alpha}_2$，$\boldsymbol{\alpha}_3$ 也是该向量组的极大无关组. 由此可见，一个向量组的极大无关组不一定是唯一的，但是不同的极大无关组所含的向量的个数是相同的.

定义 3.5　向量组的极大无关组所含的向量的个数称为**向量组的秩**.

规定　只含零向量的向量组的秩为零.

下面看看矩阵的秩与向量组的秩之间的关系.

设矩阵 $\boldsymbol{A}=(a_{ij})_{m\times n}$ 称 $\boldsymbol{A}$ 的行向量组 $\boldsymbol{\alpha}_1$，$\boldsymbol{\alpha}_2$，…，$\boldsymbol{\alpha}_m$ 的秩为矩阵 $\boldsymbol{A}$ 的行秩，$\boldsymbol{A}$ 的列向量组 $\boldsymbol{\beta}_1$，$\boldsymbol{\beta}_2$…，$\boldsymbol{\beta}_n$ 的秩为矩阵 $\boldsymbol{A}$ 的列秩.

例如，对于矩阵 $\boldsymbol{A}=\begin{pmatrix}1 & 1 & 3 & 2\\ 0 & 1 & -1 & 0\\ 0 & 0 & 0 & 0\end{pmatrix}$，$\boldsymbol{A}$ 的行向量组为 $\boldsymbol{\alpha}_1=(1,\ 1,\ 3,\ 2)$，$\boldsymbol{\alpha}_2=(0,\ 1,\ -1,\ 0)$，$\boldsymbol{\alpha}_3=(0,\ 0,\ 0.0)$，它的行秩显然为 2，这是因为 $\boldsymbol{\alpha}_1$，$\boldsymbol{\alpha}_2$ 为 $\boldsymbol{A}$ 的行向量组的唯一一个极大无关组.

$\boldsymbol{A}$ 的列向量组为 $\boldsymbol{\beta}_1=(1,\ 0,\ 0)^{\mathrm{T}}$，$\boldsymbol{\beta}_2=(1,\ 1,\ 0)^{\mathrm{T}}$，$\boldsymbol{\beta}_3=(3,\ -1,\ 0)^{\mathrm{T}}$，$\boldsymbol{\beta}_4=(2,\ 0,\ 0)^{\mathrm{T}}$，可以验证 $\boldsymbol{\beta}_1$，$\boldsymbol{\beta}_2$ 为列向量组的一个极大无关组，所以 $\boldsymbol{A}$ 的列向量组的秩也为 2.

显然矩阵的秩也为 2.

从这个例子可以看出，矩阵 $\boldsymbol{A}$ 的行秩、列秩和矩阵 $\boldsymbol{A}$ 的秩都相等.

定理 1　矩阵的秩等于其列向量组的秩，也等于其行向量组的秩.

证明　设 $\boldsymbol{A}=(\boldsymbol{\alpha}_1,\ \boldsymbol{\alpha}_2,\ \cdots,\ \boldsymbol{\alpha}_m)$，$R(\boldsymbol{A})=r$，并设 r 阶子式 $D_r\neq 0$，由 $D_r\neq 0$ 知 D_r 所在的 r 个列向量线性无关；又由 $\boldsymbol{A}$ 中所有 $r+1$ 阶子式全为零，知 $\boldsymbol{A}$ 中任意 $r+1$ 个列向量都线性相关. 因此 D_r 所在的 r 个列向量是 $\boldsymbol{A}$ 的列向量组的一个极大无关组，所以列向量组的秩等于 r.

类似可证矩阵 $\boldsymbol{A}$ 行向量组的秩也等于 $R(\boldsymbol{A})=r$.

例 2　求向量组 $\boldsymbol{\alpha}_1=(1,\ -2,\ 1)^{\mathrm{T}}$，$\boldsymbol{\alpha}_2=(2,\ -4,\ 2)^{\mathrm{T}}$，$\boldsymbol{\alpha}_3=(1,\ 0,\ 3)^{\mathrm{T}}$，$\boldsymbol{\alpha}_4=(0,\ -4,\ -4)^{\mathrm{T}}$ 的秩和它的一个极大无关组，并把其余向量用极大无关组线性表示.

解　对矩阵 $\boldsymbol{A}=(\boldsymbol{\alpha}_1,\ \boldsymbol{\alpha}_2,\ \boldsymbol{\alpha}_3,\ \boldsymbol{\alpha}_4)$ 作初等行变换

$$\boldsymbol{A}=\begin{pmatrix}1 & 2 & 1 & 0\\ -2 & -4 & 0 & -4\\ 1 & 2 & 3 & -4\end{pmatrix}\rightarrow\begin{pmatrix}1 & 2 & 1 & 0\\ 0 & 0 & 2 & -4\\ 0 & 0 & 0 & 0\end{pmatrix}=\boldsymbol{B}\rightarrow\begin{pmatrix}1 & 2 & 0 & 2\\ 0 & 0 & 1 & -2\\ 0 & 0 & 0 & 0\end{pmatrix}.$$

由定理 1 知 $R(\boldsymbol{A})=R(\boldsymbol{B})=2$，所以 $\boldsymbol{\alpha}_1$，$\boldsymbol{\alpha}_2$，$\boldsymbol{\alpha}_3$，$\boldsymbol{\alpha}_4$ 的秩为 2，所以 $\boldsymbol{\alpha}_1$，$\boldsymbol{\alpha}_2$，$\boldsymbol{\alpha}_3$，$\boldsymbol{\alpha}_4$ 线性相关，

又把 $\boldsymbol{B}=(\boldsymbol{\beta}_1, \boldsymbol{\beta}_2, \boldsymbol{\beta}_3, \boldsymbol{\beta}_4)$，易见 $\boldsymbol{\beta}_1$，$\boldsymbol{\beta}_3$ 是 $\boldsymbol{B}$ 的列向量组的一个极大无关组，它是矩阵 $\boldsymbol{A}$ 中的 $\boldsymbol{\alpha}_1$，$\boldsymbol{\alpha}_3$ 经过初等变换得到的，所以 $\boldsymbol{\alpha}_1$，$\boldsymbol{\alpha}_3$ 是 $\boldsymbol{A}$ 的列向量组的一个极大无关组.

为了便于线性表示，将矩阵 $\boldsymbol{B}$ 继续化为行最简形矩阵，可见

$$\boldsymbol{\alpha}_2=2\boldsymbol{\alpha}_1+0\boldsymbol{\alpha}_3, \quad \boldsymbol{\alpha}_4=2\boldsymbol{\alpha}_1-2\boldsymbol{\alpha}_3.$$

归纳求向量组的秩和极大无关组，并求其余向量线性表示式的方法如下.

(1) 将所给列向量组依次序拼成矩阵 $\boldsymbol{A}$，或将所给行向量组依次转置后拼成矩阵 $\boldsymbol{A}$.

(2) 对 $\boldsymbol{A}$ 作初等行变换，直至把 $\boldsymbol{A}$ 变成行最简形 $\widehat{\boldsymbol{A}}$（若不要求线性表示，可以到阶梯阵为止）.

(3) 根据行最简形或阶梯阵非零首元的列号，找出原向量组的一个极大无关组，同时也得出了原向量组的秩.

(4) 根据行最简形其余列向量的元素，写出其余向量的线性表示式.

概括成四句话，就是：行转列照拼，细心行变换；变成行最简，得到秩极表.

例 3 设向量组 $\boldsymbol{\alpha}_1=(1, 1, 1, 3)^{\mathrm{T}}$，$\boldsymbol{\alpha}_2=(-1, -3, 5, 1)^{\mathrm{T}}$，$\boldsymbol{\alpha}_3=(3, 2, -1, p+2)^{\mathrm{T}}$，$\boldsymbol{\alpha}_4=(-2, -6, 10, p)^{\mathrm{T}}$，试问：

(1) 当 p 为何值时，该向量组线性无关？

(2) 当 p 为何值时，该向量组线性相关？并在此时求出它的秩和一个极大线性无关组.

解　对矩阵 $\boldsymbol{A}=(\boldsymbol{\alpha}_1, \boldsymbol{\alpha}_2, \boldsymbol{\alpha}_3, \boldsymbol{\alpha}_4)$ 作初等行变换

$$\boldsymbol{A}=\begin{pmatrix}1 & -1 & 3 & -2\\1 & -3 & 2 & -6\\1 & 5 & -1 & 10\\3 & 1 & p+2 & p\end{pmatrix}\to\begin{pmatrix}1 & -1 & 3 & -2\\0 & -2 & -1 & -4\\0 & 0 & -7 & 0\\0 & 0 & 0 & p-2\end{pmatrix},$$

(1) 当 $p\neq 2$ 时，$R(\boldsymbol{A})=4$，所以向量组 $\boldsymbol{\alpha}_1$，$\boldsymbol{\alpha}_2$，$\boldsymbol{\alpha}_3$，$\boldsymbol{\alpha}_4$ 线性无关.

(2) 当 $p=2$ 时，$R(\boldsymbol{A})=3$，所以向量组 $\boldsymbol{\alpha}_1$，$\boldsymbol{\alpha}_2$，$\boldsymbol{\alpha}_3$，$\boldsymbol{\alpha}_4$ 线性相关，此时 $\boldsymbol{\alpha}_1$，$\boldsymbol{\alpha}_2$，$\boldsymbol{\alpha}_3$ 为其一个极大线性无关组.

3.3.2　两个向量组之间的关系

定义 3.6　设有两个 n 维向量组 A：$\boldsymbol{\alpha}_1$，$\boldsymbol{\alpha}_2$，…，$\boldsymbol{\alpha}_m$ 和 B：$\boldsymbol{\beta}_1$，$\boldsymbol{\beta}_2$…，$\boldsymbol{\beta}_l$，如果向量组 A 中的每个向量都能由向量组 B 线性表示，则称向量组 A 能由向量组 B 线性表示. 如果向量组 A 与 B 能互相线性表示，则称向量组 A 与向量组 B 等价.

显然，一个向量组的极大无关组与向量组本身等价.

例如，把向量组 A 和 B 所构成的矩阵依次记作 $\boldsymbol{A}=(\boldsymbol{\alpha}_1, \boldsymbol{\alpha}_2, \cdots, \boldsymbol{\alpha}_m)$ 和 $\boldsymbol{B}=$

$(\boldsymbol{\beta}_1, \boldsymbol{\beta}_2 \cdots, \boldsymbol{\beta}_l)$，$B$ 组能由 A 组线性表示，即对每一个向量 $\boldsymbol{\beta}_j\ (j=1, 2, \cdots, l)$ 存在数 $k_{1j}, k_{2j}, \cdots, k_{mj}$，使

$$\boldsymbol{\beta}_j = k_{1j}\boldsymbol{\alpha}_1 + k_{2j}\boldsymbol{\alpha}_2 + \cdots + k_{mj}\boldsymbol{\alpha}_m = (\boldsymbol{\alpha}_1, \boldsymbol{\alpha}_2, \cdots, \boldsymbol{\alpha}_m)\begin{pmatrix} k_{1j} \\ k_{2j} \\ \vdots \\ k_{mj} \end{pmatrix},$$

从而

$$(\boldsymbol{\beta}_1, \boldsymbol{\beta}_2 \cdots, \boldsymbol{\beta}_l) = (\boldsymbol{\alpha}_1, \boldsymbol{\alpha}_2, \cdots, \boldsymbol{\alpha}_m)\begin{pmatrix} k_{11} & k_{12} & \cdots & k_{1l} \\ k_{21} & k_{22} & \cdots & k_{2l} \\ \vdots & \vdots & & \vdots \\ k_{m1} & k_{m2} & \cdots & k_{ml} \end{pmatrix}.$$

这里，矩阵 $\boldsymbol{K}_{m\times l} = (k_{ij})$ 称为这一线性表示的系数矩阵.

由等价的定义不难证明，向量组之间的等价关系具有以下性质：

(1) **反身性**：每一个向量组都与自身等价；

(2) **对称性**：若向量组 A 与向量组 B 等价，则向量组 B 与向量组 A 也等价；

(3) **传递性**：设有三个向量组 A，B，C，若向量组 A 与向量组 B 等价，向量组 B 与向量组 C 等价，则向量组 A 与向量组 C 等价.

定理 2　设有两个 n 维向量组 A：$\boldsymbol{\alpha}_1, \boldsymbol{\alpha}_2, \cdots, \boldsymbol{\alpha}_r$；$B$：$\boldsymbol{\beta}_1, \boldsymbol{\beta}_2 \cdots, \boldsymbol{\beta}_s$，如果向量组 A 线性无关，且向量组 A 可由向量组 B 线性表示，则 $r \leqslant s$.

证　向量组 A 可由向量组 B 线性表示，故有

$$k_{ij}\ (i=1, 2, \cdots, s;\ j=1, 2, \cdots, r),$$

使

$$(\boldsymbol{\alpha}_1, \boldsymbol{\alpha}_2, \cdots, \boldsymbol{\alpha}_r) = (\boldsymbol{\beta}_1, \boldsymbol{\beta}_2, \cdots, \boldsymbol{\beta}_s)\begin{pmatrix} k_{11} & k_{12} & \cdots & k_{1r} \\ k_{21} & k_{22} & \cdots & k_{2r} \\ \vdots & \vdots & & \vdots \\ k_{s1} & k_{s2} & \cdots & k_{sr} \end{pmatrix}.$$

若 $r > s$，则 $(k_{ij})s \times r$ 的列向量组线性相关，于是存在不全为零的数 $l_1, l_2, \cdots, l_r$，使

$$\begin{pmatrix} k_{11} & k_{12} & \cdots & k_{1r} \\ k_{21} & k_{22} & \cdots & k_{2r} \\ \vdots & \vdots & & \vdots \\ k_{s1} & k_{s2} & \cdots & k_{sr} \end{pmatrix}\begin{pmatrix} l_1 \\ l_2 \\ \vdots \\ l_r \end{pmatrix} = \begin{pmatrix} 0 \\ 0 \\ \vdots \\ 0 \end{pmatrix},$$

故

$$(\boldsymbol{\alpha}_1, \boldsymbol{\alpha}_2, \cdots, \boldsymbol{\alpha}_r)\begin{pmatrix} l_1 \\ l_2 \\ \vdots \\ l_r \end{pmatrix} = (\boldsymbol{\beta}_1, \boldsymbol{\beta}_2, \cdots, \boldsymbol{\beta}_s)\begin{pmatrix} k_{11} & k_{12} & \cdots & k_{1r} \\ k_{21} & k_{22} & \cdots & k_{2r} \\ \vdots & \vdots & & \vdots \\ k_{s1} & k_{s2} & \cdots & k_{sr} \end{pmatrix}\begin{pmatrix} l_1 \\ l_2 \\ \vdots \\ l_r \end{pmatrix} = \begin{pmatrix} 0 \\ 0 \\ \vdots \\ 0 \end{pmatrix}.$$

这与 $\boldsymbol{\alpha}_1$，$\boldsymbol{\alpha}_2$，…，$\boldsymbol{\alpha}_r$ 线性无关矛盾，所以 $r \leqslant s$.

推论 1　若向量组 A 可由向量组 B 线性表示，则 $R(A) \leqslant R(B)$；特别的若向量组 A 与向量组 B 等价，则 $R(A)=R(B)$.

证　设向量组 A 和向量组 B 的极大无关组分别是 $\boldsymbol{\alpha}_1$，$\boldsymbol{\alpha}_2$，…，$\boldsymbol{\alpha}_s$ 与 $\boldsymbol{\beta}_1$，$\boldsymbol{\beta}_2$…，$\boldsymbol{\beta}_t$，显然 $\boldsymbol{\alpha}_1$，$\boldsymbol{\alpha}_2$，…，$\boldsymbol{\alpha}_s$ 可由 $\boldsymbol{\beta}_1$，$\boldsymbol{\beta}_2$…，$\boldsymbol{\beta}_t$ 线性表示，如 $s>t$，则 $\boldsymbol{\alpha}_1$，$\boldsymbol{\alpha}_2$，…，$\boldsymbol{\alpha}_s$ 线性相关，与 $\boldsymbol{\alpha}_1$，$\boldsymbol{\alpha}_2$，…，$\boldsymbol{\alpha}_s$ 是极大无关组矛盾，所以 $s \leqslant t$，即 $R(A) \leqslant R(B)$.

若向量组 A 与向量组 B 等价，反之可证 $R(B) \leqslant R(A)$，所以 $R(A)=R(B)$.

推论 2　如果向量组 $\boldsymbol{\alpha}_1$，$\boldsymbol{\alpha}_2$，…，$\boldsymbol{\alpha}_r$ 可以由向量组 $\boldsymbol{\beta}_1$，$\boldsymbol{\beta}_2$…，$\boldsymbol{\beta}_s$ 线性表示，而且 $r>s$，那么 $\boldsymbol{\alpha}_1$，$\boldsymbol{\alpha}_2$，…，$\boldsymbol{\alpha}_r$ 必定线性相关.

由于一个向量组的两个极大无关组是等价的，因此有

推论 3　一个向量组的两个极大无关组所含向量的个数相等.

即任何一个向量组的秩是唯一确定的.

例 4　设向量组 $\boldsymbol{\alpha}_1$，$\boldsymbol{\alpha}_2$，…，$\boldsymbol{\alpha}_r$ 与向量组 $\boldsymbol{\beta}_1$，$\boldsymbol{\beta}_2$…，$\boldsymbol{\beta}_s$ 的秩相等，且 $\boldsymbol{\alpha}_1$，$\boldsymbol{\alpha}_2$，…，$\boldsymbol{\alpha}_r$ 可由向量组 $\boldsymbol{\beta}_1$，$\boldsymbol{\beta}_2$…，$\boldsymbol{\beta}_s$ 线性表示，证明这两个向量组等价.

证　设向量组 $\boldsymbol{\alpha}_1$，$\boldsymbol{\alpha}_2$，…，$\boldsymbol{\alpha}_r$ 为 A，极大无关组记为 A_1：$\boldsymbol{\alpha}_1$，$\boldsymbol{\alpha}_2$，…，$\boldsymbol{\alpha}_t$，向量组 $\boldsymbol{\beta}_1$，$\boldsymbol{\beta}_2$…，$\boldsymbol{\beta}_s$ 记为 B.

极大无关组记为 B_1：$\boldsymbol{\beta}_1$，$\boldsymbol{\beta}_2$…，$\boldsymbol{\beta}_t$，由于已知向量组 A 可由向量组 B 线性表示，所以只需证向量组 B 可由向量组 A 线性表示.

向量组 A 可由向量组 A_1 线性表示，向量组 B 可由向量组 B_1 线性表示，则向量组 A_1 可由向量组 B_1 线性表示，则向量组 $\boldsymbol{\alpha}_1$，$\boldsymbol{\alpha}_2$，…，$\boldsymbol{\alpha}_t$，$\boldsymbol{\beta}_1$，$\boldsymbol{\beta}_2$…，$\boldsymbol{\beta}_s$ 的秩为 t.

又因为 $\boldsymbol{\alpha}_1$，$\boldsymbol{\alpha}_2$，…，$\boldsymbol{\alpha}_t$ 线性无关，所以向量组的极大无关组为 $\boldsymbol{\alpha}_1$，$\boldsymbol{\alpha}_2$，…，$\boldsymbol{\alpha}_t$，即 $\boldsymbol{\beta}_1$，$\boldsymbol{\beta}_2$…，$\boldsymbol{\beta}_s$ 能由 $\boldsymbol{\alpha}_1$，$\boldsymbol{\alpha}_2$，…，$\boldsymbol{\alpha}_t$ 线性表示，所以向量组 B_1 可由向量组 A_1 线性表示，即向量组 B 可由向量组 A 线性表示，故两个向量组等价.

3.4　向量空间

3.4.1　向量空间的一般概念

前面把 n 维向量的全体所构成的集合 $\mathbf{R}^n$ 称为 n 维向量空间.

定义 3.7　设 V 为 n 维向量的集合，若 V 非空，且对于加法及数乘两种运算封闭，即：$\forall \boldsymbol{\alpha}$，$\boldsymbol{\beta} \in V$，$\forall \boldsymbol{\lambda} \in \mathbf{R}$，有 $\boldsymbol{\alpha}+\boldsymbol{\beta} \in V$，$\lambda\boldsymbol{\alpha} \in V$，则称 V 为向量空间.

定义 3.8　设有向量空间 V_1，V_2，若 $V_1 \subset V_2$，就称 V_1 是 V_2 的子空间.

显然，$\mathbf{R}^n$ 是一个向量空间.

例 1　集合 $V=\{\boldsymbol{\alpha}=(0,\ x_2,\ \cdots,\ x_n) \mid x_2,\ \cdots,\ x_n \in \mathbf{R}\}$ 是一个向量空间.

因为，当 $\boldsymbol{\alpha}=(0, a_2, \cdots, a_n)\in V$，$\boldsymbol{\beta}=(0, b_2, \cdots, b_n)\in V$，则

$$\boldsymbol{\alpha}+\boldsymbol{\beta}=(0, a_2+b_2, \cdots, a_n+b_n)\in V,\ k\boldsymbol{\alpha}=k(0, a_2, \cdots, a_n)\in V.$$

例 2　集合 $V=\{\alpha=(x_1, x_2, \cdots, x_{n-1}, 2)^{\mathrm{T}}\mid x_1, x_2, \cdots, x_{n-1}\in\mathbf{R}\}$ 不是一个向量空间.

因为，当 $\boldsymbol{\alpha}=(y_1, y_2, \cdots, y_{n-1}, 2)^{\mathrm{T}}\in V$，$\boldsymbol{\beta}=(z_1, z_2, \cdots, z_{n-1}, 2)^{\mathrm{T}}\in V$，则

$$\boldsymbol{\alpha}+\boldsymbol{\beta}=(y_1+z_1, y_2+z_2, \cdots, y_{n-1}+z_{n-1}, 4)^{\mathrm{T}}\notin V.$$

例 3　设向量组 $\boldsymbol{\alpha}_1, \boldsymbol{\alpha}_2, \cdots, \boldsymbol{\alpha}_m$ 与向量组 $\boldsymbol{\beta}_1, \boldsymbol{\beta}_2\cdots, \boldsymbol{\beta}_s$ 等价，记

$V_1=\{\boldsymbol{\alpha}=\lambda_1\boldsymbol{\alpha}_1+\cdots+\lambda_m\boldsymbol{\alpha}_m\mid\lambda_1, \cdots, \lambda_m\in\mathbf{R}\}$，$V_2=\{\boldsymbol{\beta}=\lambda_1\boldsymbol{\beta}_1+\cdots+\lambda_m\boldsymbol{\beta}_m\mid\lambda_1, \cdots, \lambda_m\in\mathbf{R}\}$，

试证 $V_1=V_2$.

证　设 $\boldsymbol{\alpha}\in V_1$，则 $\boldsymbol{\alpha}$ 可由向量组 $\boldsymbol{\alpha}_1, \boldsymbol{\alpha}_2, \cdots, \boldsymbol{\alpha}_m$ 线性表示，因为向量组 $\boldsymbol{\alpha}_1, \boldsymbol{\alpha}_2, \cdots, \boldsymbol{\alpha}_m$ 可由向量组 $\boldsymbol{\beta}_1, \boldsymbol{\beta}_2\cdots, \boldsymbol{\beta}_s$ 线性表示，故 $\boldsymbol{\alpha}$ 可由向量组 $\boldsymbol{\beta}_1, \boldsymbol{\beta}_2\cdots, \boldsymbol{\beta}_s$ 线性表示，所以 $\boldsymbol{\alpha}\in V_2$，因此 $V_1\subset V_2$.

类似可证：若 $\boldsymbol{\beta}\in V_2$，则 $\boldsymbol{\beta}\in V_1$，因此 $V_2\subset V_1$，综上 $V_1=V_2$.

定义 3.9　设 V 是一个向量空间，$\boldsymbol{\alpha}_1, \boldsymbol{\alpha}_2, \cdots, \boldsymbol{\alpha}_r$ 是 V 的一个线性无关向量组，且 V 中的任一向量都可由 $\boldsymbol{\alpha}_1, \boldsymbol{\alpha}_2, \cdots, \boldsymbol{\alpha}_r$ 线性表示，则称 $\boldsymbol{\alpha}_1, \boldsymbol{\alpha}_2, \cdots, \boldsymbol{\alpha}_r$ 是向量空间的一组基或基底.

向量空间 V 的任何两个基都是等价的(且各自线性无关)，因此含有相同个数的向量 . V 的一个基中所含向量的个数，称为 V 的维数，记为维 (V) 或 dimV. $\{\mathbf{0}\}$ 没有基，规定维$\{\mathbf{0}\}=0$.

显然，向量空间作为一个向量集合，基是它的极大线性无关组，而维数是它的秩.

有了基和维数以后，向量空间的任一向量就可以由这组基线性表示，而且表示系数唯一，这样在向量空间就可以建立坐标的概念.

定义 3.10　设 $\boldsymbol{\alpha}_1, \boldsymbol{\alpha}_2, \cdots, \boldsymbol{\alpha}_r$ 是向量空间的一组基，$\boldsymbol{\alpha}\in V$，且有

$$\boldsymbol{\alpha}=x_1\boldsymbol{\alpha}_1+x_2\boldsymbol{\alpha}_2+\cdots+x_r\boldsymbol{\alpha}_r,$$

则有序数组 $x_1, x_2, \cdots, x_r$ 为 $\boldsymbol{\alpha}$ 在基 $\boldsymbol{\alpha}_1, \boldsymbol{\alpha}_2, \cdots, \boldsymbol{\alpha}_r$ 下的坐标，记为$(x_1, x_2, \cdots, x_r)$.

注意：基是有序的，若基中的向量次序改变，则应视为另一个基，这时向量的坐标也相应改变.

例如，在 $\mathbf{R}^n$ 中的基本向量组 $\boldsymbol{e}_1, \boldsymbol{e}_2, \cdots, \boldsymbol{e}_n$ 是线性无关的，且 $\forall\boldsymbol{\alpha}\in\mathbf{R}^n$，有

$$\boldsymbol{\alpha}=(a_1, a_2, \cdots, a_n)^{\mathrm{T}}=a_1\boldsymbol{e}_1+a_2\boldsymbol{e}_2+\cdots+a_n\boldsymbol{e}_n,$$

所以 $\boldsymbol{e}_1, \boldsymbol{e}_2, \cdots, \boldsymbol{e}_n$ 是 $\mathbf{R}^n$ 的一个基，维 $(\mathbf{R}^n)=\boldsymbol{n}$，而且任一向量 $\boldsymbol{\alpha}$ 在基 $\boldsymbol{e}_1, \boldsymbol{e}_2, \cdots, \boldsymbol{e}_n$ 下的坐标就是 $\boldsymbol{\alpha}$ 本身 . 因此，称 $\boldsymbol{e}_1, \boldsymbol{e}_2, \cdots, \boldsymbol{e}_n$ 为 $\mathbf{R}^n$ 的自然基.

例 4 设 $A=(\boldsymbol{\alpha}_1,\boldsymbol{\alpha}_2,\boldsymbol{\alpha}_3)=\begin{pmatrix}1&3&4\\3&7&9\\2&4&5\\2&6&8\end{pmatrix}$，求由向量组 $\boldsymbol{\alpha}_1$，$\boldsymbol{\alpha}_2$，$\boldsymbol{\alpha}_3$ 所生成的向量空间的基和维数，并将 $\boldsymbol{\alpha}_1$，$\boldsymbol{\alpha}_2$，$\boldsymbol{\alpha}_3$ 中的非基向量用这个基线性表示.

解 由于 $\boldsymbol{A}=\begin{pmatrix}1&3&4\\3&7&9\\2&4&5\\2&6&8\end{pmatrix}\xrightarrow{r}\begin{pmatrix}1&0&-\frac{1}{2}\\0&1&\frac{3}{2}\\0&0&0\\0&0&0\end{pmatrix}$，所以 $\boldsymbol{\alpha}_1$，$\boldsymbol{\alpha}_2$，$\boldsymbol{\alpha}_3$ 所生成的向量空间的维数是 2，$\boldsymbol{\alpha}_1$，$\boldsymbol{\alpha}_2$ 是这个向量空间的一个基，且有 $\boldsymbol{\alpha}_3=-\frac{1}{2}\boldsymbol{\alpha}_1+\frac{3}{2}\boldsymbol{\alpha}_2$.

定义 3.11 设 $\boldsymbol{\alpha}_1$，$\boldsymbol{\alpha}_2$，…，$\boldsymbol{\alpha}_n$ 及 $\boldsymbol{\beta}_1$，$\boldsymbol{\beta}_2$，…，$\boldsymbol{\beta}_n$ 都是 $\mathbf{R}^n$ 的基，两个基之间有关系式

$$\begin{cases}\boldsymbol{\beta}_1=c_{11}\boldsymbol{\alpha}_1+c_{21}\boldsymbol{\alpha}_2+\cdots+c_{n1}\boldsymbol{\alpha}_n,\\ \boldsymbol{\beta}_2=c_{21}\boldsymbol{\alpha}_1+c_{22}\boldsymbol{\alpha}_2+\cdots+c_{n2}\boldsymbol{\alpha}_n,\\ \qquad\vdots\\ \boldsymbol{\beta}_3=c_{11}\boldsymbol{\alpha}_1+c_{2n}\boldsymbol{\alpha}_2+\cdots+c_{nn}\boldsymbol{\alpha}_n,\end{cases}$$

此式写为矩阵形式为

$$(\boldsymbol{\beta}_1,\boldsymbol{\beta}_2,\cdots,\boldsymbol{\beta}_n)=(\boldsymbol{\alpha}_1,\boldsymbol{\alpha}_2,\cdots,\boldsymbol{\alpha}_n)\boldsymbol{C}，其中\ \boldsymbol{C}=\begin{pmatrix}c_{11}&c_{12}&\cdots&c_{1n}\\c_{21}&c_{22}&\cdots&c_{2n}\\\vdots&\vdots&&\vdots\\c_{n1}&c_{n2}&\cdots&c_{nn}\end{pmatrix},$$

称为从基 $\boldsymbol{\alpha}_1$，$\boldsymbol{\alpha}_2$，…，$\boldsymbol{\alpha}_n$ 到基 $\boldsymbol{\beta}_1$，$\boldsymbol{\beta}_2$，…，$\boldsymbol{\beta}_n$ 的过渡矩阵.

可以注意到，过渡矩阵 $\boldsymbol{C}$ 的第 k 列 $\boldsymbol{C}_k$ 就是 $\boldsymbol{\beta}_k$ 在基 $\boldsymbol{\alpha}_1$，$\boldsymbol{\alpha}_2$，…，$\boldsymbol{\alpha}_n$ 下的坐标，而且过渡矩阵是可逆的.

实事上，若 $\boldsymbol{C}$ 不可逆，则有 $k\in\mathbf{R}^n$，$k\neq 0$，使 $\boldsymbol{C}k=\boldsymbol{O}$，则有

$$(\boldsymbol{\beta}_1,\boldsymbol{\beta}_2,\cdots,\boldsymbol{\beta}_n)k=(\boldsymbol{\alpha}_1,\boldsymbol{\alpha}_2,\cdots,\boldsymbol{\alpha}_n)\boldsymbol{C}k=\boldsymbol{0},$$

即，有不全为零的常数 k_1，k_2，…，k_n 使

$$k_1\boldsymbol{\beta}_1+k_2\boldsymbol{\beta}_2+\cdots+k_n\boldsymbol{\beta}_n=\boldsymbol{0},$$

这与 $\boldsymbol{\beta}_1$，$\boldsymbol{\beta}_2$，…，$\boldsymbol{\beta}_n$ 的线性无关相矛盾，所以 $\boldsymbol{C}$ 可逆.

例 5 设 $\mathbf{R}^3$ 中的两个基

A：$\boldsymbol{\alpha}_1=(1,0,1)^{\mathrm{T}}$，$\boldsymbol{\alpha}_2=(1,1,-1)^{\mathrm{T}}$，$\boldsymbol{\alpha}_3=(0,1,0)^{\mathrm{T}}$，

B：$\boldsymbol{\beta}_1=(1,-2,1)^{\mathrm{T}}$，$\boldsymbol{\beta}_2=(1,2,-1)^{\mathrm{T}}$，$\boldsymbol{\beta}_3=(0,1,-2)^{\mathrm{T}}$，

求 A 到 B 的过渡矩阵，并求向量 $\xi=3\boldsymbol{\beta}_1+2\boldsymbol{\beta}_3$ 在基 A 下的坐标及在自然基下的坐标.

解　设 A 到 B 的过渡矩阵为 $\boldsymbol{C}$，并记 $\boldsymbol{A}=(\boldsymbol{\alpha}_1, \boldsymbol{\alpha}_2, \boldsymbol{\alpha}_3)$，$\boldsymbol{B}=(\boldsymbol{\beta}_1, \boldsymbol{\beta}_2, \boldsymbol{\beta}_3)$，由 $\boldsymbol{B}=\boldsymbol{AC}$，于是计算得到

$$\boldsymbol{C}=\boldsymbol{A}^{-1}\boldsymbol{B},\ (\boldsymbol{A}\,|\,\boldsymbol{B})=\left(\begin{array}{ccc|ccc}1&1&0&1&1&0\\0&1&1&-2&2&1\\1&-1&0&1&-1&-2\end{array}\right)\to\left(\begin{array}{ccc|ccc}1&0&0&1&0&-1\\0&1&0&0&1&1\\0&0&1&-2&1&0\end{array}\right),$$

所以，$\boldsymbol{C}=\begin{pmatrix}1&0&-1\\0&1&1\\-2&1&0\end{pmatrix}$.

由已知 $\boldsymbol{\xi}=\begin{pmatrix}3\\-4\\-1\end{pmatrix}$，设 $\boldsymbol{\xi}$ 在基 A 下的坐标 $\boldsymbol{X}$，有 $\boldsymbol{\xi}=\boldsymbol{AX}$，$\boldsymbol{X}=\boldsymbol{A}^{-1}\boldsymbol{\xi}=\begin{pmatrix}1\\2\\-6\end{pmatrix}$，所以，$\boldsymbol{\xi}$ 在基 A 下的坐标为 $(1, 2, -6)$，$\boldsymbol{\xi}$ 在自然基下的坐标为 $(3, -4, -1)$.

3.4.2　向量的内积

定义 3.12　设有 n 维向量 $\boldsymbol{x}=(x_1, x_2, \cdots, x_n)^{\mathrm{T}}$，$\boldsymbol{y}=(y_1, y_2, \cdots, y_n)^{\mathrm{T}}$，令

$$\langle\boldsymbol{x}, \boldsymbol{y}\rangle=x_1y_1+x_2y_2+\cdots+x_ny_n=\sum_{i=1}^{n}x_iy_i$$

称为向量 $\boldsymbol{x}$，$\boldsymbol{y}$ 的内积.

显然，n 维向量的内积也可以用矩阵的乘法来表示：$\langle\boldsymbol{x}, \boldsymbol{y}\rangle=\boldsymbol{x}^{\mathrm{T}}\boldsymbol{y}=\boldsymbol{y}^{\mathrm{T}}\boldsymbol{x}$　($\boldsymbol{x}$，$\boldsymbol{y}$ 为行向量时，$\langle\boldsymbol{x}, \boldsymbol{y}\rangle=\boldsymbol{x}\boldsymbol{y}^{\mathrm{T}}=\boldsymbol{y}\boldsymbol{x}^{\mathrm{T}}$).

内积具有以下性质：(其中 $\boldsymbol{x}$，$\boldsymbol{y}$，$\boldsymbol{z}$ 为 n 维向量，k_1，k_2 为实数)

(1) 对称性：$\langle\boldsymbol{x}, \boldsymbol{y}\rangle=\langle\boldsymbol{y}, \boldsymbol{x}\rangle$；

(2) 线性：$\langle k_1\boldsymbol{x}+k_2\boldsymbol{y}, \boldsymbol{z}\rangle=k_1\langle\boldsymbol{x}, \boldsymbol{z}\rangle+k_2\langle\boldsymbol{y}, \boldsymbol{z}\rangle$；

(3) 当 $\boldsymbol{x}\neq\boldsymbol{0}$，$\langle\boldsymbol{x}, \boldsymbol{x}\rangle>0$；当 $\boldsymbol{x}=\boldsymbol{0}$ 时，$\langle\boldsymbol{x}, \boldsymbol{x}\rangle=0$；

(4) $\langle\boldsymbol{0}, \boldsymbol{x}\rangle=\langle\boldsymbol{x}, \boldsymbol{0}\rangle=0$；

(5) 施瓦兹不等式：$\langle\boldsymbol{x}, \boldsymbol{y}\rangle^2\leqslant\langle\boldsymbol{x}, \boldsymbol{x}\rangle\langle\boldsymbol{y}, \boldsymbol{y}\rangle$.

这些性质可以根据内积定义直接证明.

定义 3.13　设 n 维向量 $\boldsymbol{x}$，称 $\|\boldsymbol{x}\|=\sqrt{\langle\boldsymbol{x}, \boldsymbol{x}\rangle}=\sqrt{x_1^2+x_2^2+\cdots+x_n^2}$ 为向量 x 的长度或模(范数).

当 $\|\boldsymbol{x}\|=1$ 时，称 $\boldsymbol{x}$ 为单位向量.

向量的长度具有以下性质：

(1) 非负性(正定性)：当 $\boldsymbol{x}\neq\boldsymbol{0}$ 时，$\|\boldsymbol{x}\|>0$；当 $\boldsymbol{x}=\boldsymbol{0}$ 时，$\|\boldsymbol{x}\|=0$；

(2) 齐次性：$\|\lambda\boldsymbol{x}\|=|\lambda|\,\|\boldsymbol{x}\|$ $(\lambda\in\mathbf{R})$；

(3) 三角不等式：$\|\boldsymbol{x}+\boldsymbol{y}\|\leqslant\|\boldsymbol{x}\|+\|\boldsymbol{y}\|$.

因为

$\|\boldsymbol{x}+\boldsymbol{y}\|^2\leqslant\langle\boldsymbol{x}+\boldsymbol{y}, \boldsymbol{x}+\boldsymbol{y}\rangle=\langle\boldsymbol{x}, \boldsymbol{x}\rangle+2\langle\boldsymbol{x}, \boldsymbol{y}\rangle+\langle\boldsymbol{y}, \boldsymbol{y}\rangle\leqslant\|\boldsymbol{x}\|^2+2\|\boldsymbol{x}\|\,\|\boldsymbol{y}\|+\|\boldsymbol{y}\|^2=(\|\boldsymbol{x}\|+\|\boldsymbol{y}\|)^2$,

所以 $\|\boldsymbol{x}+\boldsymbol{y}\| \leqslant \|\boldsymbol{x}\|+\|\boldsymbol{y}\|$.

(4) 柯西(cauchy)不等式：$|\langle\boldsymbol{x}, \boldsymbol{y}\rangle| \leqslant \|\boldsymbol{x}\|\|\boldsymbol{y}\|$，即 $\left|\sum_{i=1}^{n} x_i y_i\right| \leqslant \sqrt{\sum_{i=1}^{n} x_i^2} \sqrt{\sum_{i=1}^{n} y_i^2}$，且等式成立当且仅当 $\boldsymbol{x}$，$\boldsymbol{y}$ 线性相关.

若 $\boldsymbol{x}$，$\boldsymbol{y}$ 线性相关，则有常数 $k \in \mathbf{R}$ 使 $\boldsymbol{y}=k\boldsymbol{x}$，或 $\boldsymbol{x}=k\boldsymbol{y}$，以 $\boldsymbol{y}=k\boldsymbol{x}$ 为例，有

$$|\langle\boldsymbol{x}, \boldsymbol{y}\rangle|=|\langle\boldsymbol{x}, k\boldsymbol{y}\rangle|=|k\langle\boldsymbol{x}, \boldsymbol{x}\rangle|=|k|\langle\boldsymbol{x}, \boldsymbol{x}\rangle,$$

$$\|\boldsymbol{x}\|\|\boldsymbol{y}\|=\sqrt{\langle\boldsymbol{x}, \boldsymbol{x}\rangle\langle\boldsymbol{y}, \boldsymbol{y}\rangle}=\sqrt{k^2\langle\boldsymbol{x}, \boldsymbol{x}\rangle^2}=|k|\langle\boldsymbol{x}, \boldsymbol{x}\rangle.$$

当 $\boldsymbol{y}=k\boldsymbol{x}$ 时，情况类似，因此当 $\boldsymbol{x}$，$\boldsymbol{y}$ 线性相关时，成立等式 $|\langle\boldsymbol{x}, \boldsymbol{y}\rangle|=\|\boldsymbol{x}\|\|\boldsymbol{y}\|$.

若 $\boldsymbol{x}$，$\boldsymbol{y}$ 线性无关，这时对任何实数 t，$t\boldsymbol{x}+\boldsymbol{y} \neq \mathbf{0}$，于是由内积的性质得

$\langle t\boldsymbol{x}+\boldsymbol{y}, t\boldsymbol{x}+\boldsymbol{y}\rangle>0$，$\forall t \in \mathbf{R}$，

即

$$\langle\boldsymbol{x}, \boldsymbol{x}\rangle t^2+2\langle\boldsymbol{x}, \boldsymbol{y}\rangle t+\langle\boldsymbol{y}, \boldsymbol{y}\rangle>0, \ \forall t \in \mathbf{R},$$

此式左端是 t 的二次多项式，其判别式 $4\langle\boldsymbol{x}, \boldsymbol{y}\rangle^2-4\langle\boldsymbol{x}, \boldsymbol{x}\rangle\langle\boldsymbol{y}, \boldsymbol{y}\rangle<0$，因此，当 $\boldsymbol{x}$，$\boldsymbol{y}$ 线性无关时，成立严格不等式 $|\langle\boldsymbol{x}, \boldsymbol{y}\rangle| \leqslant \|\boldsymbol{x}\|\|\boldsymbol{y}\|$.

综上所述，无论 $\boldsymbol{x}$，$\boldsymbol{y}$ 是否线性无关，柯西不等式都成立.

由长度的正定性及齐次性可知：当 $\boldsymbol{x} \neq \mathbf{0}$ 时，$\left\|\frac{1}{\|\boldsymbol{x}\|}\|\boldsymbol{x}\|\right\|=\frac{1}{\|\boldsymbol{x}\|}\|\boldsymbol{x}\|=1$，表明 $\frac{1}{\|\boldsymbol{x}\|}\|\boldsymbol{x}\|$ 是单位向量. 由非零向量 $\boldsymbol{x}$ 得到单位向量 $\frac{1}{\|\boldsymbol{x}\|}\boldsymbol{x}$ 的过程叫作单位化或标准化.

有了柯西不等式作支持，还可以定义向量的夹角.

定义 3.14 若 $\boldsymbol{x}$，$\boldsymbol{y} \in \mathbf{R}^n$，$\boldsymbol{x} \neq \mathbf{0}$，$\boldsymbol{y} \neq \mathbf{0}$，称 $\theta=\arccos \frac{\langle\boldsymbol{x}, \boldsymbol{y}\rangle}{\|\boldsymbol{x}\|\|\boldsymbol{y}\|}$ 为向量 $\boldsymbol{x}$ 与 $\boldsymbol{y}$ 的夹角；若 $\langle\boldsymbol{x}, \boldsymbol{y}\rangle \geqslant 0$，称向量 $\boldsymbol{x}$ 与 $\boldsymbol{y}$ 正交. 显然，当 $\boldsymbol{x}=\mathbf{0}$ 时，则 $\boldsymbol{x}$ 与任何向量都正交.

例 1 设 $\boldsymbol{\alpha}=(-1, 1, 1, 1)^{\mathrm{T}}$，$\boldsymbol{\beta}=(-1, -2, 1, 0)^{\mathrm{T}}$，$\boldsymbol{\gamma}=(-1, 1, 1, 0)^{\mathrm{T}}$.

(1) 问 $\boldsymbol{\alpha}$ 与 $\boldsymbol{\beta}$，$\boldsymbol{\alpha}$ 与 $\boldsymbol{\gamma}$ 是否正交?

(2) 求与 $\boldsymbol{\alpha}$，$\boldsymbol{\beta}$，$\boldsymbol{\gamma}$ 都正交的单位向量.

解 (1) 因 $\langle\boldsymbol{\alpha}, \boldsymbol{\beta}\rangle=1-2+1+0=0$，故 $\boldsymbol{\alpha}$ 与 $\boldsymbol{\beta}$ 正交；因 $\langle\boldsymbol{\alpha}, \boldsymbol{\gamma}\rangle=1+1+1+0=3$，故 $\boldsymbol{\alpha}$ 与 $\boldsymbol{\gamma}$ 不正交.

(2) 设与 $\boldsymbol{\alpha}$，$\boldsymbol{\beta}$，$\boldsymbol{\gamma}$ 都正交的向量为 $\boldsymbol{x}=(x_1, x_2, x_3, x_4)^{\mathrm{T}}$，则由正交条件得到齐次线性方程组

$$\begin{pmatrix} -1 & 1 & 1 & 1 \\ -1 & -2 & 1 & 0 \\ -1 & 1 & 1 & 0 \end{pmatrix}\boldsymbol{x}=\mathbf{0},$$

由此解得 $\boldsymbol{x}=k(1,0,1,0)^{\mathrm{T}}$，再由单位向量这个条件得所求向量为 $\pm\frac{1}{\sqrt{2}}(1,0,1,0)^{\mathrm{T}}$.

3.4.3 正交向量组与施密特(Schmidt)方法

定理 1 若 n 维向量 $\boldsymbol{\alpha}_1,\boldsymbol{\alpha}_2,\cdots,\boldsymbol{\alpha}_r$ 是一组两两正交的非零向量，则 $\boldsymbol{\alpha}_1,\boldsymbol{\alpha}_2,\cdots,\boldsymbol{\alpha}_r$ 线性无关.

证 设有 $l_1,l_2,\cdots,l_r$，使 $l_1\boldsymbol{\alpha}_1+l_2\boldsymbol{\alpha}_2+\cdots+l_r\boldsymbol{\alpha}_r=\mathbf{0}$，以 $\boldsymbol{\alpha}_i^{\mathrm{T}}$ 左乘上式两端，得 $\lambda_i\boldsymbol{\alpha}_i^{\mathrm{T}}\boldsymbol{\alpha}_i=0$，因 $\boldsymbol{\alpha}_i\neq0$，故 $\boldsymbol{\alpha}_i^{\mathrm{T}}\boldsymbol{\alpha}_i=\|\boldsymbol{\alpha}_i\|\neq0$，从而必有 $\lambda_i=0(i=1,2,\cdots,r)$，于是 $\boldsymbol{\alpha}_1,\boldsymbol{\alpha}_2,\cdots,\boldsymbol{\alpha}_r$ 线性无关

定义 3.15 一组两两正交的非零向量称为正交向量组，由一组单位向量组成的正交向量组称为标准正交向量组．向量空间的基如果是正交向量组或标准正交向量组，则分别称为正交基或标准正交基(规范正交基).

例如，$\boldsymbol{e}_1=\frac{1}{3}(1,-2,-2)^{\mathrm{T}}$，$\boldsymbol{e}_2=\frac{1}{3}(2,-1,2)^{\mathrm{T}}$，$\boldsymbol{e}_3=\frac{1}{3}(2,2,-1)^{\mathrm{T}}$ 就是 $\mathbf{R}^3$ 的一个标准正交基.

为了计算方便，常常需要从向量空间 V 的一个基 $\boldsymbol{\alpha}_1,\boldsymbol{\alpha}_2,\cdots,\boldsymbol{\alpha}_r$ 出发，找出 V 的一个标准正交基 $\boldsymbol{e}_1,\boldsymbol{e}_2,\cdots,\boldsymbol{e}_r$，使 $\boldsymbol{e}_1,\boldsymbol{e}_2,\cdots,\boldsymbol{e}_r$ 与 $\boldsymbol{\alpha}_1,\boldsymbol{\alpha}_2,\cdots,\boldsymbol{\alpha}_r$ 等价，称为把基 $\boldsymbol{\alpha}_1,\boldsymbol{\alpha}_2,\cdots,\boldsymbol{\alpha}_r$ 标准正交化.

施密特正交化 设 $\boldsymbol{\alpha}_1,\boldsymbol{\alpha}_2,\cdots,\boldsymbol{\alpha}_r$ 是向量空间 V 的一个基，首先将 $\boldsymbol{\alpha}_1,\boldsymbol{\alpha}_2,\cdots,\boldsymbol{\alpha}_r$ 正交化：

$$\boldsymbol{\beta}_1=\boldsymbol{\alpha}_1,$$

$$\boldsymbol{\beta}_2=\boldsymbol{\alpha}_2-\frac{\langle\boldsymbol{\beta}_1,\boldsymbol{\alpha}_2\rangle}{\langle\boldsymbol{\beta}_1,\boldsymbol{\beta}_1\rangle}\boldsymbol{\beta}_1,$$

$$\cdots$$

$$\boldsymbol{\beta}_r=\boldsymbol{\alpha}_r-\frac{\langle\boldsymbol{\beta}_1,\boldsymbol{\alpha}_r\rangle}{\langle\boldsymbol{\beta}_1,\boldsymbol{\beta}_1\rangle}\boldsymbol{\beta}_1-\frac{\langle\boldsymbol{\beta}_2,\boldsymbol{\alpha}_r\rangle}{\langle\boldsymbol{\beta}_2,\boldsymbol{\beta}_2\rangle}\boldsymbol{\beta}_2-\cdots-\frac{\langle\boldsymbol{\beta}_{r-1},\boldsymbol{\alpha}_r\rangle}{\langle\boldsymbol{\beta}_{r-1},\boldsymbol{\beta}_{r-1}\rangle}\boldsymbol{\beta}_{r-1},$$

然后将 $\boldsymbol{\beta}_1,\boldsymbol{\beta}_2,\cdots,\boldsymbol{\beta}_r$ 单位化：

$$\boldsymbol{e}_1=\frac{1}{\|\boldsymbol{\beta}_1\|}\boldsymbol{\beta}_1,\ \boldsymbol{e}_2=\frac{1}{\|\boldsymbol{\beta}_2\|}\boldsymbol{\beta}_2,\ \cdots,\ \boldsymbol{e}_r=\frac{1}{\|\boldsymbol{\beta}_r\|}\boldsymbol{\beta}_r.$$

容易验证 $\boldsymbol{e}_1,\boldsymbol{e}_2,\cdots,\boldsymbol{e}_r$ 是 V 的一个标准正交基，且与 $\boldsymbol{\alpha}_1,\boldsymbol{\alpha}_2,\cdots,\boldsymbol{\alpha}_r$ 等价.

例 2 试用施密特正交化过程将线性无关向量组 $\boldsymbol{\alpha}_1=(1,1,1)^{\mathrm{T}}$，$\boldsymbol{\alpha}_2=(1,2,3)^{\mathrm{T}}$，$\boldsymbol{\alpha}_3=(1,4,9)^{\mathrm{T}}$ 标准正交化.

解 取 $\boldsymbol{\beta}_1=\boldsymbol{\alpha}_1=(1,1,1)^{\mathrm{T}}$，$\boldsymbol{\beta}_2=\boldsymbol{\alpha}_2-\frac{\langle\boldsymbol{\beta}_1,\boldsymbol{\alpha}_2\rangle}{\langle\boldsymbol{\beta}_1,\boldsymbol{\beta}_1\rangle}\boldsymbol{\beta}_1=(-1,0,1)^{\mathrm{T}}$，

$$\boldsymbol{\beta}_3=\boldsymbol{\alpha}_3-\frac{\langle\boldsymbol{\beta}_1,\boldsymbol{\alpha}_3\rangle}{\langle\boldsymbol{\beta}_1,\boldsymbol{\beta}_1\rangle}\boldsymbol{\beta}_1-\frac{\langle\boldsymbol{\beta}_2,\boldsymbol{\alpha}_3\rangle}{\langle\boldsymbol{\beta}_2,\boldsymbol{\beta}_2\rangle}\boldsymbol{\beta}_2=\frac{1}{3}(1,-2,1),$$

再取 $e_1=\frac{1}{\|\boldsymbol{\beta}_1\|}\boldsymbol{\beta}_1=\frac{1}{\sqrt{3}}(1,1,1)^{\mathrm{T}}$，$e_2=\frac{1}{\|\boldsymbol{\beta}_2\|}\boldsymbol{\beta}_2=\frac{1}{\sqrt{2}}(-1,0,1)^{\mathrm{T}}$，$e_3=\frac{1}{\|\boldsymbol{\beta}_3\|}\boldsymbol{\beta}_3=\frac{1}{\sqrt{6}}(1,-2,1)^{\mathrm{T}}$.

e_1，e_2，e_3 即为所求.

3.3.4 正交矩阵和正交变换

定义 3.16 若 n 阶方阵 $\boldsymbol{A}$ 满足 $\boldsymbol{A}\boldsymbol{A}^{\mathrm{T}}=\boldsymbol{E}$（即 $\boldsymbol{A}^{-1}=\boldsymbol{A}^{\mathrm{T}}$），则称 $\boldsymbol{A}$ 为正交矩阵，简称正交阵.

根据定义容易证明正交矩阵有以下性质：

(1) 若为正交阵，则 $\boldsymbol{A}^{-1}=\boldsymbol{A}^{\mathrm{T}}$ 也是正交阵，且 $|\boldsymbol{A}|=1$；

(2) 同阶正交矩阵的乘积也是正交矩阵.

定理 2 设 $\boldsymbol{A}$ 是正交矩阵，则 $\boldsymbol{A}$ 的列向量组构成 $\mathbf{R}^n$ 的一个标准正交基.

证 只就列加以证明，设 $\boldsymbol{A}=(\boldsymbol{\alpha}_1,\boldsymbol{\alpha}_2,\cdots,\boldsymbol{\alpha}_r)$，

因为

$$\boldsymbol{A}^{\mathrm{T}}\boldsymbol{A}=\begin{pmatrix}\boldsymbol{\alpha}_1^{\mathrm{T}}\\ \boldsymbol{\alpha}_2^{\mathrm{T}}\\ \vdots\\ \boldsymbol{\alpha}_r^{\mathrm{T}}\end{pmatrix}(\boldsymbol{\alpha}_1,\boldsymbol{\alpha}_2,\cdots,\boldsymbol{\alpha}_r),$$

所以 $\boldsymbol{A}^{\mathrm{T}}\boldsymbol{A}=\boldsymbol{E}\Leftrightarrow(\boldsymbol{\alpha}_i^{\mathrm{T}}\boldsymbol{\alpha}_j)=(\boldsymbol{\delta}_{ij})$，即 $\boldsymbol{A}$ 为正交矩阵的条件是 $\boldsymbol{A}$ 的列向量组构成 $\mathbf{R}^n$ 的一个标准正交基.

定义 3.17 当 $\boldsymbol{A}$ 为正交矩阵，则线性变换 $\boldsymbol{y}=\boldsymbol{A}\boldsymbol{x}$ 称为正交变换.

证 设 $\boldsymbol{y}=\boldsymbol{A}\boldsymbol{x}$ 为正交变换，则有 $\|\boldsymbol{y}\|=\sqrt{\boldsymbol{y}^{\mathrm{T}}\boldsymbol{y}}=\sqrt{\boldsymbol{x}^{\mathrm{T}}P^{\mathrm{T}}P}=\sqrt{\boldsymbol{x}^{\mathrm{T}}\boldsymbol{x}}=\|\boldsymbol{x}\|$.

由此可知，经正交变换两点间距离保持不变，这是正交变换的优良特征.

3.5 线性方程组的可解性

我们知 $m\times n$ 线性方程组

$$\begin{cases}a_{11}x_1+a_{12}x_2+\cdots+a_{1n}x_n=b_1,\\ a_{21}x_1+a_{22}x_2+\cdots+a_{2n}x_n=b_2,\\ \qquad\vdots\\ a_{m1}x_1+a_{m2}x_2+\cdots+a_{mn}x_n=b_m.\end{cases}\tag{3.1}$$

可以利用矩阵运算写成矩阵形式 $\boldsymbol{AX}=\boldsymbol{b}$. 其中，$\boldsymbol{A}=(a_{ij})_{m\times n}$ 是式(3.1)的系数矩阵.

$$\overline{\boldsymbol{A}}=(\boldsymbol{A},\ \boldsymbol{b})=\begin{pmatrix} a_{11} & a_{12} & \cdots & a_{1n} & b_1 \\ a_{21} & a_{22} & \cdots & a_{2n} & b_2 \\ \vdots & \vdots & & \vdots & \vdots \\ a_{m1} & a_{m2} & \cdots & a_{mn} & b_m \end{pmatrix}$$

称为方程组(3.1)的增广矩阵，或表示为向量形式 $\boldsymbol{b}=x_1\boldsymbol{A}_1+x_2\boldsymbol{A}_2+\cdots+x_n\boldsymbol{A}_n$，由此可见，方程组的解等价于向量 $\boldsymbol{b}$ 可由向量组 $\boldsymbol{A}_1$，$\boldsymbol{A}_2$，…，$\boldsymbol{A}_n$ 线性表示.

若 $\boldsymbol{x}=(t_1,\ t_2,\ \cdots,\ t_n)^{\mathrm{T}}$ 使式(3.1)的每个方程成为恒等式，就说 $\boldsymbol{x}=(t_1,\ t_2,\ \cdots,\ t_n)^{\mathrm{T}}$ 是方程组的一个解(向量). 解的全体之集合称为解集.

含有一定个数独立的任意常数的解称为通解. 线性方程的任何一个解都能在通解中适当选取任意常数的值得到. 若两个方程组解集相等，则称这两个方程组同解.

中学代数中已学过用加减消元法解二元或三元线性方程组. 很明显，对于一个线性方程组进行以下变换所得到的新的方程组与原方程组是同解的.

(1) 交换方程组中两个方程的次序；

(2) 某方程乘以一个非零常数；

(3) 某方程加上另一个方程的倍数.

这里(2)(3)就是熟知的加减消元法的基本步骤，(1)则是针对方程和未知量较多，为避免消元过程纷繁可能导致的混乱而增添的. 以上三种变换称为线性方程组的同解变换.

由于线性方程组的第 i 个方程对应的就是增广矩阵(系数矩阵)的第 i 行，所以线性方程组的同解变换即矩阵中的初等行变换.

例 1　解方程组 $\begin{cases} x_1+x_2-2x_3+3x_4=1, \\ x_1+2x_2+x_3-2x_4=2, \\ 3x_1+5x_2\qquad -2x_4=1, \\ 3x_1+6x_2+3x_3-7x_4=\lambda. \end{cases}$

解

$$\overline{\boldsymbol{A}}=\begin{pmatrix} 1 & 1 & -2 & 3 & 1 \\ 1 & 2 & 1 & -2 & 2 \\ 3 & 5 & 0 & -2 & 6 \\ 3 & 6 & 3 & -7 & \lambda \end{pmatrix}\to\begin{pmatrix} 1 & 1 & -2 & 3 & 1 \\ 0 & 1 & 3 & -5 & 1 \\ 0 & 2 & 6 & -11 & 3 \\ 0 & 1 & 3 & -5 & \lambda-6 \end{pmatrix}\to\begin{pmatrix} 1 & 1 & -2 & 3 & 1 \\ 0 & 1 & 3 & -5 & 1 \\ 0 & 0 & 0 & -1 & 1 \\ 0 & 0 & 0 & 0 & \lambda-7 \end{pmatrix}.$$

这个初等行变换过程反映了方程组的消元过程：第一组三次行变换的作用是消去了 x_1；第二组两次行变换的作用是消去了 x_2，凑巧又把 x_3 消去了，这样得出了与原方程组同解的方程组

$$\begin{cases} x_1+x_2-2x_3+3x_4=1, \\ x_2+3x_3-5x_4=1, \\ -x_4=1, \\ 0=\lambda-7. \end{cases}$$

(1) 若 $\lambda\neq 7$，同解方程组第 4 式是矛盾方程，因此原方程组无解；

(2) 若 $\lambda=7$，可由第 3 式解出 $x_4=-1$，代入第 2 式，解出 x_2；代入第 1 式可以解出 x_1；x_3 可取任意值．若在矩阵中实现，可以表示为

$$\overline{\boldsymbol{A}}\rightarrow\begin{pmatrix}1&1&-2&3&1\\0&1&3&-5&1\\0&0&0&-1&1\\0&0&0&0&0\end{pmatrix}\rightarrow\begin{pmatrix}1&0&-5&0&8\\0&1&3&0&-4\\0&0&0&1&-1\\0&0&0&0&0\end{pmatrix},$$

得同解方程组

$$\begin{cases}x_1-5x_3=8,\\x_2+3x_3=-4,\\x_4=-1.\end{cases}$$

它共有 3 个有效方程、未知量，所以有一个未知量可任意取值(这样的未知量称为自由未知量)．

通过上例知方程组解的存在性定理．

定理 1　对于 n 元线性方程组 $\boldsymbol{AX}=\boldsymbol{b}$，有

(1) 无解 $\Leftrightarrow R(\boldsymbol{A})<R(\boldsymbol{A},\ \boldsymbol{b})=R(\overline{\boldsymbol{A}})$；

(2) 有解 $\Leftrightarrow R(\boldsymbol{A})=R(\boldsymbol{A},\ \boldsymbol{b})=R(\overline{\boldsymbol{A}})$；

(3) 有唯一解 $\Leftrightarrow R(\boldsymbol{A})=R(\boldsymbol{A},\ \boldsymbol{b})=R(\overline{\boldsymbol{A}})=n$；

(4) 有无穷多个解 $\Leftrightarrow R(\boldsymbol{A})=R(\boldsymbol{A},\ \boldsymbol{b})=R(\overline{\boldsymbol{A}})<n$．

其中，$R(\boldsymbol{A})$ 表示矩阵 $\boldsymbol{A}$ 的秩．

证明略．

例 2　设有线性方程组 $\begin{cases}x_1+ax_2+x_3=2,\\x_1+x_2+2x_3=3,\\x_1+x_2+bx_3=4,\end{cases}$ 问 a，b 取何值时，此方程组：

(1) 无解；

(2) 有唯一解；

(3) 有无穷多解．

解　对增广矩阵 $\overline{\boldsymbol{A}}$ 施行初等行变换变为阶梯形矩阵，有

$$\overline{\boldsymbol{A}}=\begin{pmatrix}1&a&1&2\\1&1&2&3\\1&1&b&4\end{pmatrix}\xrightarrow[r_3-r_2]{r_1-r_2}\begin{pmatrix}0&a-1&-1&-1\\1&1&2&3\\0&0&b-2&1\end{pmatrix}\xrightarrow{(r_1,\ r_2)}\begin{pmatrix}1&1&2&3\\0&a-1&-1&-1\\0&0&b-2&1\end{pmatrix},$$

(1) 当 $b=2$ 时，$R(\boldsymbol{A})=2$，$R(\overline{\boldsymbol{A}})=3$ 方程组无解．

(2) 当 $a\neq1$ 且 $b\neq2$ 时，$R(\boldsymbol{A})=R(\overline{\boldsymbol{A}})=3$，方程组有唯一解．

(3) 当 $a=1$，$b=3$ 时，方程组有无穷多解．

例 3　已知 $\boldsymbol{\alpha}_1=(1,\ 0,\ 2,\ 3)^{\mathrm{T}}$，$\boldsymbol{\alpha}_2=(1,\ 1,\ 3,\ 5)^{\mathrm{T}}$，$\boldsymbol{\alpha}_3=(1,\ -1,\ a+2,\ 1)^{\mathrm{T}}$，$\boldsymbol{\alpha}_4=(1,\ 2,\ 4,\ a+8)^{\mathrm{T}}$，$\boldsymbol{\beta}=(1,\ 1,\ b+3,\ 5)^{\mathrm{T}}$，

(1) a，b 为何值时，$\boldsymbol{\beta}$ 不能表示为 $\boldsymbol{\alpha}_1$，$\boldsymbol{\alpha}_2$，$\boldsymbol{\alpha}_3$，$\boldsymbol{\alpha}_4$ 的线性组合；

(2) a，b 为何值时，$\boldsymbol{\beta}$ 可以唯一的表示为 $\boldsymbol{\alpha}_1$，$\boldsymbol{\alpha}_2$，$\boldsymbol{\alpha}_3$，$\boldsymbol{\alpha}_4$ 的线性组合.

解　(1) $\boldsymbol{\beta}$ 不能表示为 $\boldsymbol{\alpha}_1$，$\boldsymbol{\alpha}_2$，$\boldsymbol{\alpha}_3$，$\boldsymbol{\alpha}_4$ 的线性组合 $\Leftrightarrow$ 非齐次线性方程组 $x_1\boldsymbol{\alpha}_1+x_2\boldsymbol{\alpha}_2+x_3\boldsymbol{\alpha}_3+x_4\boldsymbol{\alpha}_4=\boldsymbol{\beta}$ 无解.

$\boldsymbol{\beta}$ 可唯一表示为 $\boldsymbol{\alpha}_1$，$\boldsymbol{\alpha}_2$，$\boldsymbol{\alpha}_3$，$\boldsymbol{\alpha}_4$ 的线性组合 $\Leftrightarrow$ 非齐次线性方程组 $x_1\boldsymbol{\alpha}_1+x_2\boldsymbol{\alpha}_2+x_3\boldsymbol{\alpha}_3+x_4\boldsymbol{\alpha}_4=\boldsymbol{\beta}$ 有唯一解.

(2) 对增广矩阵 $\overline{\boldsymbol{A}}$ 施行初等行变换：

$$\overline{\boldsymbol{A}}=\begin{pmatrix}1&1&1&1&1\\0&1&-1&2&1\\2&3&a+2&4&b+3\\3&5&1&a+8&5\end{pmatrix}\to\begin{pmatrix}1&1&1&1&1\\0&1&-1&2&1\\0&1&a&2&b+1\\0&2&-2&a+5&2\end{pmatrix}$$

$$\to\begin{pmatrix}1&1&1&1&1\\0&1&-1&2&1\\0&0&a+1&0&b\\0&0&0&a+1&0\end{pmatrix},$$

当 $R(\boldsymbol{A})=2<R(\overline{\boldsymbol{A}})=3$ 即 $a+1=0$，$a=-1$，$b\neq0$ 时，$\boldsymbol{\beta}$ 不能表示为 $\boldsymbol{\alpha}_1$，$\boldsymbol{\alpha}_2$，$\boldsymbol{\alpha}_3$，$\boldsymbol{\alpha}_4$ 的线性组合.

当 $R(\boldsymbol{A})=R(\overline{\boldsymbol{A}})=4$ 即 $a\neq-1$ 时，$\boldsymbol{\beta}$ 可唯一表示为 $\boldsymbol{\alpha}_1$，$\boldsymbol{\alpha}_2$，$\boldsymbol{\alpha}_3$，$\boldsymbol{\alpha}_4$ 的线性组合.

定理 2　n 元齐次线性方程组 $\boldsymbol{AX}=\boldsymbol{0}$，有非零解的充要条件是 $R(\boldsymbol{A})<n$.

证　根据定理 1，当 $R(\boldsymbol{A})=n$ 时，有唯一解 $x=0$. 当 $R(\boldsymbol{A})<n$ 时，有 $n-r$ 个自由未知量，当它们选取一组不全为零的数时，就得到了一个非零解.

3.6　线性方程组解的结构

在利用了矩阵的秩得到了线性方程组有解的充要条件，以及齐次线性方程组有非零解的充要条件后，这一节将利用向量组线性相关性等知识来讲述齐次和非齐次线性方程组解集的结构.

3.6.1　齐次线性方程组解的结构

齐次线性方程组解有以下性质.

性质 1　若 $\boldsymbol{x}=\boldsymbol{\xi}_1$，$\boldsymbol{x}=\boldsymbol{\xi}_2$ 为齐次线性方程组 $\boldsymbol{AX}=\boldsymbol{0}$ 的解，则 $\boldsymbol{x}=\boldsymbol{\xi}_1+\boldsymbol{\xi}_2$ 也是齐次线性方程组 $\boldsymbol{AX}=\boldsymbol{0}$ 的解.

因为 $\boldsymbol{A}(\boldsymbol{\xi}_1+\boldsymbol{\xi}_2)=\boldsymbol{A\xi}_1+\boldsymbol{A\xi}_2=\boldsymbol{0}$，所以 $\boldsymbol{x}=\boldsymbol{\xi}_1+\boldsymbol{\xi}_2$ 也是齐次线性方程组 $\boldsymbol{AX}=\boldsymbol{0}$ 的解.

性质 2　若 $\boldsymbol{x}=\boldsymbol{\xi}$ 为齐次线性方程组 $\boldsymbol{AX}=\boldsymbol{0}$ 的解，k 为实数，则 $\boldsymbol{x}=k\boldsymbol{\xi}$ 也是 $\boldsymbol{AX}=\boldsymbol{0}$ 的解.

由于 $\boldsymbol{A}(k\boldsymbol{\xi})=k(\boldsymbol{A\xi})=k\boldsymbol{0}=\boldsymbol{0}$，所以 $\boldsymbol{x}=k\boldsymbol{\xi}$ 也是 $\boldsymbol{AX}=\boldsymbol{0}$ 的解.

由齐次线性方程组 $\boldsymbol{AX}=\mathbf{0}$ 的全体解所组成的集合称为该齐次线性方程组的解空间，记作 S. 如果能求得解空间 S 的一个最大无关组 S_0：$\boldsymbol{\xi}_1$，$\boldsymbol{\xi}_2$，…，$\boldsymbol{\xi}_t$，则方程组 $\boldsymbol{AX}=\mathbf{0}$ 的任一解都可由最大无关组 S_0 线性表示；另外，由性质1、性质2可知，最大无关组 S_0 的任何线性组合 $\boldsymbol{x}=k_1\boldsymbol{\xi}_1+k_2\boldsymbol{\xi}_2+\cdots+k_t\boldsymbol{\xi}_t$ 都是齐次线性方程组 $\boldsymbol{AX}=\mathbf{0}$ 的解，因此上式便是 $\boldsymbol{AX}=\mathbf{0}$ 的通解.

定义 3.18　齐次线性方程组的解集的一个最大无关组称为该齐次线性方程组的的基础解系.

显然，要求齐次线性方程组的通解，只需求出它的基础解系. 可用初等变换的方法求线性方程组的通解，也可以用同一种方法来求齐次线性方程组的基础解系.

设方程组 $\boldsymbol{AX}=\mathbf{0}$ 的系数矩阵 $\boldsymbol{A}$ 的秩为 r，并不妨设 $\boldsymbol{A}$ 的前 r 个列向量线性无关，于是 $\boldsymbol{A}$ 的行最简行矩阵为

$$\boldsymbol{B}=\begin{pmatrix} 1 & \cdots & 0 & b_{11} & \cdots & b_{1,n-r} \\ \vdots & \ddots & \vdots & \vdots & & \vdots \\ 0 & \cdots & 1 & b_{r1} & \cdots & b_{r,n-r} \\ 0 & \cdots & 0 & 0 & \cdots & 0 \\ \vdots & & \vdots & \vdots & & \vdots \\ 0 & \cdots & 0 & 0 & \cdots & 0 \end{pmatrix}$$

与 $\boldsymbol{B}$ 对应，即有方程组

$$\begin{cases} x_1=-b_{11}x_{r+1}-\cdots-b_{1,n-r}x_n, \\ \qquad\qquad\vdots \\ x_r=-b_{r1}x_{r+1}-\cdots-b_{r,n-r}x_n, \end{cases}$$

然后，分别取

$$\begin{pmatrix} x_{r+1} \\ x_{r+2} \\ \vdots \\ x_n \end{pmatrix}=\begin{pmatrix} 1 \\ 0 \\ \vdots \\ 0 \end{pmatrix},\ \begin{pmatrix} 0 \\ 1 \\ \vdots \\ 0 \end{pmatrix},\ \cdots,\ \begin{pmatrix} 0 \\ 0 \\ \vdots \\ 1 \end{pmatrix}.$$

理论上可以取任意 $n-r$ 个线性无关的 $n-r$ 维向量，上面的取法是为了使计算简便. 依次可得

$$\begin{pmatrix} x_1 \\ \vdots \\ x_r \end{pmatrix}=\begin{pmatrix} -b_{11} \\ \vdots \\ -b_{r1} \end{pmatrix},\ \begin{pmatrix} -b_{12} \\ \vdots \\ -b_{r2} \end{pmatrix},\ \cdots,\ \begin{pmatrix} -b_{1,n-r} \\ \vdots \\ -b_{r,n-r} \end{pmatrix},$$

合起来得基础解系

$$\boldsymbol{\xi}_1=\begin{pmatrix}-b_{11}\\ \vdots\\ -b_{r1}\\ 1\\ 0\\ \vdots\\ 0\end{pmatrix},\ \boldsymbol{\xi}_2=\begin{pmatrix}-b_{12}\\ \vdots\\ -b_{r2}\\ 0\\ 1\\ \vdots\\ 0\end{pmatrix},\ \cdots,\ \boldsymbol{\xi}_{n-r}=\begin{pmatrix}-b_{1,\ n-r}\\ \vdots\\ -b_{r,\ n-r}\\ 0\\ 0\\ \vdots\\ 1\end{pmatrix},$$

方程的通解 $\boldsymbol{x}=c_1\boldsymbol{\xi}_1+c_2\boldsymbol{\xi}_2+\cdots+c_{n-r}\boldsymbol{\xi}_{n-r}$.

由以上的讨论，还可推得以下定理.

定理 1　设 $m\times n$ 矩阵 $\boldsymbol{A}$ 的秩 $R(\boldsymbol{A})=r$，则 n 元齐次线性方程组 $\boldsymbol{AX}=\boldsymbol{0}$ 的解空间是一个线性空间，且其维数为 $n-r$.

当 $R(\boldsymbol{A})=n$ 时，方程组 $\boldsymbol{AX}=\boldsymbol{0}$ 只有零解，没有基础解系；当 $R(\boldsymbol{A})=r<n$ 时，由定理 1 知方程组 $\boldsymbol{AX}=\boldsymbol{0}$ 的基础解系含 $n-r$ 个向量. 由最大无关组的性质可知，方程组 $\boldsymbol{AX}=\boldsymbol{0}$ 的任何 $n-r$ 个线性无关的解都可构成它的基础解系. 因此，可知齐次线性方程组 $\boldsymbol{AX}=\boldsymbol{0}$ 的基础解系并不是唯一的，它的通解的形式也不是唯一的，但它的任意两个基础解系都是等价的.

例 1　求齐次线性方程组 $\begin{cases}x_1-2x_2+4x_3-7x_4=0,\\ 2x_1+x_2-2x_3+x_4=0,\\ 3x_1-x_2+2x_3-4x_4=0\end{cases}$ 的基础解系及通解.

解　齐次线性方程组增广矩阵的最后一列为零向量，初等行变换过程中永远为零向量，故不必写出. 只对系数矩阵进行初等行变换，直至变为行最简形.

$$\boldsymbol{A}=\begin{pmatrix}1&-2&4&-7\\ 2&1&-2&1\\ 3&-1&2&-4\end{pmatrix}\to\begin{pmatrix}1&-2&4&-7\\ 0&5&-10&15\\ 0&5&-10&17\end{pmatrix}\to\begin{pmatrix}1&-2&4&-7\\ 0&5&-10&15\\ 0&0&0&2\end{pmatrix}$$

$$\to\begin{pmatrix}1&-2&4&0\\ 0&1&-2&0\\ 0&0&0&1\end{pmatrix}\to\begin{pmatrix}1&0&0&0\\ 0&1&-2&0\\ 0&0&0&1\end{pmatrix}.$$

原方程组与 $\begin{cases}x_1=0,\\ x_2-2x_3=0,\\ x_4=0\end{cases}$ 同解.

取 x_3 为自由变量，取 $x_3=1$，得方程组的一个基础解系

$$\begin{pmatrix}0\\ 2\\ 1\\ 0\end{pmatrix},$$

于是方程组的通解为

$$X=k\begin{pmatrix}0\\2\\1\\0\end{pmatrix},\ k\in\mathbf{R}.$$

例 2　求齐次线性方程组$\begin{pmatrix}0&9&5&2\\1&5&3&1\\1&-4&-2&-1\\1&32&18&7\end{pmatrix}\begin{pmatrix}x_1\\x_2\\x_3\\x_4\end{pmatrix}=\begin{pmatrix}0\\0\\0\\0\end{pmatrix}$的通解.

解　$$A=\begin{pmatrix}0&9&5&2\\1&5&3&1\\1&-4&-2&-1\\1&32&18&7\end{pmatrix}\rightarrow\begin{pmatrix}1&-4&-2&-1\\1&5&3&1\\0&9&5&2\\1&32&18&7\end{pmatrix}\rightarrow\begin{pmatrix}1&-4&-2&-1\\0&9&5&2\\0&9&5&2\\0&36&20&8\end{pmatrix}$$

$$\rightarrow\begin{pmatrix}1&-4&-2&-1\\0&9&5&2\\0&0&0&0\\0&0&0&0\end{pmatrix}\rightarrow\begin{pmatrix}1&-4&-2&-1\\0&1&\frac{5}{9}&\frac{2}{9}\\0&0&0&0\\0&0&0&0\end{pmatrix}\rightarrow\begin{pmatrix}1&0&\frac{2}{9}&-\frac{1}{9}\\0&1&\frac{5}{9}&\frac{2}{9}\\0&0&0&0\\0&0&0&0\end{pmatrix}.$$

原方程组与$\begin{cases}x_1=-\frac{2}{9}x_3+\frac{1}{9}x_4,\\x_2=-\frac{5}{9}x_3-\frac{2}{9}x_4\end{cases}$同解，$x_3$，$x_4$为自由变量，取$\begin{pmatrix}x_3\\x_4\end{pmatrix}=\begin{pmatrix}9\\0\end{pmatrix}$和$\begin{pmatrix}0\\9\end{pmatrix}$，得基础解系

$$\begin{pmatrix}-2\\-5\\9\\0\end{pmatrix},\ \begin{pmatrix}1\\-2\\0\\9\end{pmatrix}.$$

方程组的通解为

$$X=k_1\begin{pmatrix}-2\\-5\\9\\0\end{pmatrix}+k_2\begin{pmatrix}1\\-2\\0\\9\end{pmatrix},\ k_1,\ k_2\in\mathbf{R}.$$

例 3　求齐次线性方程组$\begin{cases}3x_1-6x_2-4x_3+x_4=0,\\x_1-2x_2+2x_3-x_4=0,\\2x_1-4x_2-6x_3+2x_4=0,\\x_1-2x_2+7x_3-3x_4=0\end{cases}$的通解.

解

$$A=\begin{pmatrix}3&-6&-4&1\\1&-2&2&-1\\2&-4&-6&2\\1&-2&7&-3\end{pmatrix}\to\begin{pmatrix}1&-2&2&-1\\0&0&-10&4\\0&0&-10&4\\0&0&5&-2\end{pmatrix}\to\begin{pmatrix}1&-2&0&-\frac{1}{5}\\0&0&1&-\frac{2}{5}\\0&0&0&0\\0&0&0&0\end{pmatrix},$$

得与原方程组同解方程组$\begin{cases}x_1-2x_2-\frac{1}{5}x_4=0,\\-x_3-\frac{2}{5}x_4=0,\end{cases}$

$$\begin{cases}x_1=2x_2+\frac{1}{5}x_4,\\x_3=0x_2+\frac{2}{5}x_4.\end{cases}$$

$R(A)=2$，$n-r=2$，取 x_2，x_4 为自由未知量.

当 $x_2=1$，$x_4=0$；$x_2=0$，$x_4=5$ 时，得基础解系

$$\begin{pmatrix}2\\1\\0\\0\end{pmatrix},\ \begin{pmatrix}1\\0\\2\\5\end{pmatrix},$$

方程组的通解为

$$x=k_1\begin{pmatrix}2\\1\\0\\0\end{pmatrix}+k_2\begin{pmatrix}1\\0\\2\\5\end{pmatrix},\ k_1,\ k_2\in\mathbf{R}.$$

3.6.2　非齐次线性方程组解的结构

在非齐次线性方程组 $\boldsymbol{AX}=\boldsymbol{b}$ 中，取 $\boldsymbol{b}=\boldsymbol{0}$，所得到的齐次线性方程组 $\boldsymbol{AX}=\boldsymbol{0}$ 称为 $\boldsymbol{AX}=\boldsymbol{b}$ 的导出组.

对于非齐次线性方程组 $\boldsymbol{AX}=\boldsymbol{b}$，有如下性质.

性质 3　设 $\boldsymbol{x}=\boldsymbol{\eta}_1$，$\boldsymbol{x}=\boldsymbol{\eta}_2$ 都是方程组 $\boldsymbol{AX}=\boldsymbol{b}$ 的解，则 $\boldsymbol{x}=\boldsymbol{\eta}_1-\boldsymbol{\eta}_2$ 为导出组 $\boldsymbol{AX}=\boldsymbol{0}$ 的解.

因为 $\boldsymbol{A}(\boldsymbol{\eta}_1-\boldsymbol{\eta}_2)=\boldsymbol{A\eta}_1-\boldsymbol{A\eta}_2=\boldsymbol{b}-\boldsymbol{b}=\boldsymbol{0}$，所以 $\boldsymbol{x}=\boldsymbol{\eta}_1-\boldsymbol{\eta}_2$ 为导出组 $\boldsymbol{AX}=\boldsymbol{0}$ 的解.

性质 4　设 $\boldsymbol{x}=\boldsymbol{\eta}$ 是方程组 $\boldsymbol{AX}=\boldsymbol{b}$ 的解，$\boldsymbol{x}=\boldsymbol{\xi}$ 是导出组 $\boldsymbol{AX}=\boldsymbol{0}$ 的解，则 $\boldsymbol{x}=\boldsymbol{\eta}+\boldsymbol{\xi}$ 为方程组 $\boldsymbol{AX}=\boldsymbol{b}$ 的解.

因为 $\boldsymbol{A}(\boldsymbol{\eta}+\boldsymbol{\xi})=\boldsymbol{A\eta}+\boldsymbol{A\xi}=\boldsymbol{0}+\boldsymbol{b}=\boldsymbol{b}$，所以 $\boldsymbol{x}=\boldsymbol{\eta}+\boldsymbol{\xi}$ 为方程组 $\boldsymbol{AX}=\boldsymbol{b}$ 的解.

由性质 3 可知，若 $\boldsymbol{\eta}^*$ 是 $\boldsymbol{AX}=\boldsymbol{b}$ 的某个解，$\boldsymbol{x}$ 为 $\boldsymbol{AX}=\boldsymbol{b}$ 的任一解，则 $\boldsymbol{\xi}=\boldsymbol{x}-\boldsymbol{\eta}^*$ 是

其导出组 $\boldsymbol{AX}=\boldsymbol{0}$ 的解. 因此，方程组 $\boldsymbol{AX}=\boldsymbol{b}$ 任一解 $\boldsymbol{x}$ 总可以表示为 $\boldsymbol{x}=\boldsymbol{\eta}^*+\boldsymbol{\xi}$.

又若方程组 $\boldsymbol{AX}=\boldsymbol{0}$ 的通解为 $\boldsymbol{x}=c_1\boldsymbol{\xi}_1+c_2\boldsymbol{\xi}_2+\cdots+c_{n-r}\boldsymbol{\xi}_{n-r}$，则方程组 $\boldsymbol{AX}=\boldsymbol{b}$ 的任一解总可表示为

$$\boldsymbol{x}=c_1\boldsymbol{\xi}_1+c_2\boldsymbol{\xi}_2+\cdots+c_{n-r}\boldsymbol{\xi}_{n-r}+\boldsymbol{\eta}^*.$$

由性质 4 知，对任何实数 c_1，c_2，…，c_{n-r}，上式总是方程组 $\boldsymbol{AX}=\boldsymbol{b}$ 的解，于是方程组 $\boldsymbol{AX}=\boldsymbol{b}$ 的通解为

$$\boldsymbol{x}=c_1\boldsymbol{\xi}_1+c_2\boldsymbol{\xi}_2+\cdots+c_{n-r}\boldsymbol{\xi}_{n-r}+\boldsymbol{\eta}^* \quad (c_1,\ c_2,\ \cdots,\ c_{n-r}\ \text{为任意实数}).$$

其中，$\boldsymbol{\xi}_1$，…，$\boldsymbol{\xi}_{n-r}$ 是方程组 $\boldsymbol{AX}=\boldsymbol{0}$ 的基础解系.

由此可见，非齐次线性方程组的通解等于它的任意解(称为特解) 加上导出解的通解.

例 4 求非齐次线性方程组 $\begin{cases}2x_1+x_2-x_3+x_4=1,\\2x_1+x_2-x_3=1,\\4x_1+2x_2-2x_3-x_4=2\end{cases}$ 的通解.

解 对增广矩阵施行初等行变换

$$\overline{\boldsymbol{A}}=\begin{pmatrix}2&1&-1&1&1\\2&1&-1&0&1\\4&2&-2&-1&2\end{pmatrix}\to\begin{pmatrix}2&1&-1&1&1\\0&0&0&-1&0\\0&0&0&-3&0\end{pmatrix}\to\begin{pmatrix}1&\frac{1}{2}&-\frac{1}{2}&0&\frac{1}{2}\\0&0&0&1&0\\0&0&0&0&0\end{pmatrix},$$

与原方程组同解的方程组为 $\begin{cases}x_1=-\frac{1}{2}x_2+\frac{1}{2}x_3+\frac{1}{2},\\x_4=0.\end{cases}$

令 $x_2=0$；$x_3=0$ 原方程组的特解，得

$$\boldsymbol{\eta}=\begin{pmatrix}\frac{1}{2}\\0\\0\\0\end{pmatrix}.$$

令自由变量 $x_2=2$，$x_3=0$；$x_2=0$，$x_3=2$；原方程组对应的齐次方程组的基础解系为

$$\begin{pmatrix}-1\\2\\0\\0\end{pmatrix},\ \begin{pmatrix}1\\0\\2\\0\end{pmatrix}.$$

所以，原方程组的通解为

$$\boldsymbol{X}=\begin{pmatrix}\frac{1}{2}\\0\\0\\0\end{pmatrix}+k_1\begin{pmatrix}-1\\2\\0\\0\end{pmatrix}+k_2\begin{pmatrix}1\\0\\2\\0\end{pmatrix},\ k_1,\ k_2\in\mathbf{R}.$$

例 5 解非齐次线性方程组$\begin{pmatrix}2 & 7 & 3 & 1\\1 & 3 & -1 & 1\\7 & -3 & -2 & 6\end{pmatrix}\begin{pmatrix}x_1\\x_2\\x_3\\x_4\end{pmatrix}=\begin{pmatrix}6\\-2\\-4\end{pmatrix}$.

解　对增广矩阵施行初等行变换

$$\overline{\boldsymbol{A}}=\begin{pmatrix}2 & 7 & 3 & 1 & 6\\1 & 3 & -1 & 1 & -2\\7 & -3 & -2 & 6 & -4\end{pmatrix}\to\begin{pmatrix}1 & 3 & -1 & 1 & -2\\2 & 7 & 3 & 1 & 6\\7 & -3 & -2 & 6 & -4\end{pmatrix}$$

$$\to\begin{pmatrix}1 & 3 & -1 & 1 & -2\\0 & 1 & 5 & -1 & 10\\0 & -24 & 5 & -1 & 10\end{pmatrix}\to\begin{pmatrix}1 & 0 & -16 & 4 & -32\\0 & 1 & -5 & 1 & -10\\0 & -25 & 0 & 0 & 0\end{pmatrix}$$

$$\to\begin{pmatrix}1 & 0 & -16 & 4 & -32\\0 & 0 & 1 & -\frac{1}{5} & 2\\0 & 1 & 0 & 0 & 0\end{pmatrix}\to\begin{pmatrix}1 & 0 & 0 & \frac{4}{5} & 0\\0 & 1 & 0 & 0 & 0\\0 & 0 & 1 & -\frac{1}{5} & 2\end{pmatrix}.$$

原方程组与$\begin{cases}x_1=-\frac{4}{5}x_4,\\x_2=0,\\x_3=\frac{1}{5}x_4+2\end{cases}$同解.

原方程组的特解：为令 $x_4=0$，解得

$$\boldsymbol{\eta}=\begin{pmatrix}0\\0\\2\\0\end{pmatrix}.$$

原方程组对应的齐次方程组的基础解系．令自由变量 $x_4=5$，得

$$\begin{pmatrix}-4\\0\\1\\5\end{pmatrix},$$

所以，原方程组的通解为

$$\boldsymbol{X}=\begin{pmatrix}0\\0\\2\\0\end{pmatrix}+k\begin{pmatrix}-4\\0\\1\\5\end{pmatrix},\ k\in\mathbf{R}.$$

例 6 λ 取何值，线性方程组 $\begin{cases}x_1+x_2+x_3=\lambda,\\ \lambda x_1+x_2+x_3=1,\\ x_1+x_2+\lambda x_3=1\end{cases}$ 有唯一解、有无穷多解、无解？有解求出其解.

解 $$\overline{A}=\left(\begin{array}{ccc|c}1 & 1 & 1 & \lambda\\ \lambda & 1 & 1 & 1\\ 1 & 1 & \lambda & 1\end{array}\right)\longrightarrow\left(\begin{array}{ccc|c}1 & 1 & 1 & \lambda\\ 0 & 1-\lambda & 1-\lambda & 1-\lambda^2\\ 0 & 0 & \lambda-1 & 1-\lambda\end{array}\right).$$

(1) 当 $\lambda\neq 1$ 时，方程组有唯一解

$$\begin{cases}x_1=-1,\\ x_2=\lambda+2,\\ x_3=-1.\end{cases}$$

(2) 当 $\lambda=1$，方程组有无穷多个解，它的同解方程为 $x_1+x_2+x_3=1$. 于是方程组的通解为

$$\boldsymbol{X}=(1,\ 0,\ 0)^{\mathrm{T}}+k_1(-1,\ 1,\ 0)^{\mathrm{T}}+k_2(-1,\ 0,\ 1)^{\mathrm{T}},\ k_1,\ k_2\in\mathbf{R}.$$

习题 3

1. 将下列各题中的向量 $\boldsymbol{\beta}$ 表示为其他向量的线性组合.

(1) $\boldsymbol{\beta}=(4,\ -1,\ 5,\ 1)^{\mathrm{T}}$，$\boldsymbol{\alpha}_1=(2,\ 0,\ 0,\ 0)^{\mathrm{T}}$，$\boldsymbol{\alpha}_2=(0,\ 1,\ 0,\ 0)^{\mathrm{T}}$，$\boldsymbol{\alpha}_3=(0,\ 0,\ 3,\ 0)^{\mathrm{T}}$，$\boldsymbol{\alpha}_4=\left(0,\ 0,\ 0,\ \dfrac{1}{2}\right)^{\mathrm{T}}$；

(2) $\boldsymbol{\beta}=(3,\ 5,\ -6)^{\mathrm{T}}$，$\boldsymbol{\alpha}_1=(1,\ 0,\ 1)^{\mathrm{T}}$，$\boldsymbol{\alpha}_2=(1,\ 1,\ 1)^{\mathrm{T}}$，$\boldsymbol{\alpha}_3=(0,\ -1,\ -1)^{\mathrm{T}}$.

2. 设 $\boldsymbol{\alpha}_1=(1,\ 1,\ 1)^{\mathrm{T}}$，$\boldsymbol{\alpha}_2=(-1,\ 2,\ 1)^{\mathrm{T}}$，$\boldsymbol{\alpha}_3=(2,\ 3,\ 4)^{\mathrm{T}}$，求 $\boldsymbol{\beta}=3\boldsymbol{\alpha}_1+2\boldsymbol{\alpha}_2-\boldsymbol{\alpha}_3$.

3. 设 $3(\boldsymbol{\alpha}_1-\boldsymbol{\alpha})+2(\boldsymbol{\alpha}_2+\boldsymbol{\alpha})=5(\boldsymbol{\alpha}_3+\boldsymbol{\alpha})$，求 $\boldsymbol{\alpha}$，其中 $\boldsymbol{\alpha}_1=(2,\ 5,\ 1,\ 3)^{\mathrm{T}}$，$\boldsymbol{\alpha}_2=(10,\ 1,\ 5,\ 10)^{\mathrm{T}}$，$\boldsymbol{\alpha}_3=(4,\ 1,\ -1,\ 1)^{\mathrm{T}}$.

4. 判断下列向量组是线性相关还是线性无关.

(1) $\boldsymbol{\alpha}_1=(2,\ 1,\ 1)^{\mathrm{T}}$，$\boldsymbol{\alpha}_2=(1,\ 2,\ -1)^{\mathrm{T}}$，$\boldsymbol{\alpha}_3=(-2,\ 3,\ 0)^{\mathrm{T}}$；

(2) $\boldsymbol{\alpha}_1=(2,\ 1,\ -1)^{\mathrm{T}}$，$\boldsymbol{\alpha}_2=(1,\ -1,\ 1)^{\mathrm{T}}$，$\boldsymbol{\alpha}_3=(-1,\ 1,\ 2)^{\mathrm{T}}$；

(3) $\boldsymbol{\alpha}_1=(1,\ 1,\ 1,\ 1)^{\mathrm{T}}$，$\boldsymbol{\alpha}_2=(1,\ 1,\ -1,\ -1)^{\mathrm{T}}$，$\boldsymbol{\alpha}_3=(1,\ -1,\ 1,\ -1)^{\mathrm{T}}$；

(4) $\boldsymbol{\alpha}_1=(a_{11},\ 0,\ \cdots,\ 0)^{\mathrm{T}}\boldsymbol{\alpha}_2=(0,\ a_{22},\ \cdots,\ 0)^{\mathrm{T}}$，$\cdots$，$\boldsymbol{\alpha}_n=(0,\ 0,\ \cdots,\ a_{nn})^{\mathrm{T}}$，$(a_{ii}\neq 0;\ i=1,\ 2,\ \cdots,\ n)$.

5. 已知向量组 $\boldsymbol{\alpha}_1=(k,\ 2,\ 1)^{\mathrm{T}}$，$\boldsymbol{\alpha}_2=(2,\ k,\ 0)^{\mathrm{T}}$，$\boldsymbol{\alpha}_3=(1,\ -1,\ 1)^{\mathrm{T}}$，试求 k 为何值时，向量组 $\boldsymbol{\alpha}_1$，$\boldsymbol{\alpha}_2$，$\boldsymbol{\alpha}_3$ 线性相关？k 为何值时，向量组线性无关？

6. 下列命题是否正确？证明或举反例.

(1) 若存在一组全为零的数 k_1，k_2 使 $k_1\boldsymbol{\alpha}_1+k_2\boldsymbol{\alpha}_2=\mathbf{0}$，则 $\boldsymbol{\alpha}_1$，$\boldsymbol{\alpha}_2$ 线性无关；

(2) 若 $\boldsymbol{\alpha}_1$，$\boldsymbol{\alpha}_2$ 线性无关，且 $\boldsymbol{\beta}$ 不能由 $\boldsymbol{\alpha}_1$，$\boldsymbol{\alpha}_2$ 线性表示，则 n 维向量组 $\boldsymbol{\alpha}_1$，$\boldsymbol{\alpha}_2$，$\boldsymbol{\beta}$ 线性无关；

(3) 若向量组 $\boldsymbol{\alpha}_1$，$\boldsymbol{\alpha}_2$，$\boldsymbol{\alpha}_3$ 线性相关，则 $\boldsymbol{\alpha}_1$，$\boldsymbol{\alpha}_2$，$\boldsymbol{\alpha}_3$ 任一向量都可由其余两个向量线性表示；

(4) 若向量组 $\boldsymbol{\alpha}_1$，$\boldsymbol{\alpha}_2$，$\boldsymbol{\alpha}_3$ 中任两个向量都线性无关，则 $\boldsymbol{\alpha}_1$，$\boldsymbol{\alpha}_2$，$\boldsymbol{\alpha}_3$ 也线性无关；

(5) 设有一组数 k_1，k_2，k_3，使 $k_1\boldsymbol{\alpha}_1+k_2\boldsymbol{\alpha}_2+k_3\boldsymbol{\alpha}_3=\boldsymbol{0}$，且 $\boldsymbol{\alpha}_3$ 可由 $\boldsymbol{\alpha}_1$，$\boldsymbol{\alpha}_2$ 线性表示，则 $k_3\neq 0$；

(6) 若 $\boldsymbol{\beta}$ 不表示为 $\boldsymbol{\alpha}_1$，$\boldsymbol{\alpha}_2$ 的线性组合，则向量组 $\boldsymbol{\alpha}_1$，$\boldsymbol{\alpha}_2$，$\boldsymbol{\beta}$ 线性无关；

(7) 若向量组 $\boldsymbol{\alpha}_1$，$\boldsymbol{\alpha}_2$，$\boldsymbol{\alpha}_3$ 线性无关，则向量 $\boldsymbol{\alpha}_1$，$\boldsymbol{\alpha}_2$ 线性无关；

(8) 若向量组 $\boldsymbol{\alpha}_1$，$\boldsymbol{\alpha}_2$，…，$\boldsymbol{\alpha}_s$ 能由 $\boldsymbol{\beta}_1$，$\boldsymbol{\beta}_2$，…，$\boldsymbol{\beta}_t$ 线性表示，且 $s>t$，则 $\boldsymbol{\alpha}_1$，$\boldsymbol{\alpha}_2$，…，$\boldsymbol{\alpha}_s$ 线性无关.

7. 设向量组 $\boldsymbol{\alpha}_1$，$\boldsymbol{\alpha}_2$，$\boldsymbol{\alpha}_3$ 线性无关，$\boldsymbol{\beta}_1=\boldsymbol{\alpha}_1+\boldsymbol{\alpha}_2$，$\boldsymbol{\beta}_2=\boldsymbol{\alpha}_2+\boldsymbol{\alpha}_3$，$\boldsymbol{\beta}_3=\boldsymbol{\alpha}_1+\boldsymbol{\alpha}_3$，证明：向量组 $\boldsymbol{\beta}_1$，$\boldsymbol{\beta}_2$，$\boldsymbol{\beta}_3$ 也线性无关.

8. 已知 $\boldsymbol{\alpha}_1$，$\boldsymbol{\alpha}_2$，$\boldsymbol{\alpha}_3$，$\boldsymbol{\beta}$ 线性无关，令 $\boldsymbol{\beta}_1=\boldsymbol{\alpha}_1+\boldsymbol{\beta}$，$\boldsymbol{\beta}_2=\boldsymbol{\alpha}_2+2\boldsymbol{\beta}$，$\boldsymbol{\beta}_3=\boldsymbol{\alpha}_3+3\boldsymbol{\beta}$，试证 $\boldsymbol{\beta}_1$，$\boldsymbol{\beta}_2$，$\boldsymbol{\beta}_3$，$\boldsymbol{\beta}$ 线性无关.

9. 设 $\boldsymbol{\alpha}$ 可由 $\boldsymbol{\alpha}_1$，$\boldsymbol{\alpha}_2$，$\boldsymbol{\alpha}_3$ 线性表示，但 $\boldsymbol{\alpha}$ 不能由 $\boldsymbol{\alpha}_2$，$\boldsymbol{\alpha}_3$ 线性表示，试证 $\boldsymbol{\alpha}_1$ 可由 $\boldsymbol{\alpha}$，$\boldsymbol{\alpha}_2$，$\boldsymbol{\alpha}_3$ 线性表示.

10. 设 $\boldsymbol{\beta}$ 可由 $\boldsymbol{\alpha}_1$，$\boldsymbol{\alpha}_2$，$\boldsymbol{\alpha}_3$ 线性表示，且表达式唯一，试证 $\boldsymbol{\alpha}_1$，$\boldsymbol{\alpha}_2$，$\boldsymbol{\alpha}_3$ 线性无关.

11. 求(1) 向量组的秩；(2) 向量组的一个极大无关组；(3) 用(2) 中选定的极大无关组表示该向量组中的其余向量.

(1) $\boldsymbol{\alpha}_1=(2,4,2)^{\mathrm{T}}$，$\boldsymbol{\alpha}_2=(1,1,0)^{\mathrm{T}}$，$\boldsymbol{\alpha}_3=(2,3,1)^{\mathrm{T}}$，$\boldsymbol{\alpha}_4=(3,5,2)^{\mathrm{T}}$；

(2) $\boldsymbol{\alpha}_1=(1,1,3,1)^{\mathrm{T}}$，$\boldsymbol{\alpha}_2=(-1,1,-1,3)^{\mathrm{T}}$，$\boldsymbol{\alpha}_3=(5,-2,8,-9)^{\mathrm{T}}$，$\boldsymbol{\alpha}_4=(-1,3,1,7)^{\mathrm{T}}$；

(3) $\boldsymbol{\alpha}_1=(1,1,2,3)^{\mathrm{T}}$，$\boldsymbol{\alpha}_2=(1,-1,1,1)^{\mathrm{T}}$，$\boldsymbol{\alpha}_3=(1,3,3,5)^{\mathrm{T}}$，$\boldsymbol{\alpha}_4=(4,-2,5,6)^{\mathrm{T}}$，$\boldsymbol{\alpha}_5=(-3,-1,-5,-7)^{\mathrm{T}}$.

12. $\mathbf{R}^4$ 的子集

$$V_1=\{x=(x_1,x_2,x_3,x_4)^{\mathrm{T}}\mid x_1+2x_2+3x_3+4x_4=0\},$$

$$V_2=\{x=(x_1,x_2,x_3,x_4)^{\mathrm{T}}\mid x_1-x_2+x_3-x_4=0\},$$

$\mathbf{R}^n$ 的子集

$$V_3=\{x=(x_1,x_2,\cdots,x_n)^{\mathrm{T}}\mid x_1,x_2,\cdots,x_n\in\mathbf{R},\ \text{满足}\ x_1+x_2+\cdots+x_n=0\},$$

$$V_4=\{x=(x_1,x_2,\cdots,x_n)^{\mathrm{T}}\mid x_1,x_2,\cdots,x_n\in\mathbf{R},\ \text{满足}\ x_1+x_2+\cdots+x_n=1\},$$

是不是向量空间？请说明理由.

13. 由 $\boldsymbol{\alpha}_1=(1,2,1,0)^{\mathrm{T}}$，$\boldsymbol{\alpha}_2=(1,0,1,0)^{\mathrm{T}}$ 所生成的向量空间记作 V_1，由 $\boldsymbol{\beta}_1=(0,1,0,0)^{\mathrm{T}}$，$\boldsymbol{\beta}_2=(3,0,3,0)^{\mathrm{T}}$ 所生成的向量空间记作 V_2，证明 $V_1=V_2$.

14. 设 $\boldsymbol{\alpha}_1=(1,2,1)^{\mathrm{T}}$，$\boldsymbol{\alpha}_2=(2,3,3)^{\mathrm{T}}$，$\boldsymbol{\alpha}_3=(3,7,1)^{\mathrm{T}}$；$\boldsymbol{\beta}_1=(3,1,$

4)^{T}，$\boldsymbol{\beta}_2=(5,\ 2,\ 1)^{T}$，$\boldsymbol{\beta}_3=(1,\ 1,\ -6)^{T}$，

(1) 验证 $\boldsymbol{\alpha}_1$，$\boldsymbol{\alpha}_2$，$\boldsymbol{\alpha}_3$；$\boldsymbol{\beta}_1$，$\boldsymbol{\beta}_2$，$\boldsymbol{\beta}_3$ 都是 $\mathbf{R}^3$ 的基；

(2) 求向量$(0,\ -2,\ 3)^{T}$ 在这两组基下的坐标.

15. 已知 $\mathbf{R}^3$ 的两组基为 $\boldsymbol{\alpha}_1=(1,\ 1,\ 1)^{T}$，$\boldsymbol{\alpha}_2=(1,\ 0,\ -1)^{T}$，$\boldsymbol{\alpha}_3=(1,\ 0,\ 1)^{T}$ 及 $\boldsymbol{\beta}_1=(1,\ 2,\ 1)^{T}$，$\boldsymbol{\beta}_2=(2,\ 3,\ 4)^{T}$，$\boldsymbol{\beta}_3=(3,\ 4,\ 3)^{T}$，求由基 $\boldsymbol{\alpha}_1$，$\boldsymbol{\alpha}_2$，$\boldsymbol{\alpha}_3$ 到基 $\boldsymbol{\beta}_1$，$\boldsymbol{\beta}_2$，$\boldsymbol{\beta}_3$ 的过渡矩阵.

16. 设 $\boldsymbol{\alpha}_1=(-1,\ 0,\ 1,\ 2)^{T}$，$\boldsymbol{\alpha}_2=(0,\ k,\ -1,\ 1)^{T}$，$\boldsymbol{\alpha}_3=(-2,\ 1,\ 15)^{T}$，$\mathbf{V}=(\alpha_1,\ \alpha_2,\ \alpha_3)$，$\boldsymbol{\xi}=(8,\ 4,\ -5,\ -19)$

(1)k 为何值时，维$(\mathbf{V})=2$.

(2) 设 $k=2$(这时维$(\mathbf{V})=3$)，求 ξ 在基 $\boldsymbol{\alpha}_1$，$\boldsymbol{\alpha}_2$，$\boldsymbol{\alpha}_3$ 下的坐标.

17. 试证由向量 $\boldsymbol{\alpha}_1=(1,\ 0,\ 0)^{T}$，$\boldsymbol{\alpha}_2=(1,\ 1,\ 0)^{T}$，$\boldsymbol{\alpha}_3=(1,\ 12)^{T}$ 所生成的向量空间就是 $\mathbf{R}^3$.

18. 计算向量 $\boldsymbol{\alpha}$ 与 $\boldsymbol{\beta}$ 的内积.

(1)$\boldsymbol{\alpha}=(1,\ -2,\ 1)$，$\boldsymbol{\beta}=(0,\ 1,\ 0)$；(2)$\boldsymbol{\alpha}=(2,\ -2,\ 1,\ 4)^{T}$，$\boldsymbol{\beta}=(-1,\ 2,\ -2,\ 1)^{T}$.

19. 求下列向量组所构成的标准正交基.

(1) $\boldsymbol{\alpha}_1=(2,\ 0)^{T}$，$\boldsymbol{\alpha}_2=(1,\ 1)^{T}$；

(2) $\boldsymbol{\alpha}_1=(3,\ 4)^{T}$，$\boldsymbol{\alpha}_2=(2,\ 3)^{T}$；

(3) $\boldsymbol{\alpha}_1=(2,\ 0,\ 0)^{T}$，$\boldsymbol{\alpha}_2=(0,\ 1,\ 1)^{T}$，$\boldsymbol{\alpha}_3=(5,\ 6,\ 0)^{T}$；

(4) $\boldsymbol{\alpha}_1=(1,\ 2,\ 2,\ -1)^{T}$，$\boldsymbol{\alpha}_2=(1,\ 1,\ -5,\ 3)^{T}$，$\boldsymbol{\alpha}_3=(3,\ 2,\ 8,\ 7)^{T}$.

20. 在四维空间中找出一个单位向量 $\boldsymbol{\alpha}$ 与下列向量都正交.

$\boldsymbol{\alpha}_1=(1,\ 1,\ -1,\ 1)^{T}$，$\boldsymbol{\alpha}_2=(1,\ -1,\ -1,\ 1)^{T}$，$\boldsymbol{\alpha}_3=(2,\ 1,\ 1,\ 3)^{T}$.

21. 下列矩阵是不是正交矩阵？若是，求出其逆矩阵.

(1) $\begin{pmatrix} 1 & -\frac{1}{2} & \frac{1}{3} \\ -\frac{1}{2} & 1 & \frac{1}{2} \\ \frac{1}{3} & \frac{1}{2} & 1 \end{pmatrix}$；　　(2) $\begin{pmatrix} \frac{1}{9} & -\frac{8}{9} & -\frac{4}{9} \\ -\frac{8}{9} & \frac{1}{9} & -\frac{4}{9} \\ -\frac{4}{9} & -\frac{4}{9} & \frac{7}{9} \end{pmatrix}$.

22. 设 $\boldsymbol{\alpha}=(1,\ 0,\ -1,\ 3)^{T}$，$\boldsymbol{\beta}=(1,\ 5,\ 1,\ 0)^{T}$，$\boldsymbol{\gamma}=(4,\ 1,\ -1,\ 2)^{T}$，

(1) $\boldsymbol{\alpha}$ 与 $\boldsymbol{\beta}$ 是否正交？$\boldsymbol{\alpha}$ 与 $\boldsymbol{\gamma}$ 是否正交？

(2) 求与 $\boldsymbol{\alpha}$，$\boldsymbol{\beta}$，$\boldsymbol{\gamma}$ 都正交的所有向量.

(3) 求与 $\boldsymbol{\alpha}$，$\boldsymbol{\gamma}$ 等价的一个标准正交向量组.

23. 设 $\mathbf{A}=\begin{pmatrix} \frac{1}{2} & a \\ b & c \end{pmatrix}$ 是正交矩阵，且 $a>0$，$b>0$，求 a，b，c.

24. 证明：n 维向量组 $\boldsymbol{\alpha}_1$，$\boldsymbol{\alpha}_2$，…，$\boldsymbol{\alpha}_n$ 线性无关的充要条件是任一 n 维向量都能由 $\boldsymbol{\alpha}_1$，$\boldsymbol{\alpha}_2$，…，$\boldsymbol{\alpha}_n$ 线性表示.

25. 设一线性方程组的增广矩阵为$\left(\begin{array}{ccc|c} 1 & 2 & -1 & 0 \\ 0 & -5 & 3 & 0 \\ -1 & 4 & \beta & 0 \end{array}\right)$.

(1) 此方程有可能无解吗？说明理由.

(2) β 取何值时方程组有无穷多个解？

26. 讨论下列阶梯形矩阵为增广矩阵的线性方程组时是否有解．如有解，区分是唯一解还是无穷多解.

(1) $\left(\begin{array}{ccc|c} -1 & 2 & -3 & 0 \\ 0 & 0 & 2 & -3 \\ 0 & 0 & 0 & 0 \end{array}\right)$；　　(2) $\left(\begin{array}{ccc|c} 1 & -3 & 2 & -1 \\ 0 & 2 & 0 & 3 \\ 0 & 0 & 1 & 4 \end{array}\right)$.

27. 求 λ 的值，使得方程组$\begin{cases} (\lambda-2)x+y=0, \\ -x+(\lambda-2)y=0 \end{cases}$有非零解.

28. 若线性方程组$\begin{cases} x_1+x_2=-a_1, \\ x_2+x_3=a_2, \\ x_3+x_4=-a_3, \\ x_4+x_1=a_4 \end{cases}$有解，则常数 a_1，a_2，a_3，a_4 应满足什么条件？

29. 问 λ，μ 取何值时，齐次线性方程组$\begin{cases} \lambda x_1+x_2+x_3=0, \\ x_1+\mu x_2+x_3=0, \\ x_1+2\mu x_2+x_3=0 \end{cases}$有非零解？

30. 讨论 λ 取何值，线性方程组$\begin{cases} \lambda x_1+x_2+x_3=1, \\ x_1+\lambda x_2+x_3=\lambda, \\ x_1+x_2+\lambda x_3=\lambda^2 \end{cases}$有唯一解、有无穷多解、无解？有解求出其解.

31. 设 $\boldsymbol{\eta}_1$，$\boldsymbol{\eta}_2$，…，$\boldsymbol{\eta}_m$ 都是非齐次线性方程组 $\boldsymbol{AX}=\boldsymbol{b}$ 的解向量，令 $\boldsymbol{\eta}=k_1\boldsymbol{\eta}_1+k_2\boldsymbol{\eta}_2+\cdots+k_m\boldsymbol{\eta}_m$. 试证：

(1) 若 $k_1+k_2+\cdots+k_m=0$，则 $\boldsymbol{\eta}$ 是 $\boldsymbol{AX}=\boldsymbol{b}$ 的导出组的解向量；

(2) 若 $k_1+k_2+\cdots+k_m=1$，则 $\boldsymbol{\eta}$ 也是 $\boldsymbol{AX}=\boldsymbol{b}$ 的解向量.

32. 设 $\boldsymbol{A}$ 为 4 阶方阵，$R(\boldsymbol{A})=3$，$\boldsymbol{\alpha}_1$，$\boldsymbol{\alpha}_2$，$\boldsymbol{\alpha}_3$ 都是非齐次线性方程组 $\boldsymbol{AX}=\boldsymbol{b}$ 的解向量，其中

$$\boldsymbol{\alpha}_1+2\boldsymbol{\alpha}_2=\begin{pmatrix} 1 \\ 9 \\ 9 \\ 4 \end{pmatrix},\quad 2\boldsymbol{\alpha}_2+4\boldsymbol{\alpha}_3=\begin{pmatrix} 1 \\ 8 \\ 8 \\ 4 \end{pmatrix}.$$

(1) 求 $\boldsymbol{AX}=\boldsymbol{b}$ 的导出组 $\boldsymbol{AX}=\boldsymbol{0}$ 的一个基础解系；

(2) 求 $\boldsymbol{AX}=\boldsymbol{b}$ 的通解.

33. 求下列齐次线性方程组的基础解系及通解.

(1) $\begin{cases} x_1-2x_2+x_3-x_4+x_5=0, \\ 2x_1+x_2-x_3+2x_4-3x_5=0, \\ 3x_1-2x_2-x_3+x_4-2x_5=0, \\ 2x_1-5x_2+x_3-2x_4+2x_5=0; \end{cases}$

(2) $\begin{cases} x_1-2x_2+x_3+x_4-x_5=0, \\ 2x_1-x_2-x_3-x_4+x_5=0, \\ x_1+7x_2-5x_3-5x_4+5x_5=0, \\ 3x_1-x_2-2x_3+x_4-x_5=0; \end{cases}$

(3) $\begin{cases} 3x_1+2x_2+3x_3-2x_4=0, \\ 2x_1+x_2+x_3-x_4=0, \\ 2x_1+2x_2+x_3+2x_4=0; \end{cases}$

(4) $\begin{cases} x_1+x_2=0, \\ 2x_1+3x_2+x_3+x_4=0, \\ 2x_1+2x_2+2x_3+x_4=0. \end{cases}$

34. 求下列非齐次线性方程组的通解.

(1) $\begin{cases} 2x_1+x_2-x_3-x_4=1, \\ x_1-3x_2+2x_3-4x_4=3, \\ x_1+4x_2-3x_3+5x_4=-2; \end{cases}$

(2) $\begin{cases} 3x_1+4x_2+x_3+2x_4=3, \\ 6x_1+8x_2+2x_3+5x_4=7, \\ 9x_1+12x_2+3x_3+10x_4=13; \end{cases}$

(3) $\begin{cases} 2x_1+x_2-x_3+x_4=1, \\ x_1+\dfrac{1}{2}x_2-\dfrac{1}{2}x_3-\dfrac{1}{2}x_4=\dfrac{1}{2}, \\ 4x_1+2x_2-2x_3+2x_4=2; \end{cases}$

(4) $\begin{pmatrix} 1 & 3 & 5 & -4 & 0 \\ 1 & 3 & 2 & -2 & 1 \\ 1 & -2 & 1 & -1 & -1 \\ 1 & 2 & 1 & -1 & -1 \end{pmatrix}\begin{pmatrix} x_1 \\ x_2 \\ x_3 \\ x_4 \\ x_5 \end{pmatrix}=\begin{pmatrix} 1 \\ -1 \\ 3 \\ 3 \end{pmatrix}$;

(5) $\begin{cases} 2x+y-z+w=1, \\ 4x+2y-2z+w=2, \\ 2x+y-z-w=1; \end{cases}$

(6) $\begin{cases} 2x+y-z+w=1, \\ 3x-2y+z-3w=4, \\ x+4y-3z+5w=-2. \end{cases}$

35. 设方程组$\begin{cases}a_{11}x_1+a_{12}x_2+\cdots+a_{1n}x_n=0,\\a_{21}x_1+a_{22}x_2+\cdots+a_{2n}x_n=0,\\ \qquad\vdots\\a_{n1}x_1+a_{n2}x_2+\cdots+a_{nn}x_n=0\end{cases}$系数矩阵 $\boldsymbol{A}$ 的秩为 $n-1$，而 $\boldsymbol{A}$ 中某个元素 a_{ij} 的代数余子式 $A_{ij}\neq 0$，试证 $(A_{11}, A_{12}, \cdots, A_{1n})$ 是该方程组的基础解系.

37. 设 $\boldsymbol{x}=\boldsymbol{\eta}$ 是非齐次方程组 $\boldsymbol{AX}=\boldsymbol{b}$ 的一个解向量，$\boldsymbol{\xi}_1$，$\boldsymbol{\xi}_2$，…，$\boldsymbol{\xi}_{n-r}$ 是 $\boldsymbol{AX}=\boldsymbol{b}$ 的导出组的基础解系，证明：

(1) $\boldsymbol{\xi}_1$，$\boldsymbol{\xi}_2$，…，$\boldsymbol{\xi}_{n-r}$，$\boldsymbol{\eta}$ 线性无关；

(2) $\boldsymbol{\eta}$，$\boldsymbol{\xi}_1+\boldsymbol{\eta}$，$\boldsymbol{\xi}_2+\boldsymbol{\eta}$，…，$\boldsymbol{\xi}_{n-r}+\boldsymbol{\eta}$ 是 $\boldsymbol{AX}=\boldsymbol{b}$ 的 $\boldsymbol{n}-\boldsymbol{r}+1$ 个线性无关的解向量.

38. 设 $\boldsymbol{A}$ 是 $m\times n$ 矩阵，试证 $\boldsymbol{A}$ 的秩是 m 的充要条件是：对任意的 $m\times 1$ 矩阵 $\boldsymbol{b}$，方程 $\boldsymbol{AX}=\boldsymbol{b}$ 总有解.

第 4 章　矩阵的特征值、特征向量与二次型

本章导读

本章主要讨论方阵的特征值与特征向量，矩阵在相似意义下化为对角形，实对称矩阵对角化，用正交变换化二次型为标准形等问题.

本章重点

- 了解特征值与特征向量的概念及性质.
- 会求解特征值和特征向量.
- 熟悉二次型及其标准型.

素质目标

- 鼓励学生阅读相关数学书籍，提高数学文化修养.
- 要善于应变、善于预测、处事果断，能对复杂情况进行决策.

4.1　特征值与特征向量

特征值与特征向量的概念刻画了方阵的一些本质特征. 在几何学、力学、常微分方程动力系统、管理工程及经济应用等方面都有着广泛的应用. 如震动问题和稳定性问题、最大值与最小值问题，常常可以归结为求一个方阵的特征值和特征向量的问题. 数学中诸如方阵的对角化即解微分方程组的问题，也是要用到特征值理论的.

定义 4.1　设 $\boldsymbol{A}$ 是 n 阶矩阵，如果存在数 λ 和 n 维非零向量 $\boldsymbol{x}$，使关系式

$$\boldsymbol{A}\boldsymbol{x}=\lambda \boldsymbol{x} \tag{4.1}$$

成立，那么，这样的数 λ 称为方阵 $\boldsymbol{A}$ 的特征值，非零向量 x 称为方阵 $\boldsymbol{A}$ 的对应于特征值 λ 的特征向量.

可以将关系式 $\boldsymbol{A}\boldsymbol{x}=\lambda\boldsymbol{x}$ 写成 $(\boldsymbol{A}-\lambda\boldsymbol{E})\boldsymbol{x}=\boldsymbol{0}$.

这个 n 元线性方程组有非零解的充要条件是：系数行列式 $|\boldsymbol{A}-\lambda\boldsymbol{E}|=0$. 方程组 (4.1) 是以 λ 为未知数的一元 n 次方程，称为方阵 $\boldsymbol{A}$ 的特征方程. $|\boldsymbol{A}-\lambda\boldsymbol{E}|$ 是 λ 的 n 次

多项式，记作 $f(\lambda)$，称为方阵 $\boldsymbol{A}$ 的特征多项式．显然，$\boldsymbol{A}$ 的特征值就是特征方程的解．

例 1 求矩阵 $\boldsymbol{A}=\begin{pmatrix}2&1\\1&2\end{pmatrix}$ 的特征值和特征向量．

解　$\boldsymbol{A}$ 的特征多项式

$$|\lambda\boldsymbol{E}-\boldsymbol{A}|=\begin{vmatrix}2-\lambda&1\\1&2-\lambda\end{vmatrix}=(2-\lambda)^2-1=(3-\lambda)(1-\lambda)=0,$$

所以 $\boldsymbol{A}$ 的特征值为 $\lambda_1=1$，$\lambda_2=3$．

当 $\lambda_1=1$ 时，对应的特征向量满足 $(\boldsymbol{E}-\boldsymbol{A})\boldsymbol{x}=\boldsymbol{0}$，即 $\begin{pmatrix}1&1\\1&1\end{pmatrix}\begin{pmatrix}x_1\\x_2\end{pmatrix}=\begin{pmatrix}0\\0\end{pmatrix}$，由 $\begin{pmatrix}1&1\\1&1\end{pmatrix}\to\begin{pmatrix}1&1\\0&0\end{pmatrix}$ 得基础解系为 $(1,\ -1)^{\mathrm{T}}$，所以 $\boldsymbol{A}$ 对应于特征值 $\lambda_1=1$ 的全部特征向量为 $k(1,\ -1)^{\mathrm{T}}$，其中 k 为任意非零常数．

当 $\lambda_2=3$ 时，对应的特征向量满足 $(3\boldsymbol{E}-\boldsymbol{A})\boldsymbol{x}=\boldsymbol{0}$，即 $\begin{pmatrix}-1&1\\1&-1\end{pmatrix}\begin{pmatrix}x_1\\x_2\end{pmatrix}=\begin{pmatrix}0\\0\end{pmatrix}$，由 $\begin{pmatrix}-1&1\\1&-1\end{pmatrix}\to\begin{pmatrix}-1&1\\0&0\end{pmatrix}$ 得基础解系为 $(1,\ 1)^{\mathrm{T}}$，所以 $\boldsymbol{A}$ 对应于特征值 $\lambda_2=3$ 的全部特征向量为 $k(1,\ 1)^{\mathrm{T}}$，其中，k 为任意非零常数．

例 2 求矩阵 $\boldsymbol{A}=\begin{pmatrix}5&6&-3\\-1&0&1\\1&2&1\end{pmatrix}$ 的特征值和特征向量．

解　由

$$|\lambda\boldsymbol{E}-\boldsymbol{A}|=\begin{vmatrix}\lambda-5&-6&3\\1&\lambda&-1\\-1&-2&\lambda-1\end{vmatrix}=(\lambda-2)[(\lambda-5)(\lambda+1)+9]=(\lambda-2)^3=0,$$

故特征值为 $\lambda_1=\lambda_2=\lambda_3=2$．

当 $\lambda_1=2$ 时，有齐次线性方程组 $(2\boldsymbol{E}-\boldsymbol{A})\boldsymbol{x}=\boldsymbol{0}$，即

$$\begin{cases}-3x_1-6x_2+3x_3=0,\\x_1+2x_2-x_3=0,\\-x_1-2x_2+x_3=0,\end{cases}$$

由 $\begin{pmatrix}-3&-6&3\\1&2&-1\\-1&-2&1\end{pmatrix}\to\begin{pmatrix}1&2&-1\\0&0&0\\0&0&0\end{pmatrix}$ 确定它的基础解系为

$$\begin{pmatrix}-2\\1\\0\end{pmatrix},\ \begin{pmatrix}1\\0\\1\end{pmatrix},$$

所以，

$$k_1\begin{pmatrix}-2\\1\\0\end{pmatrix}+k_2\begin{pmatrix}1\\0\\1\end{pmatrix}(k_1k_2\neq 0)$$是矩阵 $\boldsymbol{A}$ 对应于 $\lambda_1=\lambda_2=\lambda_3=2$ 的全部特征向量.

例 3 求矩阵 $\boldsymbol{A}=\begin{pmatrix}0&0&1\\0&1&0\\1&0&0\end{pmatrix}$ 的特征值和特征向量.

解 由

$$|\lambda\boldsymbol{E}-\boldsymbol{A}|=\begin{vmatrix}\lambda&0&-1\\0&\lambda-1&0\\-1&0&\lambda\end{vmatrix}=(\lambda-1)^2(\lambda+1)=0,$$

得特征值 $\lambda_1=\lambda_2=1$，$\lambda_3=-1$.

当 $\lambda_1=\lambda_2=1$ 时，有 $(\boldsymbol{E}-\boldsymbol{A})\boldsymbol{x}=\boldsymbol{0}$ 即

$$\begin{cases}x_1-x_3=0,\\-x_1+x_3=0,\end{cases}$$

由 $\begin{pmatrix}1&-1\\-1&1\end{pmatrix}\rightarrow\begin{pmatrix}1&-1\\0&0\end{pmatrix}$ 得它的基础解系为

$$\begin{pmatrix}0\\1\\0\end{pmatrix},\ \begin{pmatrix}1\\0\\1\end{pmatrix},$$

所以，

$$k_1\begin{pmatrix}0\\1\\0\end{pmatrix}+k_2\begin{pmatrix}1\\0\\1\end{pmatrix}$$是矩阵 $\boldsymbol{A}$ 的对应于 $\lambda_1=\lambda_2=1$ 的全部特征向量，其中 k_1，k_2 不同时为零.

当 $\lambda_3=-1$ 时，有

$$\begin{cases}-x_1-x_3=0,\\-2x_2=0,\\-x_1-x_3=0,\end{cases}$$

即

$$\begin{cases}x_1+x_3=0,\\x_2=0,\end{cases}$$

得它的基础解系为

$$\begin{pmatrix}-1\\0\\1\end{pmatrix},$$

所以，

$k\begin{pmatrix}-1\\0\\1\end{pmatrix}$是矩阵 $\boldsymbol{A}$ 的对应于 $\lambda=-1$ 的全部特征向量，其中 c 为不为零的任意常数.

例 4 设 λ 是方阵 $\boldsymbol{A}$ 的特征值，证明：

(1) λ^2 是 $\boldsymbol{A}^2$ 的特征值.

(2) 当 $\boldsymbol{A}$ 可逆时，$\dfrac{1}{\lambda}$ 是 $\boldsymbol{A}^{-1}$ 的特征值.

证 因为 λ 是方阵 $\boldsymbol{A}$ 的特征值，故有 $\boldsymbol{x}\neq\boldsymbol{0}$，使 $\boldsymbol{Ax}=\lambda\boldsymbol{x}$，于是

(1) $\boldsymbol{A}^2\boldsymbol{x}=\boldsymbol{A}(\boldsymbol{Ax})=\boldsymbol{A}(\lambda\boldsymbol{x})=\lambda(\boldsymbol{Ax})=\lambda^2\boldsymbol{x}$，所以 λ^2 是 $\boldsymbol{A}^2$ 的特征值.

(2) 当 $\boldsymbol{A}$ 可逆时，由 $\boldsymbol{Ax}=\lambda\boldsymbol{x}$，有 $\boldsymbol{x}=\lambda\boldsymbol{A}^{-1}\boldsymbol{x}$，因为 $\boldsymbol{x}\neq\boldsymbol{0}$ 知 $\lambda\neq0$，故 $\boldsymbol{A}^{-1}\boldsymbol{x}=\dfrac{1}{\lambda}\boldsymbol{x}$，所以当 $\boldsymbol{A}$ 可逆时，$\dfrac{1}{\lambda}$ 是 $\boldsymbol{A}^{-1}$ 的特征值.

这证明了矩阵可逆的必要条件为矩阵的特征值不全为零.

按此类推，不难证明：若 λ 是方阵 $\boldsymbol{A}$ 的特征值，则 λ^k 是方阵 $\boldsymbol{A}^k$ 的特征值；$\varphi(\lambda)$ 是 $\varphi(\boldsymbol{A})$ 的特征值，其中 $\varphi(\lambda)=a_0+a_1\lambda+a_2\lambda^2+\cdots+a_m\lambda^m$ 是 λ 的多项式；$\varphi(\boldsymbol{A})=a_0\boldsymbol{E}+a_1\boldsymbol{A}+a_2\boldsymbol{A}^2+\cdots+a_m\boldsymbol{A}^m$ 的矩阵 $\boldsymbol{A}$ 的多项式.

当 $\boldsymbol{A}$ 可逆时，$\varphi(\lambda^{-1})=a_0+a_1\lambda^{-1}+a_2\lambda^{-2}+\cdots+a_m\lambda^{-m}$ 是 $\varphi(\boldsymbol{A}^{-1})=a_0\boldsymbol{E}+a_1\boldsymbol{A}^{-1}+a_2\boldsymbol{A}^{-2}+\cdots+a_m\boldsymbol{A}^{-m}$ 的特征值.

定理 1 设 λ_1，λ_2，…，λ_m 是方阵的 m 个不同的特征值，$\boldsymbol{x}_1$，$\boldsymbol{x}_2$，…，$\boldsymbol{x}_m$ 是与之对应的特征向量，则 $\boldsymbol{x}_1$，$\boldsymbol{x}_2$，…，$\boldsymbol{x}_m$ 线性无关.

证 用数学归纳法证明.

当 $m=1$ 时，由于特征向量不为零，因此定理成立.

设 $\boldsymbol{A}$ 的 $m-1$ 个互不相同的特征值 λ_1，λ_2，…，λ_{m-1}，其对应的特征向量 $\boldsymbol{x}_1$，$\boldsymbol{x}_2$，…，$\boldsymbol{x}_{m-1}$ 线性无关．现证明对 m 个互不同相同的特征值 λ_1，λ_2，…，λ_m，其对应的特征向量 $\boldsymbol{x}_1$，$\boldsymbol{x}_2$，…，$\boldsymbol{x}_m$ 线性无关.

设有常数使

$$k_1\boldsymbol{x}_1+k_2\boldsymbol{x}_2+\cdots+k_{m-1}\boldsymbol{x}_{m-1}+k_m\boldsymbol{x}_m=\boldsymbol{0}\tag{1}$$

成立，以矩阵 $\boldsymbol{A}$ 及 λ_m 乘(1) 式两端，由 $\boldsymbol{Ax}=\lambda\boldsymbol{x}$ 整理后得，

$$k_1\lambda_m\boldsymbol{x}_1+k_2\lambda_m\boldsymbol{x}_2+\cdots+k_{m-1}\lambda_m\boldsymbol{x}_{m-1}+k_m\lambda_m\boldsymbol{x}_m=\boldsymbol{0},\tag{2}$$

$$k_1\lambda_1\boldsymbol{x}_1+k_2\lambda_2\boldsymbol{x}_2+\cdots+k_{m-1}\lambda_{m-1}\boldsymbol{x}_{m-1}+k_m\lambda_m\boldsymbol{x}_m=\boldsymbol{0},\tag{3}$$

由(3) 式减去(2) 式得

$$k_1(\lambda_1-\lambda_m)\boldsymbol{x}_1+k_2(\lambda_2-\lambda_m)\boldsymbol{x}_2+\cdots+k_{m-1}(\lambda_{m-1}-\lambda_m)\boldsymbol{x}_{m-1}=\boldsymbol{0},$$

由归纳假设 $\boldsymbol{x}_1$，$\boldsymbol{x}_2$，…，$\boldsymbol{x}_{m-1}$ 线性无关，于是 $k_i(\lambda_i-\lambda_m)=0(i=1,2,\cdots,m-1)$，因 $\lambda_i\neq\lambda_m(i=1,2,\cdots,m-1)$，因此 $k_i=0(i=1,2,\cdots,m-1)$．又因 $k_m\boldsymbol{x}_m=\boldsymbol{0}$，而 $\boldsymbol{x}_m\neq0$，则 $k_m=0$．因此 $\boldsymbol{x}_1$，$\boldsymbol{x}_2$，…，$\boldsymbol{x}_m$ 线性无关.

例 5 设 λ_1 和 λ_2 是矩阵 $\boldsymbol{A}$ 的两个不同的特征值，对应的特征向量依次为 x_1，x_1，

证明 x_1+x_2 不是 $\boldsymbol{A}$ 的特征向量.

证　由已知，有 $\boldsymbol{A}\boldsymbol{x}_1=\lambda_1\boldsymbol{x}_1$，$\boldsymbol{A}\boldsymbol{x}_2=\lambda_2\boldsymbol{x}_2$，故 $\boldsymbol{A}(\boldsymbol{x}_1+\boldsymbol{x}_2)=\lambda_1\boldsymbol{x}_1+\lambda_2\boldsymbol{x}_2$.

假设 $\boldsymbol{x}_1+\boldsymbol{x}_2$ 是 $\boldsymbol{A}$ 的特征向量，则应存在数 λ，使 $\boldsymbol{A}(\boldsymbol{x}_1+\boldsymbol{x}_2)=\lambda(\boldsymbol{x}_1+\boldsymbol{x}_2)$，于是 $\lambda(\boldsymbol{x}_1+\boldsymbol{x}_2)=\lambda_1\boldsymbol{x}_1+\lambda_2\boldsymbol{x}_2$，即 $(\lambda_1-\lambda)\boldsymbol{x}_1+(\lambda_2-\lambda)\boldsymbol{x}_2=\boldsymbol{0}$，因 $\lambda_1\neq\lambda_2$，则 $\boldsymbol{x}_1$，$\boldsymbol{x}_2$ 线性无关．所以有 $\lambda_1-\lambda=\lambda_2-\lambda=0$，即 $\lambda_1=\lambda_2$，这与已知矛盾．因此 $\boldsymbol{x}_1+\boldsymbol{x}_2$ 不是 $\boldsymbol{A}$ 的特征向量.

定理 2　设 n 阶矩阵 $\boldsymbol{A}=(a_{ij})$ 的特征值为 λ_1，λ_2，…，λ_n，则有

(1) $\lambda_1+\lambda_2+\cdots+\lambda_n=a_{11}+a_{22}+\cdots+a_{nn}$；

(2) $\lambda_1\lambda_2\cdots\lambda_n=|\boldsymbol{A}|$.

证　因为

$$|\lambda\boldsymbol{E}-\boldsymbol{A}|=\begin{vmatrix} a_{11}-\lambda & a_{12} & \cdots & a_{1n} \\ a_{21} & a_{22}-\lambda & \cdots & a_{2n} \\ & \vdots & & \vdots \\ a_{n1} & a_{n2} & \cdots & a_{nn}-\lambda \end{vmatrix}$$
$$=(-1)^n\lambda^n-(a_{11}+\cdots+a_{nn})\lambda^{n-1}+\cdots+a.$$

由多项式的分解定理，有

$$|\lambda\boldsymbol{E}-\boldsymbol{A}|=(\lambda_1-\lambda)(\lambda_2-\lambda)\cdots(\lambda_n-\lambda),$$

比较 λ^{n-1} 的系数，得

$$\lambda_1+\lambda_2+\cdots+\lambda_n=a_{11}+a_{22}+\cdots+a_{nn}.$$

又 $|\boldsymbol{A}|=|\boldsymbol{A}-0\boldsymbol{E}|=\lambda_1\lambda_2\cdots\lambda_n$，则定理得证.

数 $a_{11}+a_{22}+\cdots+a_{nn}$ 称为方阵 $\boldsymbol{A}$ 的迹，记作 $\mathrm{tr}(\boldsymbol{A})$.

4.2　相似矩阵与对角化

在 4.1 节的例 1 中矩阵 $\boldsymbol{A}=\begin{pmatrix}2&1\\1&2\end{pmatrix}$ 有特征值 1，3，相应的特征向量为 $\boldsymbol{\alpha}_1=\begin{pmatrix}1\\-1\end{pmatrix}$，$\boldsymbol{\alpha}_2=\begin{pmatrix}1\\1\end{pmatrix}$，$\boldsymbol{A}\boldsymbol{\alpha}_1=1\begin{pmatrix}1\\-1\end{pmatrix}$，$\boldsymbol{A}\boldsymbol{\alpha}_2=3\begin{pmatrix}1\\1\end{pmatrix}$. 令 $\boldsymbol{P}=(\boldsymbol{\alpha}_1,\ \boldsymbol{\alpha}_2)=\begin{pmatrix}1&1\\-1&1\end{pmatrix}$，则 $\boldsymbol{A}\boldsymbol{P}=\boldsymbol{P}\begin{pmatrix}1&0\\0&3\end{pmatrix}$，而 $\boldsymbol{P}^{-1}=\dfrac{1}{2}\begin{pmatrix}1&-1\\1&1\end{pmatrix}$，所以 $\boldsymbol{P}^{-1}\boldsymbol{A}\boldsymbol{P}=\begin{pmatrix}1&0\\0&3\end{pmatrix}$.

即通过可逆矩阵 $\boldsymbol{P}$，将矩阵 $\boldsymbol{A}$ 化为对角矩阵，这个过程称为相似变换.

定义 4.2　设 $\boldsymbol{A}$，$\boldsymbol{B}$ 都是 n 阶矩阵，若存在可逆矩阵 $\boldsymbol{P}$，使得 $\boldsymbol{P}^{-1}\boldsymbol{A}\boldsymbol{P}=\boldsymbol{B}$，则称 $\boldsymbol{B}$ 是 $\boldsymbol{A}$ 的相似矩阵，或称矩阵 $\boldsymbol{A}$ 与 $\boldsymbol{B}$ 相似，对 $\boldsymbol{A}$ 进行运算 $(\boldsymbol{P}^{-1}\boldsymbol{A}\boldsymbol{P})$ 称为对 $\boldsymbol{A}$ 进行相似变换，可逆矩阵 $\boldsymbol{P}$ 称为把 $\boldsymbol{A}$ 变成 $\boldsymbol{B}$ 的相似变换矩阵.

“相似”是矩阵之间的一种关系，它具有以下性质(读者自己证明)：

(1) 反身性：对任意的方阵 $\boldsymbol{A}$，$\boldsymbol{A}$ 与 $\boldsymbol{A}$ 相似；

(2) 对称性：若 $\boldsymbol{A}$ 与 $\boldsymbol{B}$ 相似，则 $\boldsymbol{B}$ 与 $\boldsymbol{A}$ 相似；

(3) 传递性：若 $\boldsymbol{A}$ 与 $\boldsymbol{B}$ 相似，$\boldsymbol{B}$ 与 $\boldsymbol{C}$ 相似，则 $\boldsymbol{A}$ 与 $\boldsymbol{C}$ 相似.

矩阵的相似关系是一等价关系，可以将同阶的矩阵进行等价分类，即把所有相互相似的矩阵归为一类. 下面将探讨同类的相似矩阵有什么样的共性，相似变换的不变量是什么.

相似矩阵具有以下性质：

性质 1　相似矩阵的秩和行列式都相同.

证　因为 $\boldsymbol{A}$ 与 $\boldsymbol{B}$ 相似，所以存在可逆矩阵 $\boldsymbol{P}$，使 $\boldsymbol{P}^{-1}\boldsymbol{A}\boldsymbol{P}=\boldsymbol{B}$，因此 $R(\boldsymbol{A})=R(\boldsymbol{B})$，且 $|\boldsymbol{B}|=|\boldsymbol{P}^{-1}\boldsymbol{A}\boldsymbol{P}|=|\boldsymbol{P}^{-1}||\boldsymbol{A}||\boldsymbol{P}|=|\boldsymbol{A}|$.

性质 2　相似矩阵有相同的可逆性，且可逆时其逆也相似.

证　性质 1 有 $|\boldsymbol{B}|=|\boldsymbol{A}|$，所以它们的可逆性相同. 设 $\boldsymbol{A}$ 与 $\boldsymbol{B}$ 相似，且 $\boldsymbol{A}$ 可逆，则 $\boldsymbol{B}$ 也可逆，且 $\boldsymbol{B}^{-1}=(\boldsymbol{P}^{-1}\boldsymbol{A}\boldsymbol{P})^{-1}=\boldsymbol{P}^{-1}\boldsymbol{A}^{-1}\boldsymbol{P}$，即 $\boldsymbol{A}^{-1}$ 与 $\boldsymbol{B}^{-1}$ 相似.

性质 3　相似矩阵的幂仍相似，即如果 $\boldsymbol{A}$ 与 $\boldsymbol{B}$ 相似，则对任意的正整数 n，$\boldsymbol{A}^n$ 与 $\boldsymbol{B}^n$ 相似.（读者自证）.

定理 1　若 $\boldsymbol{A}$ 与 $\boldsymbol{B}$ 同为 n 阶方阵，则 $\boldsymbol{A}$ 与 $\boldsymbol{B}$ 特征多项式相同，从而 $\boldsymbol{A}$ 与 $\boldsymbol{B}$ 的特征值也相同.

证　因为 $\boldsymbol{A}$ 与 $\boldsymbol{B}$ 相似，所以有可逆矩阵 $\boldsymbol{P}$，使 $\boldsymbol{P}^{-1}\boldsymbol{A}\boldsymbol{P}=\boldsymbol{B}$，因此

$$\begin{aligned}|\boldsymbol{B}-\lambda\boldsymbol{E}|&=|\boldsymbol{P}^{-1}\boldsymbol{A}\boldsymbol{P}-\lambda\boldsymbol{E}|=|\boldsymbol{P}^{-1}\boldsymbol{A}\boldsymbol{P}-\boldsymbol{P}^{-1}\lambda\boldsymbol{E}\boldsymbol{P}|\\&=|\boldsymbol{P}^{-1}(\boldsymbol{A}-\lambda\boldsymbol{E})\boldsymbol{P}|=|\boldsymbol{P}^{-1}||\boldsymbol{A}-\lambda\boldsymbol{E}||\boldsymbol{P}|,\end{aligned}$$

所以 $\boldsymbol{A}$ 与 $\boldsymbol{B}$ 的特征值也相同.

显然，通过定理 1 我们可以知道：

(1) 若两个矩阵的特征值相同，但矩阵也不一定相似；

(2) 若 $\boldsymbol{A}$ 与 $\boldsymbol{B}$ 相似，则 $\boldsymbol{A}$ 与 $\boldsymbol{B}$ 的对角线元素之和相等.

推论 1　若 n 阶方阵 $\boldsymbol{A}$ 与对角矩阵 $\boldsymbol{\Lambda}=\operatorname{diag}(\lambda_1,\lambda_2,\cdots,\lambda_n)$ 相似，则 λ_1，λ_2，…，λ_n 是 $\boldsymbol{A}$ 的 n 个特征值.

证　因为 λ_1，λ_2，…，λ_n 是 $\boldsymbol{\Lambda}$ 的 n 个特征值，由定理 1 知，λ_1，λ_2，…，λ_n 也是 $\boldsymbol{A}$ 的 n 个特征值.

如果矩阵 n 与对角矩阵 $\boldsymbol{\Lambda}=\operatorname{diag}(\lambda_1,\lambda_2,\cdots,\lambda_n)$ 相似，则有

$$\boldsymbol{P}^{-1}\boldsymbol{A}\boldsymbol{P}=\boldsymbol{\Lambda}=\begin{pmatrix}\lambda_1&0&0&0\\0&\lambda_2&0&0\\0&0&\ddots&0\\0&0&0&\lambda_n\end{pmatrix},\ \boldsymbol{A}=\boldsymbol{P}^{-1}\boldsymbol{\Lambda}\boldsymbol{P},$$

$$\boldsymbol{A}^k=(\boldsymbol{P}^{-1}\boldsymbol{\Lambda}\boldsymbol{P})(\boldsymbol{P}^{-1}\boldsymbol{\Lambda}\boldsymbol{P})\cdots(\boldsymbol{P}^{-1}\boldsymbol{\Lambda}\boldsymbol{P})=\boldsymbol{P}\boldsymbol{\Lambda}^k\boldsymbol{P}^{-1}=\boldsymbol{P}\begin{pmatrix}\lambda_1^k&0&0&0\\0&\lambda_2^k&0&0\\0&0&\ddots&0\\0&0&0&\lambda_n^k\end{pmatrix}\boldsymbol{P}^{-1}.$$

若 $\varphi(\lambda)$ 为 λ 的多项式，矩阵多项式 $\varphi(\boldsymbol{A})$ 可由下式得到

$$\varphi(\boldsymbol{A})=\boldsymbol{P}\begin{pmatrix}\varphi(\lambda_1) & & & \\ & \varphi(\lambda_2) & & \\ & & \ddots & \\ & & & \varphi(\lambda_n)\end{pmatrix}\boldsymbol{P}^{-1},$$

所以，由此可方便的计算 $\boldsymbol{A}$ 的多项式 $\varphi(\boldsymbol{A})$.

例 1 设 $\boldsymbol{A}=\begin{pmatrix}3 & 1\\ 5 & -1\end{pmatrix}$，求 $\boldsymbol{A}^n$.

解 矩阵 $\boldsymbol{A}$ 的特征方程为

$$|\lambda\boldsymbol{E}-\boldsymbol{A}|=\begin{vmatrix}\lambda-3 & -1\\ 5 & \lambda+1\end{vmatrix}=0,$$

化简整理，得 $(\lambda-4)\ (\lambda+2)=0$.

所以，矩阵有两个不同的特征值：$\lambda_1=4$，$\lambda_2=-2$.

当 $\lambda_1=4$ 时，得其基础解系 $\boldsymbol{p}_1=\begin{pmatrix}1\\1\end{pmatrix}$；当 $\lambda_2=-2$ 时，得其基础解系 $\boldsymbol{p}_2=\begin{pmatrix}1\\-5\end{pmatrix}$.

另，$\boldsymbol{P}=(\boldsymbol{p}_1,\ \boldsymbol{p}_2)=\begin{pmatrix}1 & 1\\ 1 & -5\end{pmatrix}$，则

$$\boldsymbol{P}^{-1}=\begin{pmatrix}\frac{5}{6} & \frac{1}{6}\\ \frac{1}{6} & -\frac{1}{6}\end{pmatrix},\ \boldsymbol{P}^{-1}\boldsymbol{A}\boldsymbol{P}=\begin{pmatrix}4 & 0\\ 0 & -2\end{pmatrix}=\boldsymbol{\Lambda}\boldsymbol{P}^{-1}\boldsymbol{A}^n\boldsymbol{P}=\boldsymbol{\Lambda}^n=\begin{pmatrix}4^n & 0\\ 0 & (-2)^n\end{pmatrix},$$

所以

$$\begin{aligned}\boldsymbol{A}^n=\boldsymbol{P}\boldsymbol{\Lambda}^n\boldsymbol{P}^{-1}&=\frac{1}{6}\begin{pmatrix}1 & 1\\ 1 & -5\end{pmatrix}\begin{pmatrix}4^n & 0\\ 0 & (-2)^n\end{pmatrix}\begin{pmatrix}5 & 1\\ 1 & -1\end{pmatrix}\\ &=\frac{1}{6}\begin{pmatrix}5\times4^n+(-2)^n & 4^n-(-2)^n\\ 5\times4^n-5\times(-2)^n & 4^n+5\times(-2)^n\end{pmatrix}.\end{aligned}$$

由此可见，一个和对角矩相似的矩阵具有良好的性质，但并不是每一个 n 阶矩阵都能和一个对角矩阵相似. 例如，矩阵 $\boldsymbol{A}=\begin{pmatrix}2 & -1 & 1\\ 0 & 3 & -1\\ 2 & 1 & 3\end{pmatrix}$，特征根 2，4 对应的基础解系分别为 $\begin{pmatrix}-1\\1\\1\end{pmatrix}$，$\begin{pmatrix}1\\-1\\1\end{pmatrix}$，不能确定一个相似变换 $\boldsymbol{P}$，使得 $\boldsymbol{P}^{-1}\boldsymbol{A}\boldsymbol{P}=\boldsymbol{\Lambda}$. 那么究竟什么样的方阵能对角化？相似变换 $\boldsymbol{P}$ 有什么样的特点呢？

假设方阵 $\boldsymbol{A}$ 已经对角化，即已找到可逆矩阵 $\boldsymbol{P}$，使 $\boldsymbol{P}^{-1}\boldsymbol{A}\boldsymbol{P}=\boldsymbol{\Lambda}$ 为对角阵，以此来讨论 $\boldsymbol{P}$ 应满足的条件.

把 $\boldsymbol{P}$ 用其列向量表示为 $\boldsymbol{P}=(\boldsymbol{p}_1,\ \boldsymbol{p}_2,\ \cdots,\ \boldsymbol{p}_n)$，由 $\boldsymbol{P}^{-1}\boldsymbol{A}\boldsymbol{P}=\boldsymbol{\Lambda}$，得 $\boldsymbol{A}\boldsymbol{P}=\boldsymbol{P}\boldsymbol{\Lambda}$，即

$$A(p_1, p_2, \cdots, p_n)=(p_1, p_2, \cdots, p_n)\begin{pmatrix}\lambda_1 & & & \\ & \lambda_2 & & \\ & & \ddots & \\ & & & \lambda_n\end{pmatrix}$$

$$=(\lambda_1 p_1, \lambda_2 p_2, \cdots, \lambda_n p_n),$$

于是有 $Ap_i=\lambda_i p_i(i=1, 2, \cdots, n)$.

可见 λ_i 是 A 的特征值，相似变换矩阵矩阵 P 的列向量 p_i，就是 A 的对应于特征值 λ_i 的特征向量.

由于任何 n 阶方阵 A 有 n 个特征值，并可对应地求得 n 个特征向量，这 n 个特征向量即可构成矩阵 P，使 $AP=P\Lambda$，但不能保证这 n 个特征向量时线性相关的. 因此，就不能保证 P 是可逆矩阵，仅此得不出 A 可对角化的结论，但是却可得定理 2.

定理 2　n 阶方阵 A 与对角阵相似(即 A 能对角化) 的充分必要条件是 A 有 n 个线性无关的特征向量.

结合 4.1 节的定理 1，可以得推论 2.

推论 2　如果 n 阶方阵 A 的 n 个特征值互不相等，则 A 与对角阵相似.

例如，4.1 节中的例 1 就可以对角化.

当 A 的特征方程有重根时，就不一定有 n 个线性无关的特征向量，从而不一定能对角化. 例如，4.1 节中的例 2、例 3，A 的特征方程有重根，却找不到 3 个线性无关的特征向量. 因此，该矩阵不能对角化. 而有的矩阵的特征方程有重根，但能找到线性无关的特征向量. 因此，该矩阵可以对角化.

例如，矩阵 $A=\begin{pmatrix}4 & 6 & 0\\ -3 & -5 & 0\\ -3 & -6 & 1\end{pmatrix}$ 的特征值为 $\lambda_1=\lambda_2=1$，$\lambda_3=-2$，它们分别对应的特征向量为 $p_1=\begin{pmatrix}-2\\ 1\\ 0\end{pmatrix}$，$p_2=\begin{pmatrix}0\\ 0\\ 1\end{pmatrix}$，$p_3=\begin{pmatrix}-1\\ 1\\ 1\end{pmatrix}$，易证 p_1，p_2，p_3 线性无关，所以矩阵 A 可以对角化.

4.3　实对称矩阵的对角化

判别一个方阵对角化时应满足什么条件的方法比较复杂，但是如果 n 阶方阵是实对称矩阵，则一定可以对角化. 不仅可以对角化，而且实对称矩阵的相似变换矩阵还是正交阵. 下面不加证明的给出以下定理：

定理 1　设 A 为 n 阶实对称矩阵，则必有正交阵 P，使 $P^{-1}AP=P^{T}AP=\Lambda$，其中 Λ 是以 A 的 n 个特征值为对角元的对角矩阵.

例 1 求一个正交矩阵 $\boldsymbol{P}$，使 $\boldsymbol{P}^{-1}\boldsymbol{A}\boldsymbol{P}=\boldsymbol{\Lambda}$ 为对角阵，其中 $\boldsymbol{A}=\begin{pmatrix}1 & -2 & 0\\ -2 & 2 & -2\\ 0 & -2 & 3\end{pmatrix}$.

解　由 $\boldsymbol{A}$ 的特征多项式

$$|\lambda\boldsymbol{E}-\boldsymbol{A}|=\begin{vmatrix}\lambda-1 & 2 & 0\\ 2 & \lambda-2 & 2\\ 0 & 2 & \lambda-3\end{vmatrix}=0.$$

得 $\lambda_1=-1$，$\lambda_2=2$，$\lambda_3=5$.

当 $\lambda_1=-1$ 时，解齐次线性方程组 $(-\boldsymbol{E}-\boldsymbol{A})\boldsymbol{X}=\boldsymbol{0}$，得基础解系 $\boldsymbol{p}_1=(2,\ 2,\ 1)$T，将 $\boldsymbol{p}_1$ 单位化，得 $\boldsymbol{e}_1=\dfrac{1}{3}(2,\ 2,\ 1)^{\mathrm{T}}$.

当 $\lambda_2=2$ 时，解齐次线性方程组 $(2\boldsymbol{E}-\boldsymbol{A})\boldsymbol{X}=\boldsymbol{0}$，得基础解系 $\boldsymbol{p}_2=(2,\ -1,\ -2)^{\mathrm{T}}$，将 $\boldsymbol{p}_2$ 单位化，得 $\boldsymbol{e}_2=\dfrac{1}{3}(2,\ -1,\ -2)^{\mathrm{T}}$.

当 $\lambda_3=5$ 时，解齐次线性方程组 $(5\boldsymbol{E}-\boldsymbol{A})\boldsymbol{X}=\boldsymbol{0}$，得基础解系 $\boldsymbol{p}_3=(1,\ -2,\ 2)^{\mathrm{T}}$，将 $\boldsymbol{p}_3$ 单位化，得 $\boldsymbol{e}_3=\dfrac{1}{3}(1,\ -2,\ 2)^{\mathrm{T}}$.

由 $\boldsymbol{e}_1$，$\boldsymbol{e}_2$，$\boldsymbol{e}_3$ 构成正交矩阵.

$$\boldsymbol{P}=(\boldsymbol{e}_1,\ \boldsymbol{e}_2,\ \boldsymbol{e}_3)=\begin{pmatrix}\frac{2}{3} & \frac{2}{3} & \frac{1}{3}\\ \frac{2}{3} & -\frac{1}{3} & -\frac{2}{3}\\ \frac{1}{3} & -\frac{2}{3} & \frac{2}{3}\end{pmatrix}.$$

有

$$\boldsymbol{P}^{-1}\boldsymbol{A}\boldsymbol{P}=\boldsymbol{P}^{\mathrm{T}}\boldsymbol{A}\boldsymbol{P}=\boldsymbol{\Lambda}=\begin{pmatrix}-1 & 0 & 0\\ 0 & 2 & 0\\ 0 & 0 & 5\end{pmatrix}.$$

例 2 设 $\boldsymbol{A}=\begin{pmatrix}1 & 1 & 1\\ 1 & 1 & 1\\ 1 & 1 & 1\end{pmatrix}$，求一个正交矩阵 $\boldsymbol{P}$，使 $\boldsymbol{P}^{-1}\boldsymbol{A}\boldsymbol{P}=\boldsymbol{\Lambda}$ 为对角阵.

解　由 $\boldsymbol{A}$ 的特征多项式

$$|\lambda\boldsymbol{E}-\boldsymbol{A}|=\begin{vmatrix}\lambda-1 & -1 & -1\\ -1 & 1-\lambda & -1\\ -1 & -1 & 1-\lambda\end{vmatrix}=0,$$

得特征根 $\lambda_1=\lambda_2=0$，$\lambda_3=3$.

当 $\lambda_1=\lambda_2=0$ 时，解齐次线性方程组 $(-\boldsymbol{A})\boldsymbol{X}=\boldsymbol{0}$，
得基础解系

$$\boldsymbol{\xi}_1`=(1,\ -1,\ 0)^{\mathrm{T}},\ \boldsymbol{\xi}_2`=(1,\ 0,\ -1)^{\mathrm{T}},$$

将 $\boldsymbol{\xi}_1$，$\boldsymbol{\xi}_2$ 正交化，取

$$\boldsymbol{\eta}_1=\boldsymbol{\xi}_1\boldsymbol{\eta}_2=\boldsymbol{\xi}_2-\frac{\langle\boldsymbol{\eta}_1,\ \boldsymbol{\xi}_2\rangle}{\langle\boldsymbol{\eta}_1,\ \boldsymbol{\eta}_1\rangle}\boldsymbol{\eta}_1=\frac{1}{2}(1,\ 1,\ -2)^{\mathrm{T}},$$

再将 $\boldsymbol{\eta}_1$，$\boldsymbol{\eta}_2$ 单位化，

得 $\boldsymbol{p}_1=\dfrac{1}{\sqrt{2}}(1,\ -1,\ 0)^{\mathrm{T}}\boldsymbol{p}_2=\dfrac{1}{\sqrt{6}}(1,\ 1,\ -2)$.

当 $\lambda_3=3$ 时，解齐次线性方程组 $(5\boldsymbol{E}-\boldsymbol{A})\boldsymbol{X}=\boldsymbol{0}$，得基础解系 $\boldsymbol{\xi}_3=(1,\ 1,\ 1)^{\mathrm{T}}$，将 $\boldsymbol{\xi}_3$ 单位化，得 $\boldsymbol{p}_3=\dfrac{1}{\sqrt{3}}(1,\ 1,\ 1)^{\mathrm{T}}$.

由 $\boldsymbol{p}_1$，$\boldsymbol{p}_2$，$\boldsymbol{p}_3$ 构成正交阵

$$\boldsymbol{P}=(\boldsymbol{p}_1,\ \boldsymbol{p}_2,\ \boldsymbol{p}_3)=\begin{pmatrix}\frac{1}{\sqrt{2}} & \frac{1}{\sqrt{6}} & \frac{1}{\sqrt{3}}\\ -\frac{1}{\sqrt{2}} & \frac{1}{\sqrt{6}} & \frac{1}{\sqrt{3}}\\ 0 & -\frac{2}{\sqrt{6}} & \frac{1}{\sqrt{3}}\end{pmatrix},$$

则有

$$\boldsymbol{P}^{-1}\boldsymbol{AP}=\boldsymbol{P}^{\mathrm{T}}\boldsymbol{AP}=\boldsymbol{\Lambda}=\begin{pmatrix}0 & 0 & 0\\ 0 & 0 & 0\\ 0 & 0 & 3\end{pmatrix}.$$

4.4　二次型及其标准型

对于平面上的二次曲线：$ax^2+bxy+cy^2=1$，可以选择适当的坐标进行旋转变换：$\begin{cases}x=x'\cos\theta-y'\sin\theta,\\ y=x'\sin\theta+y'\cos\theta\end{cases}$ 消去交叉项，把方程化为标准型：$mx'^2+ny'^2=1$，由于坐标旋转不改变图形的形状，从变形后的方程很容易判别曲线的类型.

定义 4.3　含有 n 个变量 x_1，x_2，…，x_n 的二次齐次函数

$$\begin{aligned}f(x_1,\ x_2,\ \cdots,\ x_n)=&b_{11}x_1^2+b_{12}x_1x_2+\cdots+b_{1n}x_1x_n+b_{22}x_2^2+\\ &b_{23}x_2x_3+\cdots+b_{2n}x_2x_n+\cdots+b_{n-1,\ n}x_{n-1}x_n+b_{nn}x_n^2\end{aligned}\tag{4.2}$$

的 n 元二次齐次多项式称为 x_1，x_2，…，x_n 的二次型，简称 n 元二次型. 其中，b_{ij} 称为乘积项 x_ix_j 的系数.

当式(4.2) 的全部系数均为实数时，称为实二次型；当式(4.2) 的系数允许有复数时，称为复次型(本书只讨论实二次型).

若记 $a_{ii}=b_{ii}$，$a_{ij}=a_{ji}=\frac{1}{2}b_{ij}(i\neq j)$，则有 $a_{ij}=a_{ji}(i,\ j=1,\ 2,\ \cdots,\ n)$，且

$$
\begin{aligned}
f(x_1,\ x_2,\ \cdots,\ x_n)&=a_{11}x_1^2+a_{12}x_1x_2+\cdots+a_{1n}x_1x_n+a_{21}x_2x_1+a_{22}x_2^2\\
&\quad+\cdots+a_{2n}x_2x_n+\cdots+a_{n1}x_nx_1+a_{n2}x_nx_2+\cdots+a_{nn}x_n^2\\
&=(x_1,\ x_2,\ \cdots,\ x_n)\begin{pmatrix}a_{11}&a_{12}&\cdots&a_{1n}\\a_{21}&a_{22}&\cdots&a_{2n}\\\vdots&\vdots&&\vdots\\a_{n1}&a_{n2}&\cdots&a_{nn}\end{pmatrix}\begin{pmatrix}x_1\\x_2\\\vdots\\x_n\end{pmatrix} \qquad (4.3)\\
&=\sum_{i=1}^{n}\sum_{j=1}^{n}a_{ij}x_ix_j.
\end{aligned}
$$

若记 $\boldsymbol{A}=\begin{pmatrix}a_{11}&a_{12}&\cdots&a_{1n}\\a_{21}&a_{22}&\cdots&a_{2n}\\\vdots&\vdots&&\vdots\\a_{n1}&a_{n2}&\cdots&a_{nn}\end{pmatrix}$，$\boldsymbol{x}=\begin{pmatrix}x_1\\x_2\\\vdots\\x_n\end{pmatrix}$，则式(4.3)可记为

$$\boldsymbol{f}(\boldsymbol{x})=\boldsymbol{x}^{\mathrm{T}}\boldsymbol{A}\boldsymbol{x}. \qquad (4.4)$$

式(4.3)和式(4.4)称为二次型的矩阵表示．在 $a_{ij}=a_{ji}$ 的规定下，显然 $\boldsymbol{A}$ 为实对称阵，且 $\boldsymbol{A}$ 与二次型是一一对应的．因此，实对称阵 $\boldsymbol{A}$ 又称为二次型的矩阵，$\boldsymbol{A}$ 的秩称为二次型的秩.

例 1 求二次型 $f(x_1,\ x_2,\ \cdots,\ x_n)=x_1^2-3x_2^2-4x_1x_2+x_2x_3$ 的矩阵.

解　二次型有三个标量，所以对应三阶对称阵，a_{ii} 为 x_i^2 的系数，$a_{ij}=a_{ji}$ 为 x_ix_j 系数的一半，由此可得

$$\boldsymbol{A}=\begin{pmatrix}1&-2&0\\-2&-3&\frac{1}{2}\\0&\frac{1}{2}&0\end{pmatrix},$$

$$f(x_1,\ x_2,\ x_3)=(x_1,\ x_2,\ x_3)\begin{pmatrix}1&-2&0\\-2&-3&\frac{1}{2}\\0&\frac{1}{2}&0\end{pmatrix}\begin{pmatrix}x_1\\x_2\\x_3\end{pmatrix}.$$

对于二次型，我们讨论的主要问题是：寻求可逆的线性变换.

$$\begin{cases}x_1=c_{11}y_1+c_{12}y_2+\cdots+c_{1n}y_n,\\x_2=c_{21}y_1+c_{22}y_2+\cdots+c_{2n}y_n,\\\qquad\vdots\\x_n=c_{n1}y_1+c_{n2}y_2+\cdots+c_{nn}y_n,\end{cases}$$

即 $\boldsymbol{x}=\boldsymbol{C}\boldsymbol{y}$.

使二次型化为只含有平方项的二次型

$$f=k_1y_1^2+k_2y_2^2+\cdots+k_ny_n^2,$$

这种只含有平方项的二次型，称为二次型的标准型(或法式).

如果标准型的系数 k_1，k_2，…，k_n 只在 1，−1，0 三个数中取值，也就是

$$f=y_1^2+y_2^2+\cdots+y_p^2-y_{p+1}^2-\cdots-y_n^2$$

这种标准型称为二次型的规范形.

可逆的线性变换 $\boldsymbol{x}=\boldsymbol{Cy}$ 在几何学上称为仿射变换. 对平面图形来说，相当于实行了旋转、压缩、反射三种变换，图形的类型不会改变，但大小、方向会该改变，大圆会变成小圆，或变成椭圆.

1. 用正交变换化二次型为标准型

二次型 $f(x)=\boldsymbol{x}^{\mathrm{T}}\boldsymbol{Ax}$ 在线性变换 $\boldsymbol{x}=\boldsymbol{Cy}$ 下，有 $f(x)=(\boldsymbol{Cy})^{\mathrm{T}}\boldsymbol{Ax}(\boldsymbol{Cy})=\boldsymbol{y}^{\mathrm{T}}(\boldsymbol{C}^{\mathrm{T}}\boldsymbol{AC})\boldsymbol{y}$，可见，若想使二次型经过可逆变换变成标准型，就要使 $\boldsymbol{C}^{\mathrm{T}}\boldsymbol{AC}$ 成为对角矩阵. 由 4.3 的定理 1 知，任给实对称矩阵，总有正交阵 $\boldsymbol{P}$，使 $\boldsymbol{P}^{-1}\boldsymbol{AP}=\boldsymbol{P}^{\mathrm{T}}\boldsymbol{AP}=\boldsymbol{\Lambda}$. 把此结论用于二次型，即有如下定理.

定理 1　任给二次型 $f(x)=\boldsymbol{x}^{\mathrm{T}}\boldsymbol{Ax}$，总有正交变换 $\boldsymbol{x}=\boldsymbol{Py}$，使 f 化为标准型

$$f=k_1y_1^2+k_2y_2^2+\cdots+k_ny_n^2.$$

其中，λ_1，λ_2，…，λ_n 是 f 的矩阵 $\boldsymbol{A}$ 的特征值.

在三维空间中，正交变换仅对图形实行了旋转和反射变换，它保持了两点的距离不变，从而不改变图形的形状和大小.

例 2　求一个正交变换 $\boldsymbol{x}=\boldsymbol{Py}$，把二次型 $f(x_1, x_2, x_3, x_4)=2x_1x_2-2x_3x_4$ 化为标准型.

解　二次型的矩阵为 $\begin{pmatrix}0&1&0&0\\1&0&0&0\\0&0&0&-1\\0&0&-1&0\end{pmatrix}$.

它的特征多项式为

$$|\lambda\boldsymbol{E}-\boldsymbol{A}|=\begin{vmatrix}\lambda&-1&0&0\\-1&\lambda&0&0\\0&0&\lambda&1\\0&0&1&\lambda\end{vmatrix}=\begin{vmatrix}0&-1&0&0\\\lambda^2-1&\lambda&0&0\\0&0&\lambda&1\\0&0&1&\lambda\end{vmatrix}=\begin{vmatrix}0&-1&0&0\\\lambda^2-1&0&0&0\\0&0&\lambda&1\\0&0&1&\lambda\end{vmatrix}$$

$$=-(\lambda^2-1)\begin{vmatrix}-1&0&0\\0&\lambda&1\\0&1&\lambda\end{vmatrix}=-(\lambda-1)^2(\lambda+1)^2=0,$$

得特征值 $\lambda_1=\lambda_2=1$，$\lambda_3=\lambda_4=-1$.

当 $\lambda_1=\lambda_2=1$ 时，解方程 $(\boldsymbol{E}-\boldsymbol{A})\boldsymbol{X}=\boldsymbol{0}$，得基础解系为

$$\begin{pmatrix}1\\1\\0\\0\end{pmatrix},\ \begin{pmatrix}0\\0\\-1\\1\end{pmatrix}.$$

显然两向量正交，将其单位化，得正交基础解系为

$$\boldsymbol{p}_1=\frac{1}{\sqrt{2}}\begin{pmatrix}1\\1\\0\\0\end{pmatrix},\ \boldsymbol{p}_2=\frac{1}{\sqrt{2}}\begin{pmatrix}0\\0\\-1\\1\end{pmatrix}.$$

当 $\lambda_3=\lambda_4=-1$ 时，有 $(-\boldsymbol{E}-\boldsymbol{A})\boldsymbol{X}=\boldsymbol{0}$，即基础解系为

$$\begin{pmatrix}-1\\1\\0\\0\end{pmatrix},\ \begin{pmatrix}0\\0\\1\\1\end{pmatrix}.$$

显然两向量正交，将其单位化，得正交基础解系为

$$\boldsymbol{p}_3=\frac{1}{\sqrt{2}}\begin{pmatrix}-1\\1\\0\\0\end{pmatrix},\ \boldsymbol{p}_4=\frac{1}{\sqrt{2}}\begin{pmatrix}0\\0\\1\\1\end{pmatrix}.$$

于是得正交变换为 $\boldsymbol{x}=(\boldsymbol{p}_1,\ \boldsymbol{p}_2,\ \boldsymbol{p}_3,\ \boldsymbol{p}_4)\boldsymbol{y}$，即

$$\begin{pmatrix}x_1\\x_2\\x_3\\x_4\end{pmatrix}=\begin{pmatrix}\frac{1}{\sqrt{2}} & 0 & -\frac{1}{\sqrt{2}} & 0\\ \frac{1}{\sqrt{2}} & 0 & \frac{1}{\sqrt{2}} & 0\\ 0 & -\frac{1}{\sqrt{2}} & 0 & \frac{1}{\sqrt{2}}\\ 0 & \frac{1}{\sqrt{2}} & 0 & \frac{1}{\sqrt{2}}\end{pmatrix}\begin{pmatrix}y_1\\y_2\\y_3\\y_4\end{pmatrix},$$

且有 $f=y_1^2+y_2^2-y_3^2-y_4^2$.

2. 用拉格朗日配方化二次型为标准型

配方法就是初等数学中的配完全平方的方法，我们通过例题来说明这种方法.

例 3 化二次型 $f=x_1^2+2x_2^2+5x_3^2+2x_1x_2+2x_1x_3+6x_2x_3$ 为标准形，并求所用的可逆线性变换.

解 由于 f 中含变量 x_1 的平方项，故先将所有包含 x_1 的项配成一个完全平方，即

$$
\begin{aligned}
f &= x_1^2 + 2(x_2 + x_3)x_1 + 2x_2^2 + 5x_3^2 + 6x_2x_3 \\
&= x_1^2 + 2(x_2 + x_3)x_1 + (x_2 + x_3)^2 - (x_2 + x_3)^2 + 2x_2^2 + 5x_3^2 + 6x_2x_3 \\
&= (x_1 + x_2 + x_3)^2 + x_2^2 + 4x_2x_3 + x_3^2.
\end{aligned}
$$

再将所有包含 x_2 的项配成一个完全平方，得到

$$f = (x_1 + x_2 + x_3)^2 + (x_2 + 2x_3)^2.$$

于是，线性变换

$$\begin{cases} y_1 = x_1 + x_2 + x_3, \\ y_2 = x_2 + 2x_3, \\ y_3 = x_3, \end{cases}$$

即

$$\begin{cases} x_1 = y_1 - y_2 + x_3, \\ x_2 = y_2 - 2y_3, \\ x_3 = y_3, \end{cases}$$

把 f 化为标准形

$$f = y_1^2 + y_2^2\text{，所用的可逆变换为 } \boldsymbol{x} = \boldsymbol{C}\boldsymbol{y}\text{，其中 } \boldsymbol{C} = \begin{pmatrix} 1 & -1 & 1 \\ 0 & 1 & -2 \\ 0 & 0 & 1 \end{pmatrix}\text{，且 } |\boldsymbol{C}| = 1 \neq 0.$$

例 4　化二次型 $f = x_1x_2 + x_2x_3 + x_3x_1$ 为标准形，并求出所用的可逆线性变换.

解　在 f 中不含平方项，由于含有 x_1x_2 乘积项，故令

$$\begin{cases} x_1 = y_1 + y_2, \\ x_2 = y_1 - y_2, \\ x_3 = y_3, \end{cases}$$

代入可得

$$
\begin{aligned}
f &= (y_1 + y_2)(y_1 - y_2) + (y_1 - y_2)y_3 + (y_1 + y_2)y_3 \\
&= y_1^2 - y_2^2 + 2y_1y_3 = (y_1 + y_3)^2 - y_2^2 - y_3^2.
\end{aligned}
$$

令

$$\begin{cases} z_1 = y_1 + y_3, \\ z_2 = y_2, \\ z_3 = y_3, \end{cases}$$

即

$$\begin{cases} y_1 = z_1 - z_3, \\ y_2 = z_2, \\ y_3 = z_3, \end{cases}$$

化为标准形 $f = z_1^2 - z_2^2 - z_3^2$，所用的可逆线性变换为 $\boldsymbol{x} = \boldsymbol{C}\boldsymbol{z}$，其中

$$\boldsymbol{C} = \boldsymbol{C}_1\boldsymbol{C}_2 = \begin{pmatrix} 1 & 1 & 0 \\ 1 & -1 & 0 \\ 0 & 0 & 1 \end{pmatrix}\begin{pmatrix} 1 & 0 & -1 \\ 0 & 1 & 0 \\ 0 & 0 & 1 \end{pmatrix} = \begin{pmatrix} 1 & 1 & -1 \\ 1 & -1 & -1 \\ 0 & 0 & 1 \end{pmatrix},$$

$$|\boldsymbol{C}|=-2\neq 0.$$

一般的，任何二次型都可用例 3 和例 4 的方法找到可逆变换，把二次型化成标准形. 二次型的标准显然不是唯一的，它的标准形与所采用的可逆线性变换有关，但可逆线性变换不改变二次型的秩. 因而，在将一个二次型化为不同的标准形时，系数不等于零的平方项的项数总是相同的. 不仅如此，在限定变换为实变换时，标准形中正系数的个数是不变的(从而负系数的个数也不变).

习题 4

1. 求下列矩阵的特征值与特征向量.

(1) $\boldsymbol{A}=\begin{pmatrix}3&1\\5&-1\end{pmatrix}$；　　(2) $\boldsymbol{A}=\begin{pmatrix}-3&4\\2&-1\end{pmatrix}$；

(3) $\boldsymbol{A}=\begin{pmatrix}-1&1&0\\-4&3&0\\1&0&2\end{pmatrix}$；　　(4) $\boldsymbol{A}=\begin{pmatrix}-1&1&1\\1&-1&1\\1&1&-1\end{pmatrix}$；

(5) $\boldsymbol{A}=\begin{pmatrix}1&1&1&1\\1&1&-1&-1\\1&-1&1&-1\\1&-1&-1&1\end{pmatrix}$；　　(6) $\boldsymbol{A}=\begin{pmatrix}1&3&1&2\\0&-1&1&3\\0&0&2&5\\0&0&0&2\end{pmatrix}$.

2. 已知 n 阶矩阵 $\boldsymbol{A}$ 的特征值为 λ，求

(1) $k\boldsymbol{A}$ 的特征值(k 为实数)；

(2) $\boldsymbol{A}+\boldsymbol{E}$ 的特征值.

3. 已知 $\boldsymbol{A}$ 为 n 阶矩阵，且满足 $\boldsymbol{A}^2=\boldsymbol{A}$，求证 $\boldsymbol{A}$ 的特征值只能为 0 或者 1.

4. 已知 $\boldsymbol{A}=\begin{pmatrix}0&0&1\\x&1&0\\1&0&0\end{pmatrix}$ 有 3 个线性无关的特征向量，求 x.

5. 设 $\boldsymbol{A}^2-3\boldsymbol{A}+2\boldsymbol{E}=\boldsymbol{O}$，证明 $\boldsymbol{A}$ 的特征值只能是 1 或 2.

6. 设 $\boldsymbol{A}$ 为 n 阶矩阵，证明 $\boldsymbol{A}^{\mathrm{T}}$ 与 $\boldsymbol{A}$ 的特征值相同.

7. 已知三阶矩阵 $\boldsymbol{A}$ 的特征值为 1，2，3，求 $|\boldsymbol{A}^3-5\boldsymbol{A}^2+7\boldsymbol{A}|$.

8. 已知三阶矩阵 $\boldsymbol{A}$ 的特征值为 1，-1，2，设 $\boldsymbol{B}=\boldsymbol{A}^3-5\boldsymbol{A}^2$，求 $|\boldsymbol{B}|$，$|\boldsymbol{A}-5\boldsymbol{E}|$.

9. 设 $\boldsymbol{A}$ 为 n 阶矩阵，且满足 $\boldsymbol{A}^2=\boldsymbol{A}$，证明 $|3\boldsymbol{E}-\boldsymbol{A}|$ 可逆.

10. 设 $\boldsymbol{A}$ 为 n 阶正交阵，且 $|\boldsymbol{A}|=-1$，证明 $\boldsymbol{E}+\boldsymbol{A}$ 不可逆.

11. 求一个正交相似变换，将下列实对称阵化为对角阵.

(1) $\begin{pmatrix}2&-2&0\\-2&1&-2\\0&-2&0\end{pmatrix}$；　　(2) $\begin{pmatrix}2&2&-2\\2&5&-4\\-2&-4&5\end{pmatrix}$.

12. 设矩阵 $\boldsymbol{A}=\begin{pmatrix}1 & -1\\ 2 & 4\end{pmatrix}$，求 $\boldsymbol{A}^n$.

13. 设方阵 $\boldsymbol{A}=\begin{pmatrix}-1 & 2 & 4\\ 2 & x & 2\\ 4 & 2 & -1\end{pmatrix}$ 与 $D=\begin{pmatrix}5 & & \\ & y & \\ & & -5\end{pmatrix}$ 相似，求 x，y.

14. 设三阶方阵 $\boldsymbol{A}$ 的特征值为 0，1，-1，$\boldsymbol{p}_1=\begin{pmatrix}1\\0\\0\end{pmatrix}$，$\boldsymbol{p}_2=\begin{pmatrix}1\\1\\0\end{pmatrix}$，$\boldsymbol{p}_3=\begin{pmatrix}0\\1\\1\end{pmatrix}$ 为依次对应的特征向量，求 $\boldsymbol{A}$ 及 $\boldsymbol{A}^{2n}$.

15. 设三阶方阵 $\boldsymbol{A}$ 的特征值为 $\lambda_1=1$，$\lambda_2=-1$，$\lambda_3=0$，对应的特征向量依次为 $\boldsymbol{p}_1=\begin{pmatrix}1\\2\\2\end{pmatrix}$，$\boldsymbol{p}_2=\begin{pmatrix}2\\1\\-2\end{pmatrix}$，求 $\boldsymbol{A}$.

16. 设三阶方阵 $\boldsymbol{A}$ 的特征值为 $\lambda_1=-1$，$\lambda_2=\lambda_3=1$，对应于的特征向量为 $\boldsymbol{p}_1=\begin{pmatrix}0\\1\\1\end{pmatrix}$，求 $\boldsymbol{A}$.

17. 设三阶方阵 $\boldsymbol{A}$ 的特征值为 1，2，-3，求 $|\boldsymbol{A}^3-3\boldsymbol{A}+\boldsymbol{E}|$.

18. 已知 $\boldsymbol{\alpha}=(1, 1, -1)^{\mathrm{T}}$ 是 $\boldsymbol{A}=\begin{pmatrix}2 & -1 & 2\\ 5 & a & 3\\ -1 & b & -2\end{pmatrix}$ 的一个特征向量.

(1) 试确定参数 a，b 及特征向量 $\boldsymbol{\alpha}$ 的所对应的特征值.

(2) 问 $\boldsymbol{A}$ 是否与对角阵相似？

19. 设 $\boldsymbol{A}$ 为二阶实矩阵，问

(1) 若 $|\boldsymbol{A}|<0$，$\boldsymbol{A}$ 是否可对角化？

(2) 设 $\boldsymbol{A}=\begin{pmatrix}a & b\\ c & d\end{pmatrix}$，其中 $ad-bc=1$，$|a+d|>2$，$\boldsymbol{A}$ 是否可对角化？

20. 写出下列二次型的矩阵.

(1) $x_1^2+2x_2^2-x_3^2+2x_1x_2-2x_2x_3$；

(2) $2x_1^2+4x_1x_2+7x_2^2+5x_1x_3+6x_2x_3-x_3^2$；

(3) $x_1^2+x_2^2+x_3^2+x_4^2-2x_1x_2+4x_1x_3-2x_1x_4+6x_2x_3-4x_2x_4$.

21. 写出下列矩阵的二次型.

(1) $\begin{pmatrix}1 & -1 & 0\\ -1 & 2 & 3\\ 0 & 3 & 4\end{pmatrix}$；　　(2) $\begin{pmatrix}1 & 0 & 0\\ 0 & -1 & 0\\ 0 & 0 & 0\end{pmatrix}$.

22. 求一个正交变换化下列二次型成为标准形.

(1) $f=x_1^2+2x_2^2+3x_3^2-4x_1x_2-4x_2x_3$；

(2) $f=x_1^2+3x_2^2+9x_3^2+19x_4^2-2x_1x_2+4x_1x_3+2x_1x_4-2x_2x_3+2x_3x_4$.

第二篇

概率论

第 5 章　随机事件与概率

本章导读

概率论是近代数学基础的重要组成部分，是现代信息计算科学的重要工具．伴随着计算机的诞生，20 世纪以来概率论飞速发展，目前已成为一门独立的一级学科，应用相当广泛．大到航空航天、军工生产、科技研究，小到人们的日常生活，都离不开概率．本章将从概率论的基本概念开始了解和学习．

本章重点

- 掌握概率的基本概念和基本性质.
- 了解等可能概型.
- 掌握条件概率(包括乘法公式、全概率公式、贝叶斯公式).
- 熟悉独立性原理.

素质目标

- 培养学生学会运用数学的思维方式去观察、分析社会，认识到数学的实用价值.
- 培养学生实践能力，加深学生创新思想.

5.1　基本概念

5.1.1　随机试验

在自然界和人类社会生活中，普遍存在着两类现象：一类是在一定条件下必然出现的现象，称为确定性现象；另一类是人们事先无法准确预知其结果，带有随机性、偶然性的现象，称为随机现象．概率论的研究对象就是随机现象．

例 1　确定以下现象属于确定性现象还是随机现象？

(1) 在太阳系中，地球围绕着太阳做椭圆轨迹的运动；

(2) 在地球上，太阳总是从东方升起，西方落下；

(3) 在一个标准大气压下，水在 100 ℃ 时一定沸腾；

(4) 不考虑空气阻力，质量不同的两个铁球从同一高度落下同时落地；

(5) 抛掷一枚质地均匀的硬币，落地后哪一面朝上；

(6) 抛掷一枚质地均匀的骰子，落地后出现的点数是多少；

(7) 引例 1 中，若赌博继续进行下去，最终的获胜者是谁；

(8) 引例 2 中，抛掷两枚骰子，出现的点数之和是多少.

解　(1)(2)(3)(4) 属于确定性现象，(5)(6)(7)(8) 属于随机现象.

对于随机现象，虽然人们不能准确地预测其结果，但可以列出其所有可能的结果，通过大量重复性的观察试验，总结出随机现象中蕴含的规律. 譬如，重复抛掷一枚质地均匀的硬币(称之为抛硬币试验)，虽然不能准确地预测哪一面朝上，但可以预知其可能的结果只有两个，即正面朝上或反面朝上. 通过大量重复性的观察试验(表 5 - 1)，可以得出结论：随着试验重复次数的增多，正面朝上的次数和反面朝上的次数接近相等，正面朝上所占的比例接近于 0.5.

表 5 - 1　历史上一些著名的抛硬币试验数据

科学家	试验次数	正面出现的次数	所占比例
德·摩根	2 048	1 061	0.518 1
蒲丰	4 040	2 048	0.5 069
K. 皮尔逊	12 000	6 019	0.501 6
K. 皮尔逊	24 000	12 012	0.500 5
维尼	30 000	14 994	0.499 8

从表面上看，随机现象的每一次观察结果都是随机的，但多次观察某个随机现象，便可以发现在大量的偶然之中存在着必然的规律. 这种在大量试验中呈现的统计规律也是概率论所关心的一种特性. 一般地，研究随机现象首先要列出随机现象的所有可能的结果，通过可重复的观察或试验，得出其中的规律性，称这样的试验为随机试验. 即随机试验具有不确定性、可预知性和可重复性三种特性. 不确定性是指在每一次试验之前，不能预知其结果；可预知性是每次试验的可能结果不止一个，但能事先明确试验的所有可能的结果；可重复性是指试验在相同的条件下可重复进行多次.

例如，引例 1 和引例 2 中的赌博活动都属于随机试验，研究随机试验时以集合的形式列出了随机试验的所有可能结果. 为了便于规范和抽象，有如下定义.

定义 5.1　随机试验(记作 E)的所有可能结果所组成的集合称为 E 的样本空间(记作 S). S 的元素，即 E 的某一个可能结果，称为样本点(记作 e).

例 2　写出下列随机试验的样本空间：

(1) E_1：抛掷一枚硬币，观察正面、反面出现的情况；

(2) E_2：(见引例 1) 观察两局比赛中甲、乙两人的胜负情况；

(3) E_3：(见引例 2) 抛掷两枚骰子，观察点数出现的情况；

(4) E_4：(见引例 2) 抛掷两枚骰子，观察点数之和的情况；

(5) E_5：记录某一天大连市 110 热线接到的呼叫次数；

(6) E_6：在电视机厂的仓库里，随机地抽取一台电视机，测试它的寿命．

解　(1) $\{H, T\}$；

(2) {甲甲，甲乙，乙甲，乙乙}；

(3) $\{1+1, 1+2, 1+3, 1+4, 1+5, 1+6, 2+1, 2+2, 2+3, 2+4, 2+5, 2+6, 3+1, 3+2, 3+3, 3+4, 3+5, 3+6, 4+1, 4+2, 4+3, 4+4, 4+5, 4+6, 5+1, 5+2, 5+3, 5+4, 5+5, 5+6, 6+1, 6+2, 6+3, 6+4, 6+5, 6+6\}$；

(4) $\{2, 3, 4, 5, 6, 7, 8, 9, 10, 11, 12\}$；

(5) $\{0, 1, 2, 3, \cdots\}$；

(6) $\{t \mid t>0\}$．

注意，样本空间既可能是有限集(样本点个数是有限的)，也可能是无限集(样本点的个数是无限的)；有可能是可数集，也有可能是不可数集．如 E_1，E_2，E_3，E_4 的样本空间为有限个样本点，而 E_5，E_6 的样本空间为无限个样本点；E_1，E_2，E_3，E_4，E_5 的样本空间是可数集，而 E_6 的样本空间是不可数集．

5.1.2　随机事件

对于掷骰子试验，其样本空间为 $\{1, 2, 3, 4, 5, 6\}$，若将试验的结果加以限定，即考察“抛掷一枚骰子，出现的点数小于 4 点”，则这件事情可能发生，也可能不发生，发生与否无法控制，并且该事件可以表示为样本空间的一个子集 $\{1, 2, 3\}$．若试验结果为 2 点，则这件事发生；若试验结果为 5 点，$5 \notin \{1, 2, 3\}$，则这件事不发生．于是有如下定义．

定义 5.2　对于随机试验 E，其样本空间 S 的某个子集称为随机事件(简称为事件)，一般用大写字母 A，B，C 表示．设 A 表示一个事件，试验的结果为样本点 e，若 $e \in A$，则称在这次试验中事件 A 发生；若 $e \notin A$，则称在这次试验中事件 A 不发生．

例 3　在抛掷一枚骰子的试验中，表示出下列事件，同时思考若抛掷骰子出现了 1 点，则下列事件哪些发生了，哪些没有发生：

(1) 出现奇数点；

(2) 出现 2 点；

(3) 出现的点数不大于 6 点；

(4) 出现的点数大于 6 点．

解　(1) $A_1=\{1, 3, 5\}$；

(2) $A_2=\{2\}$；

(3) $A_3=\{1, 2, 3, 4, 5, 6\}$；

(4) $A_4=\varnothing$．

若抛掷骰子出现了 1 点，由于 $1 \in A_1$，因此事件 A_1 发生了；由于 $1 \notin A_2$，因此事

件 A_2 没有发生．另外，事件 A_2 只包含一个样本点，称这样的事件为基本事件．由于 $1 \in A_3$，因此事件 A_3 发生了，事实上，不论试验的结果如何，事件 A_3 必然发生，称这样的事件为必然事件；由于 $1 \notin A_4$，A_4 不发生，A_4 为空集，其中不含有任何样本点，称这样的事件为不可能事件．集合符号与概率论基本概念对照表如表 5－2 所示．

表 5－2　集合符号与概率论基本概念对照表

符号	概率论	集合论
S	样本空间／必然事件	全集
$\varnothing$	不可能事件	空集
e	样本点	元素
A	事件	子集
$\{e\}$	基本事件	仅含一个元素的子集

5.1.3　事件间的关系与运算

由于集合之间有包含、并、交、差与补等运算，因此事件与事件之间也有相应的关系与运算．

(1) 包含关系

在集合论中，“$A \subset B$”表示“若 $e \in A$，则 $e \in B$”，故在概率论中“$A \subset B$”表示“若 A 发生，则 B 必发生”．若事件 A，B 满足这样的关系，则称事件 B 包含事件 A．

例如，掷骰子试验中，事件 A 表示“掷出 2，4 点”，事件 B 表示“掷出偶数点”，即 $A=\{2,4\}$，$B=\{2,4,6\}$，则有 $A \subset B$．

若果 $A \subset B$ 且 $B \subset A$，则称事件 A，B 相等，记为 $A=B$．

(2) 和运算

在集合论中，“$A \cup B$”表示“$e \in A \cup B \Leftrightarrow e \in A$ 或 $e \in B$”，故在概率论中，“$A \cup B$”表示“$A \cup B$ 发生 $\Leftrightarrow A$ 发生或 B 发生 $\Leftrightarrow A$，B 至少有一个发生”．称事件 $A \cup B$ 为事件 A，B 的和事件．概率论中 $A \cup B$ 有时也表示为 $A+B$．

例如，掷骰子试验中，事件 A 表示“掷出 2，4 点”，事件 B 表示“掷出奇数点”，即 $A=\{2,4\}$，$B=\{1,3,5\}$，则事件 A，B 的和事件 $A+B=\{1,2,3,4,5\}$．

(3) 积运算

在集合论中，“$A \cap B$”表示“$e \in A \cap B \Leftrightarrow e \in A$ 且 $e \in B$”，故在概率论中，“$A \cap B$”表示“$A \cap B$ 发生 $\Leftrightarrow A$ 发生且 B 发生 $\Leftrightarrow A$，B 都发生”．称事件 $A \cap B$ 为事件 A，B 的积事件．概率论中 $A \cap B$ 有时也表示为 AB．

例如，掷骰子试验中，事件 A 表示“掷出 2，3，4 点”，事件 B 表示“掷出 1，2，4，5 点”，即 $A=\{2,3,4\}$，$B=\{1,2,4,5\}$，则事件 A，B 的积事件 $AB=\{2,4\}$．

(4) 差运算

在集合论中，“$A-B$”表示“$e \in A-B \Leftrightarrow e \in A$ 且 $e \notin B$”，故在概率论中，“$A-$

B”表示“$A-B$ 发生 $\Leftrightarrow A$ 发生但 B 不发生”. 称事件 $A-B$ 为事件 A，B 的差事件.

例如，掷骰子试验中，事件 A 表示“掷出 2，3，4 点”，事件 B 表示“掷出 1，2，4，5 点”，即 $A=\{2, 3, 4\}$，$B=\{1, 2, 4, 5\}$，则事件 A，B 的差事件 $A-B=\{3\}$.

(5) 互不相容或互斥

在集合论中，“$A\cap B$”表示“A 与 B”，故在概率论中，“$A\cap B=\varnothing$”表示“A 与 B 不可能都发生”. 若 $A\cap B=\varnothing$ 或 $AB=\varnothing$，称事件 A，B 互不相容或互斥.

例如，掷骰子试验中，事件 A 表示“掷出奇数点”，事件 B 表示“掷出 6 点”，即 $A=\{1, 3, 5\}$，$B=\{6\}$，则 $AB=\varnothing$，事件 A，B 互不相容.

(6) 对立或逆

在集合论中，符号“$\overline{A}$”表示 A 的补集. 设 S 表示全集，则有 $A\overline{A}=\varnothing$，且 $A+\overline{A}=S$. 故在概率论中称事件 $\overline{A}$ 为事件 A 的对立事件或逆事件，表示“$\overline{A}$ 发生 $\Leftrightarrow A$ 不发生”. 对应集合论中 $\overline{A}$ 的含义，可知事件 A 与其对立事件 $\overline{A}$ 互不相容，且事件 A 与其对立事件 $\overline{A}$ 的和事件 $A+\overline{A}$ 为必然事件.

例如，掷骰子试验中，事件 A 表示“掷出奇数点”，事件 B 表示“掷出偶数点”，即 $A=\{1, 3, 5\}$，$B=\{2, 4, 6\}$，则事件 A 是事件 B 的对立事件.

经过以上讨论，可以将事件间的关系与运算看作集合间的关系与运算，这样更有助于一些概率问题的分析与论证. 另外，集合的运算满足交换律、结合律、分配律和德·摩根律，因此事件间的运算也满足这些规律：

交换律　$A+B=B+A$，$AB=BA$

结合律　$(A+B)+C=A+(B+C)$，$(AB)C=A(BC)$

分配律　$A(B+C)=AB+AC$

德·摩根律　$\overline{A\cup B}=\overline{A}\cap\overline{B}$，$\overline{A\cap B}=\overline{A}\cup\overline{B}$

正确地使用符号表示事件的关系与运算是相当重要的，在很多时候往往成为解决问题的关键.

例 4　设 A，B，C 为三个事件，试用 A，B，C 表示下列事件：

(1) A，B，C 至少有一个发生；

(2) A，B，C 都发生；

(3) A，B 发生，但 C 不发生；

(4) A，B，C 都不发生；

(5) A，B，C 至多有一个发生；

解　(1) $A+B+C$；

(2) ABC；

(3) $AB\overline{C}$；

(4) $\overline{A}\,\overline{B}\,\overline{C}=\overline{A+B+C}$；

(5) $A\overline{B}\,\overline{C}+\overline{A}B\overline{C}+\overline{A}\,\overline{B}C+\overline{A}\,\overline{B}\,\overline{C}$.

5.1.4 概率的统计学定义

根据前面的讨论，虽然人们不能准确地预测随机事件是否发生，但可以通过大量重复性的观察试验，总结出随机事件发生的规律，最终讨论随机事件发生的可能性并加以量化．下面通过数学软件模拟大量重复的掷硬币试验，设事件表示“正面朝上”，讨论事件发生的可能性(试验数据表 5-3)．

表 5-3　模拟抛硬币试验数据表 I

试验次数(n)	正面朝上次数(μ)	μ/n
100	45	0.450 000
1 000	476	0.476 000
10 000	5 090	0.509 000
100 000	49 770	0.497 700
1 000 000	500139	0.500 139
10 000 000	5 001 007	0.500 101

从表 5-3 中容易看出，试验重复的次数越多，正面朝上次数 μ 所占试验次数 n 的比例越接近于 0.5．这里称 μ 为事件 A 发生的频数，μ/n 为在 n 次重复试验中事件 A 发生的频率．大量试验证实，当重复试验的次数逐渐增大时，频率呈现出稳定性，逐渐稳定于某个常数，且偏差随着试验次数的增大而越来越小．频率的这种稳定性即通常所说的统计规律性，事件频率所接近的这个确定常数就可以用来度量随机事件发生的可能性的大小．从这样的角度出发可以给出概率的统计学定义．

定义 5.3　在相同条件下，重复进行 n 次试验，记 μ 是 n 次试验中事件 A 发生的次数．如果 A 发生的频率 μ/n 随着试验的次数 n 的增大而稳定在某一常数 $p\,(0\leqslant p\leqslant 1)$ 的附近摆动，且随着试验次数 n 的增大发生较大摆动的可能性越来越小，则常数 p 称为随机事件 A 的概率．记作 $P(A)=p$．这是概率的统计学定义．

由概率的统计学定义和频率的有关性质，容易得到 $P(A)$ 具有下列性质：

(1) 对任一事件 A，有 $0\leqslant P(A)\leqslant 1$；

(2) $P(S)=1$，$P(\varnothing)=0$；

(3) 如果事件 A 与 B 互不相容，即 $A\cap B=\varnothing$，那么 $P(A+B)=P(A)+P(B)$；

(4)(逆事件的概率) 对任一事件 A，有 $P(\overline{A})=1-P(A)$．

定义(3) 表达了概率最重要的特性——可加性．它是从大量的实践经验中概括出来的，成为研究概率的基础与出发点．从概率的定义来看，这个公式的成立是很自然的．设想进行了 n 次重复试验，n 充分大，事件 A 发生了 μ_A 次，事件 B 发生了 μ_B 次．由于 A 与 B 互不相容，故 $A+B$ 发生了 $\mu_A+\mu_B$ 次．但根据概率的定义，μ_A/n 应该与 $P(A)$ 很接近，μ_B 与 $P(B)$ 很接近，于是 $(\mu_A+\mu_B)/n$ 自然与 $P(A)+P(B)$ 很接近．然而 $(\mu_A+\mu_B)/n$ 恰好是事件 $A+B$ 发生的频率，既然 n 充分大，所以 $(\mu_A+\mu_B)/n$ 与

$P(A+B)$ 很接近．因而 $P(A+B)$ 应该与 $P(A)+P(B)$ 相等．

根据定义 5.3，设 n 个事件 A_1，A_2，…，A_n 两两互不相容，则

$$P(A_1+A_2+\cdots+A_n)=P(A_1)+P(A_2)+\cdots+P(A_n),$$

该式称为概率的有限可加性．

(5) 对任意两个随机事件 A 和 B，有 $P(A+B)=P(A)+P(B)-P(AB)$.

(6) 对任意两个随机事件 A 和 B，有 $P(A-B)=P(A)-P(AB)$.

例 5　已知 $P(\overline{A})=0.5$，$P(A\overline{B})=0.2$，$P(B)=0.4$，求

(1) $P(A-B)$；(2) $P(AB)$；(3) $P(A+B)$；(4) $P(\overline{A}\,\overline{B})$.

解　(1) $P(A-B)=P(A\overline{B})=0.2$；

(2) 由 $P(\overline{A})=0.5$ 得 $P(A)=0.5$，且 $P(A-B)=P(A)-P(AB)$，所以 $P(AB)=P(A)-P(A-B)=0.5-0.2=0.3$；

(3) $P(A+B)=P(A)+P(B)-P(AB)=0.5+0.4-0.3=0.6$；

(4) 由德·摩根律，$P(\overline{A}\,\overline{B})=P(\overline{A+B})=1-P(A+B)=1-0.6=0.4$.

5.2　等可能概型

本节主要介绍等可能概型的基本概念和基本公式．

定义 5.4　若随机试验满足以下条件：

(1) 样本空间只包含有限个样本点，即 $S=\{e_1, e_2, \cdots, e_n\}$；

(2) 每个基本事件发生的可能性相同，即 $A_i=\{e_i\}$，$i=1, 2, \cdots, n$，

$$P(A_1)=P(A_2)=\cdots=P(A_n)=\frac{1}{n}.$$

则称该随机试验为等可能概型或古典概型．

例如，引例 1 和引例 2 中涉及的随机试验都属于古典概型．根据引例 1 和引例 2 中的讨论，对于等可能概型中事件的概率有如下计算公式：

$$P(A)=\frac{A\text{ 中包含的样本点的总数}}{S\text{ 中包含的样本点的总数}}=\frac{k}{n}.$$

因此，计算等可能概型中事件的概率，首先要计算样本空间 S 中所含的样本点总数 n，再计算事件 A 中所含的样本点总数 k，最后求二者的比值即可．

例 1　将一枚硬币抛掷三次．

(1) 设事件 A_1 为"恰有一次出现反面"，求 $P(A_1)$；

(2) 设事件 A_2 为"至少有一次出现正面"，求 $P(A_2)$.

解　这是一个等可能概型．首先写出 S，A_1，A_2(用 H 表示正面朝上，用 T 表示反面朝上)：

$S=\{HHH, HHT, HTH, HTT, THH, THT, TTH, TTT\}$,

$A_1=\{HHT, HTH, THH\}$,

$A_2=\{HHH, HHT, HTH, HTT, THH, THT, TTH\}$,

因此 $n=8$，$k_1=3$，$k_2=7$，故有

$$P(A_1)=\frac{k_1}{n}=\frac{3}{8},\ P(A_2)=\frac{k_2}{n}=\frac{7}{8}.$$

当然，$P(A_2)$ 也有另一种计算方法：$P(A_2)=1-P(\overline{A_2})=1-\frac{1}{8}=\frac{7}{8}$.

例 1 中，在计算 $P(A_1)$ 和 $P(A_2)$ 时，列出了样本空间 S 和事件 A_1，A_2 中包含的所有样本点．这种方法对于一些小样本问题是简单可行的，但对于一些大样本问题则未必需要列出样本空间和事件中包含的所有样本点，只需考察其中包含的样本点个数即可．下面例 2 采用的就是这种方法．

例 2 盒中装有七个球(三白四黑).

(1) 从中任取一个，问取到白球的概率是多少?

(2) 从中任取两个，问两个球全是白球的概率是多少?

解 (1) 设表示“任取一球，恰好是白球”，从 7 个球中任取一个，共有 7 种结果，即 $n=7$. 另一方面，盒中白球有 3 个，则取到白球的结果有 3 个，即 $k_1=3$. 则

$$P(A_1)=\frac{3}{7}.$$

(2) 设 A_2 表示“任取两个都是白球”，从 7 个球中任取 2 个，有 C_7^2 种结果，即 $n=C_7^2$. 另一方面，盒中有白球 3 个，则任取两个都是白球的结果有 C_3^2 种，即 $k_1=C_3^2$. 则

$$P(A_2)=\frac{C_3^2}{C_7^2}=\frac{1}{7}.$$

5.3 条件概率

本节主要介绍条件概率的概念以及与之相关的三个重要公式 —— 乘法公式、全概率公式和贝叶斯公式．

5.3.1 条件概率

为给出条件概率的定义，首先通过几何概型和韦恩图来讨论在已知某一事件发生的前提条件下，另一事件发生的概率．

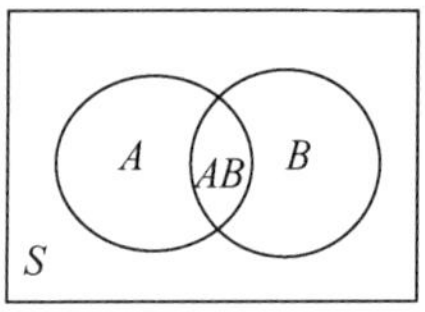

图 5－1

由图 5－1 知，

$$P(A)=\frac{A\text{ 所占的面积}}{S\text{ 所占的面积}},\ P(AB)=\frac{AB\text{ 所占的面积}}{S\text{ 所占的面积}}.$$

若事件 A 已经发生，则样本空间 S 就缩减为 A，也就是说，当事件 A 发生后，样本空间已由原来的 S 缩减为新的样本空间 A. 若

要事件 B 发生，则一定有事件 B 在缩减后的样本空间 A 中发生．若符号 $P(B|A)$ 表示当事件 A 已经发生后，事件 B 发生的概率，则有

$$P(B|A)=\frac{AB\text{ 所占的面积}}{A\text{ 所占的面积}}=\frac{\dfrac{AB\text{ 所占的面积}}{S\text{ 所占的面积}}}{\dfrac{A\text{ 所占的面积}}{S\text{ 所占的面积}}}=\frac{P(AB)}{P(A)}.$$

从这样的角度出发，不失一般性，有如下定义：

定义 5.5　设 A，B 是两个事件，且 $P(A)>0$，称

$$P(B|A)=\frac{P(AB)}{P(A)}$$

为事件 A 发生的条件下事件 B 发生的条件概率．

例 1　五个乒乓球(三新二旧)，每次取一个，无放回地取两次．求：

(1) 第一次取到新球的概率；

(2) 第二次取到新球的概率；

(3) 在第一次取到新球的条件下第二次取到新球的概率．

解　设 A 为“第一次取到新球”，B 为“第二次取到新球”．

(1) 显然 $P(A)=\dfrac{3}{5}$；

(2) 先将 5 个球编号，算出两次抽取的全部可能的结果总数，这相当于 5 个中任取 2 个排在两个座位上，共有 $C_5^1C_4^1=20$ 种排法．

再求第二次取到新球所含的基本事件数．若第一次取到新球，第二次取到新球，这种情形共有 $C_3^1C_2^1=6$ 种；若第一次取到旧球，第二次取到新球，此种情形共有 $C_2^1C_3^1=6$ 种．因此事件 B 包含的基本事件数是 $6+6=12$．由等可能概型可得

$$P(B)=\frac{12}{20}=\frac{3}{5}，P(AB)=\frac{6}{20}=\frac{3}{10}.$$

(3) 既然 A 已发生，那么第二次抽取时，盒中共有 4 个球，其中有两个新球，由等可能概型可得

$$P(B|A)=\frac{2}{4}=\frac{1}{2}.$$

也可用条件概率公式计算

$$P(B|A)=\frac{P(AB)}{P(A)}=\frac{3/10}{3/5}=\frac{1}{2}.$$

一般的，条件概率 $P(B|A)$ 可视具体情况运用下列两种方法之一来计算：

(1) 在缩减的样本空间 S_A 中计算；

(2) 在原来的样本空间 S 中，直接根据条件概率公式计算．

但第一种方法对于某些问题不适用，如例 2.

例 2　某种动物从出生算起活到 20 岁以上的概率为 0.8，活到 25 岁以上的概率为

0.4，如果现在有一只 20 岁的这种动物，问它能活到 25 岁以上的概率是多少？

解　设 A 表示“这种动物活到 20 岁以上”，B 表示“这种动物活到 25 岁以上”，则由已知 $P(A)=0.8$，$P(B)=0.4$，且 $AB=B$，则由条件概率公式得

$$P(B\mid A)=\frac{P(AB)}{P(A)}=\frac{P(B)}{P(A)}=\frac{0.4}{0.8}=0.5.$$

5.3.2　乘法定理

由条件概率公式得到

$$P(AB)=P(A)P(B\mid A)\qquad (P(A)>0),$$

注意到 $AB=BA$，由 A，B 的对称性可得到

$$P(AB)=P(B)P(A\mid B)\qquad (P(B)>0),$$

这两个公式称为概率的乘法公式，利用它们可以计算两个事件的积事件发生的概率．

例 3　盒中有 10 个球，其中 6 个红球，4 个白球．连续两次从盒中不放回地任取一球，求第二次才取得白球的概率．

解　设 A_i 表示“第 i 次取到白球”，$i=1$，2，B 表示“第二次才取到白球”．因此 $B=\overline{A}_1A_2$，由乘法公式有

$$P(B)=P(\overline{A}_1A_2)=P(\overline{A}_1)P(A_2\mid \overline{A}_1)=\frac{6}{10}\times\frac{4}{9}=\frac{4}{15}.$$

乘法公式可以推广到有限个事件的积事件的情况：

设 A_1，A_2，…，A_n 为 n 个事件，且 $P(A_1A_2\cdots A_n)>0$，则

$$P(A_1A_2\cdots A_n)=P(A_1)P(A_2\mid A_1)P(A_3\mid A_1A_2)\cdots P(A_n\mid A_1A_2\cdots A_{n-1}).$$

例 4　在例 3 中，若无放回地取三次，每次任取一球，求第三次才取到白球的概率．

解　设 C 表示“第三次才取到白球”，根据乘法公式的推广，有

$$P(C)=P(\overline{A}_1\overline{A}_2A_3)=P(\overline{A}_1)P(\overline{A}_2\mid \overline{A}_1)P(A_3\mid \overline{A}_1\overline{A}_2)=\frac{6}{10}\times\frac{5}{9}\times\frac{4}{8}=\frac{1}{6}.$$

所以，第三次才取到白球的概率为 $\frac{1}{6}$.

5.3.3　全概率公式

由乘法公式，可以得出一个重要的概率计算公式——全概率公式．为介绍全概率公式，首先引入完备事件组的概念．

定义 5.6　若两两互不相容的事件组 A_1，A_2，…，A_n 满足 $A_1+A_2+\cdots+A_n=S$，则称事件组 A_1，A_2，…，A_n 为完备事件组．

设 A_1，A_2，…，A_n 是 S 中的一个完备事件组，B 是任一事件．则 A_1，A_2，…，

A_n 与 B 的关系可用图 5-2 表示．由图知 $B=BA_1+BA_2+\cdots+BA_n$．所以

$$P(B)=P(BA_1+BA_2+\cdots+BA_n)=P(BA_1)+P(BA_2)+\cdots+P(BA_n),$$

再根据乘法公式得

$$P(B)=P(A_1)P(B\mid A_1)+P(A_2)P(B\mid A_2)+\cdots+P(A_n)P(B\mid A_n).$$

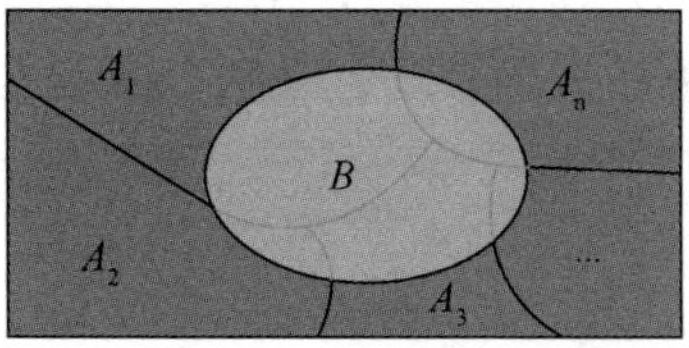

图 5-2

故有如下定理：

定理 1　（全概率公式）设随机试验 E 的样本空间为 S，事件组 A_1，A_2，…，A_n 是一个完备事件组，且 $P(A_i)>0$，$i=1$，2，…，n，那么对任一事件 B 有

$$P(B)=\sum_{i=1}^{n}P(A_i)P(B\mid A_i).$$

在全概率公式中，完备事件组 A_1，A_2，…，A_n 可以理解为事件 B 发生的所有可能原因，即若 B 是由 A_i 的发生引起的，则其发生概率为 $P(A_i)P(B\mid A_i)$．由于每一原因都可能导致事件 B 发生，故事件 B 发生的概率为所有 $P(A_i)P(B\mid A_i)$ 之和．

例 5　五个乒乓球(三新二旧)，每次取一个，无放回地取两次，求第二次取得新球的概率．

解　设 A 表示“第一次取到新球”，B 表示“第二次取到新球”．由全概率公式得

$$P(B)=P(A)P(B\mid A)+P(\overline{A})P(B\mid\overline{A})=\frac{3}{5}\times\frac{2}{4}+\frac{2}{5}\times\frac{3}{4}=\frac{3}{5}.$$

运用全概公式的关键在于找出一个完备事件组．

例 6　有一批同一型号的产品，已知其中由一厂生产的占 30%，二厂生产的占 50%，三厂生产的占 20%，又知这三个厂的产品次品率分别为 2%，1%，1%．问从这批产品中任取一件是次品的概率是多少？

解　设 B 为“任取一件，取到的是次品”，A_1 为“产品是由一厂生产的”，A_2 为“产品是由二厂生产的”，A_3 为“产品是由三厂生产的”，易知 A_1，A_2，A_3 是一个完备事件组，并且有

$$P(A_1)=0.3,\ P(A_2)=0.5,\ P(A_3)=0.2,$$
$$P(B\mid A_1)=0.02,\ P(B\mid A_2)=0.01,\ P(B\mid A_3)=0.01,$$

由全概率公式

$$\begin{aligned}P(B)&=P(A_1)P(B\mid A_1)+P(A_2)P(B\mid A_2)+P(A_3)P(B\mid A_3)\\&=0.3\times0.02+0.5\times0.01+0.2\times0.01=0.013.\end{aligned}$$

所以从这批产品中任取一件是次品的概率为 1.3%.

若在例 6 中追加一问：若已知从这批产品中任取一件，发现是次品，求该次品产自于二厂的概率．这个一个条件概率，表示为 $P(A_2 \mid B)$．根据条件概率公式和乘法公式有

$$P(A_2 \mid B)=\frac{P(BA_2)}{P(B)}=\frac{P(A_2)P(B \mid A_2)}{P(B)}=\frac{0.5\times 0.01}{0.013}=\frac{5}{13}.$$

根据这样的思路，结合条件概率公式、乘法公式和全概率公式，可以给出另一个重要的概率计算公式 —— 贝叶斯公式．

5.3.4 贝叶斯公式

定理 2 （贝叶斯公式）设 A_1，A_2，A_3，…，A_n 是一个完备事件组，$P(B)>0$，则有

$$P(A_i \mid B)=\frac{P(BA_i)}{P(B)}=\frac{P(A_i)P(B \mid A_i)}{\sum_{i=1}^{n}P(A_i)P(B \mid A_i)} \quad (i=1,\ 2,\ \cdots,\ n).$$

例 7 对以往数据分析的结果表明，机器正常运行的概率为 90%，且当机器正常运行时，产品的合格率为 98%；而当机器发生故障时，产品的合格率为 55%．求生产出的第一件产品是合格品时，机器正常运行的概率．

解　设 A 表示“产品合格”，B 表示“机器正常运行”，

已知 $P(A \mid B)=0.98$，$P(A \mid \overline{B})=0.55$，$P(B)=0.9$，$P(\overline{B})=0.1$，所求的概率为 $P(B \mid A)$．

由贝叶斯公式，所求概率为

$$P(B \mid A)=\frac{P(AB)}{P(A)}=\frac{P(B)P(A \mid B)}{P(B)P(A \mid B)+P(\overline{B})P(A \mid \overline{B})}=\frac{0.9\times 0.98}{0.9\times 0.98+0.1\times 0.55}\approx 94\%.$$

本例中事件有两个概率 $P(B)=0.8$ 和 $P(B \mid A)\approx 0.94$．$P(B)$ 是根据以往数据分析得到的，称为先验概率；$P(B \mid A)$ 是通过实验得到信息后重新加以修正的概率，称为后验概率．可以认为，贝叶斯公式是一种利用搜集到的信息对原有判断进行修正的有效方法，广泛运用于自然科学和社会科学的许多领域．本节提供了一些涉及法律、机械、计算机、医疗等领域的较为基本的例题或习题，请读者思考体会．

5.4 独立性

本节主要介绍事件独立性的概念、伯努利概型以及如何运用独立性原理计算某些事件的概率．

5.4.1 独立性

定义 5.7 设 A，B 是两个事件，若

$$P(AB)=P(A)P(B),$$

则称事件 A，B 相互独立.

根据事件独立性的定义，可得出下列结论：

四对事件 A 与 B、$\overline{A}$ 与 B、A 与 $\overline{B}$、$\overline{A}$ 与 $\overline{B}$，若其中有一对相互独立，则其余的三对都相互独立.

事件的独立性和事件的互不相容是两个完全不同的概念. 事实上，如果两个具有非零概率的事件是互不相容的，那么它们一定是独立的；反之，如果两个具有非零概率的事件是相互独立的，那么它们不一定是互不相容的.

例 1　从一副不含大小王的扑克牌中任取一张，记 A 表示“抽到 K”，B 表示“抽到黑色花色的牌”，问事件 A，B 是否独立？

解　由于一副不含大小王的扑克牌共 52 张，共有黑桃(黑色)、红桃(红色)、梅花(黑色)、方片(红色) 四种花色，每种花色各 13 张，所以有

$$P(A)=\frac{4}{52},\ P(B)=\frac{26}{52},\ P(AB)=\frac{2}{52},$$

$$P(AB)=P(A)P(B),$$

根据事件的独立性定义，事件 A，B 是相互独立的.

上述例 1 通过事件独立的定义来判断事件 A，B 的独立性，而在实际问题中，判断独立性更多的是根据实际意义来判断，并利用已知的独立性来计算积事件的概率.

例 2　甲、乙两人独立地参加考试，根据两人的学习情况，已知甲通过考试的概率为 0.7，乙通过考试的概率为 0.8，问甲、乙两人中至少有一人能通过考试的概率是多少？

解　设 A 表示“甲通过考试”，B 表示“乙通过考试”，C 表示“甲、乙两人中至少有一人能通过考试”，则 $C=A+B$，根据事件 A，B 的独立性及概率的性质有

$$P(C)=1-P(\overline{A+B})=1-P(\overline{A}\,\overline{B})=1-P(\overline{A})P(\overline{B})=1-0.3\times0.2=0.94,$$

所以甲、乙两人中至少有一人能通过考试的概率是 0.94.

上述例 2 利用事件 A，B 的独立性计算积事件 $\overline{A}\,\overline{B}$ 的概率. 在实际问题中，判断独立性更多的是根据实际意义来判断，并利用已知的独立性来计算积事件的概率. 另外，在实际问题中，对于多个相互独立的事件也有类似的方法，即若 n 个事件 A_1，A_2，…，A_n 相互独立，则有

$$P(A_1A_2\cdots A_n)=P(A_1)P(A_2)\cdots P(A_n).$$

例 3　设每一名机枪手击落飞机的概率都是 0.01，若 100 名机枪手同时向一架飞机射击，问飞机被击落的概率是多少？

解　设 A_i 表示“飞机被第 i 名机枪手击落”，B 表示“飞机被击落”，则 $B=A_1+A_2+\cdots+A_{100}$，根据事件 A_1，A_2，…，A_{100} 的独立性及概率的性质有

$$P(B)=1-P(\overline{A_1+A_1+\cdots+A_{100}})=1-P(\overline{A}_1\overline{A}_2\cdots\overline{A}_{100})=1-0.99^{100}\approx0.63.$$

所以飞机被击落的概率是 0.63.

5.4.2 伯努利概型

下面从事件的独立性的角度出发来介绍一种在等可能概型中占据重要地位的概率模型——伯努利概型.

定义 2 若试验 E 只有两个可能的结果，即事件 A 发生或事件 A 不发生，设 $P(A)=p$，$0<p<1$，则 $P(\overline{A})=1-p=q$. 将试验独立地重复进行 n 次，这样就构成了一个新的试验 E^n，称 E^n 为 n 重伯努利试验，简称为伯努利试验或伯努利概型.

伯努利试验是从现实的大量随机现象中抽象出来的一种基本的概率模型. 例如，在 n 次掷骰子试验中，每次试验的结果只有两种：掷出 6 点或不掷出 6 点，掷出 6 点的概率为 p，且每次是否掷出 6 点是相互独立的，那么观察 n 次掷骰子的情况就构成了一个伯努利试验.

在伯努利试验中，常常关心事件 A 发生的次数. 若记 B_k 表示"n 重伯努利试验中事件 A 发生的次数 k"，则

$$P(B_k)=C_n^k p^k q^{n-k}，\ 0\leqslant k\leqslant n.$$

例 4 在 10 次掷骰子试验中，求至少掷出 2 次 6 点的概率.

解 设 A 表示"至少掷出 2 次 6 点"，B_i 表示"掷出 i 次 6 点"，$n=10$，$p=\dfrac{1}{6}$，$q=\dfrac{5}{6}$，根据以上讨论有

$$P(A)=1-P(B_0)-P(B_1)=1-C_{10}^0\left(\frac{1}{6}\right)^0\left(\frac{5}{6}\right)^{10}-C_{10}^1\left(\frac{1}{6}\right)^1\left(\frac{5}{6}\right)^9\approx 0.52.$$

定义 5.8 若 n 个事件 A_1，A_2，…，A_n 满足

$$P(A_{i_1}A_{i_2}\cdots A_{i_k})=P(A_{i_1})P(A_{i_2})\cdots P(A_{i_k})\quad (1\leqslant k\leqslant n,\ 1\leqslant i_1<i_2<\cdots<i_k\leqslant n),$$

则称事件 A_1，A_2，…，A_n 相互独立.

注意，n 个事件相互独立与 n 个事件两两相互独立是不同的.

在 n 重伯努利试验中，常常关心事件 A 发生的次数. 若记 B_k 表示"n 重伯努利试验中事件 A 发生的次数 k"，则

$$P(B_k)=C_n^k p^k q^{n-k}，\ 0\leqslant k\leqslant n.$$

事实上，若在 n 重伯努利试验中事件 A 发生了 k 次，则首先从 n 次试验中选取 k 次，事件 A 在这次试验中发生的概率为 p^k，在其余 $n-k$ 次试验中事件 A 不发生的概率为 q^{n-k}，因此 $P(B_k)=C_n^k p^k q^{n-k}$.

习题 5

1. 写出下列随机试验的样本空间，并表示出所给事件.

(1) 从一批含有正品和次品的产品中抽出两件检查，事件 A 表示“两件均为正品”，事件 B 表示“至少有一件是正品”.

(2) 一个盒子中有 3 个红球，2 个白球，从中任取 2 个球，观察它们的颜色．事件 A 表示“恰好有两个红球”，事件 B 表示“至多有一个红球”.

(3) 测量某一汽车经过车站时的速度(单位：千米 / 小时)．事件 A 表示“车速不低于 20”；事件 B 表示“车速介于 15 至 20 之间”.

(4) 在以原点为圆心、2 为半径的圆内任取一点 P，记录 P 点的坐标．事件 A 表示“P 点落在单位圆内”，事件 B 表示“P 点离原点距离为 0.5”.

2. 根据天气预报，明天甲城市下雨的概率为 0.7，乙城市下雨的概率为 0.2，甲、乙两城市同时下雨的概率为 0.1，求下列事件的概率：

(1) 明天甲城市下雨而乙城市不下雨；

(2) 明天甲城市不下雨而乙城市下雨；

(3) 明天至少有一个城市下雨；

(4) 明天甲、乙两城市都不下雨；

(5) 明天至少有一个城市不下雨．

3. 有 5 根长度分别为 1，3，5，7，9(单位：厘米) 的铁条，从中任取 3 根，求所取的 3 根钢筋能焊成三角形的概率．

4. 袋中装有 8 个球，其中有 4 个红球，不放回地任取 3 次，求下列事件的概率：

(1) 前两次都取到红球；

(2) 取到两个红球；

(3) 至少取到一个红球．

5. 飞机导航系统设有自动控制和手动控制两种方式，两种控制方式单独使用时能够正常工作的概率分别为 99% 和 95%，已知在自动控制方式失灵的情况下手动控制也失灵的概率为 1%. 求以下事件的概率：

(1) 飞机导航系统可以正常工作；

(2) 手动控制方式失灵时自动控制也失灵．

6. 甲、乙、丙三种不同型号的机器生产同一种产品，已知它们的产量分别占总产量的 0.2，0.3，0.5，各机器所出产品的优级品率分别为 0.85，0.9，0.95. 现从所有产品中任取一件，求：

(1) 取到优级品的概率；

(2) 取到的优级品由甲机器生产的概率．

7. 某产品生产过程中，要经过三道相互独立的工序．已知第一道工序的次品率为 1%，第二道工序的次品率为 2%，第三道工序的次品率为 5%，问该种产品的正品率是多少？

第 6 章　随机变量及其概率分布

本章导读

为了全面地研究随机试验的结果，揭示随机现象的统计规律性，将随机试验的结果与实数对应起来，将随机试验的结果数量化，引入随机变量的概念，进一步地利用数学分析的方法来研究随机试验.

本章重点

- 掌握随机变量的概念.
- 了解随机变量的概率分布.
- 熟悉常见随机变量的概率分布.
- 掌握随机变量的独立性.

素质目标

- 培养学生一定的抽象思维能力和数学语言表达能力.
- 培养学生的化归意识，提高总结、归纳、概括能力.

6.1　随机变量

本节主要介绍随机变量的概念及其分类.

6.1.1　随机变量

定义 6.1　设随机试验的样本空间为 S，对于样本空间 S 中每一个样本点 e，有且只有唯一的实数 $X(e)$ 与之对应，则称定义在样本空间 S 上的实值函数 $X(e)$ 为随机变量，简记为 X.

随机变量通常用大写字母 X，Y，Z 等表示，用小写字母表示随机变量的取值，即用 x，y，z 等表示实数.

随机变量的定义域为样本空间 S，值域为实数子集，对应法则为 X. 如图 6 - 1 所示.

由于随机变量的自变量为随机试验的试验结果(即样本点)，而随机试验的试验结

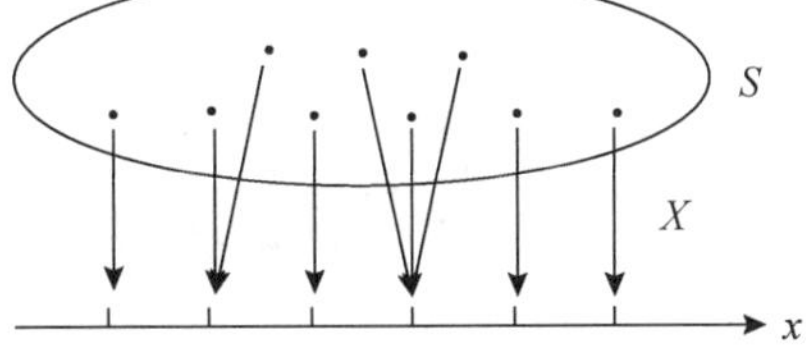

图 6-1

果具有随机性，所以导致随机变量的取值也具有随机性(即随机变量的取值具有统计规律性)，在一次试验之前，不能预先知道随机变量取什么值，但由于试验的所有可能结果是预先知道的，所以对于每一个随机变量，可以知道它的取值范围．这一性质显示了随机变量与普通函数有本质的区别．

随机变量的取值随着试验的结果而定．试验的各个结果出现有一定的概率，从而随机变量的取值有一定的概率．因此随机变量取各个值的可能性大小也就知道了．

引入随机变量之后，原来用语言文字叙述的随机事件就可以用随机变量取值或取值范围来表示了．至此，对于随机事件的研究就转化成了对随机变量的研究，这就使我们可能利用更多高等数学的方法对随机试验的结果进行深入广泛的研究和讨论．

例 1　将一枚硬币连续抛掷 3 次，设 X 表示 3 次中出现正面的次数，则 X 是一个随机变量，它的可能取值为 0，1，2，3. 设 H 表示硬币出现正面，T 表示硬币出现反面，则

$$P\{X=0\}=P\{TTT\}=1/8,$$
$$P\{X=1\}=P\{TTH,\ THT,\ HTT\}=3/8,$$
$$P\{X=2\}=P\{THH,\ HTH,\ HHT\}=3/8,$$
$$P\{X=3\}=P\{HHH\}=1/8.$$

6.1.2　随机变量的分类

对于随机变量，通常根据其取值不同分两类．若随机变量所有可能取值是有限多个或者可列无限多个，则称其为离散型随机变量．除此之外的随机变量，通称为非离散型的随机变量．非离散型的随机变量范围很广，其中有一类最重要的且实际中常遇到的随机变量就是所谓的连续型随机变量，它的可能取值可以充满整个区间．本书仅讨论离散型和连续型两种类型的随机变量．

例 2　从一批产品中随机抽取 10 个进行检验，其中含有的废品数 X 是一个随机变量，它的所有可能取值是 0，1，2，…，10，因此它是一个离散型随机变量．

例 3　某商店在某天的顾客数 X 是一个随机变量，它的所有可能取值是 0，1，…，因此它是一个离散型随机变量．

例 4　某个品牌电视机的寿命 X 是一个随机变量，它的所有可能取值是

$[0,+\infty)$，一般认为它是一个连续型随机变量．

6.2 离散型随机变量

本节主要介绍离散型随机变量及其分布律、常见离散型随机变量的分布．

6.2.1 离散型随机变量分布律

定义 6.2 设离散型随机变量 X 的所有可能取值为 x_1，x_2，…，则称

$$P\{X=x_k\}=p_k \qquad (k=1,2,\cdots)$$

为离散型随机变量的分布律或概率分布．

分布律也可表示成表形式：

X	x_1	x_2	…	x_k	…
P	p_1	p_2	…	p_k	…

或者

$$X\sim\begin{bmatrix} x_1 & x_2 & \cdots & x_k & \cdots \\ p_1 & p_2 & \cdots & p_k & \cdots \end{bmatrix}$$

由概率的性质，离散型随机变量的分布律具有以下两个基本性质：

(1) $0\leqslant p_k\leqslant 1$；

(2) $\sum_{k=1}^{\infty}p_k=1$.

这两个性质也是判断数列 p_1，p_2，…，p_k，… 能否成为某个随机变量分布律的充分必要条件．

例 1 下列表中列出的是否是某个随机变量的分布律．

(1)

X_1	1	2	3	4
P	1/4	1/2	1/8	1/8

(2)

X_2	1	3	5
P	0.7	0.1	0.1

解 (1) 因为 $0<p_k<1$，且 $p_1+p_2+p_3+p_4=\frac{1}{4}+\frac{1}{2}+\frac{1}{8}+\frac{1}{8}=1$，所以 p_1，

p_2，p_3，p_4 可以是某个随机变量的分布律．

(2) 因为 $p_1+p_2+p_3=0.7+0.1+0.1=0.9\neq1$，所以 p_1，p_2，p_3 不可能是某个随机变量的分布律．

例 2 一个口袋中装有5个球，编号为1，2，3，4，5，从袋子中同时取出3个球，用 X 表示取出的3个球中最大的号码，写出随机变量 X 的分布律．

解　随机变量的可能取值为3，4，5，则

$$P\{X=3\}=\frac{1}{C_5^3}=\frac{1}{10},$$

$$P\{X=4\}=\frac{C_3^2}{C_5^3}=\frac{3}{10},$$

$$P\{X=5\}=\frac{C_4^2}{C_5^3}=\frac{6}{10}.$$

则 X 的分布律见下表：

X	3	4	5
P	0.1	0.3	0.6

例 3 设离散型随机变量的分布律为：

X	-2	-1	0	1	2
P	a	$3a$	$\frac{1}{8}$	a	$2a$

求：(1) 常数 a 的值；(2) $P\{X<1\}$，$P\{-2<X\leqslant0\}$．

解　(1) 由于 $a+3a+\frac{1}{8}+a+2a=1$，得 $a=\frac{1}{8}$，即分布律为：

X	-2	-1	0	1	2
P	$\frac{1}{8}$	$\frac{3}{8}$	$\frac{1}{8}$	$\frac{1}{8}$	$\frac{1}{4}$

(2) $P\{X<1\}=P\{X=-2\}+P\{X=-1\}+P\{X=0\}=\frac{1}{8}+\frac{3}{8}+\frac{1}{8}=\frac{5}{8}$,

$$P\{-2<X\leqslant0\}=P\{X=-1\}+P\{X=0\}=\frac{3}{8}+\frac{1}{8}=\frac{1}{2}.$$

6.2.2　常见离散型随机变量的分布律

1. 两点分布或 0-1 分布

若某个试验只有两个可能结果，即某一事件发生或不发生，这种试验称为伯努利

(Bernoulli) 试验．若已知 $P(A)=p$，则 $P(\overline{A})=1-p=q$，令

$$X=\begin{cases}1,\ 若 A 发生;\\0,\ 若 \overline{A} 发生.\end{cases}$$

则 X 的分布律是

X	0	1
P	q	p

或

$$P\{X=k\}=p^k(1-p)^{1-k} \qquad (k=0,\ 1).$$

如果一个随机变量的分布律具有上述形式，则 X 称服从参数为 p 的两点分布或 0-1 分布．

当随机试验只有两个结果时，总可以描述成两点分布．例如，考试及格与不及格、检查产品的质量是否合格、对新生婴儿的性别进行登记、硬币的正面和反面等．

2. 二项分布

将伯努利试验独立地重复进行 n 次，则称这一串重复的独立试验为 n 重伯努利试验．在 n 重伯努利试验中，假设每次试验的两种可能结果是某一事件 A 发生或不发生，且 $P(A)=p$，则 $P(\overline{A})=1-p=q$，记 k 是这 n 次独立试验中事件 A 发生的次数，则事件 A 发生 k 次的概率为：

$$P\{X=k\}=C_n^k p^k(1-p)^{n-k} \quad (k=0,\ 1,\ 2,\ \cdots,\ n),$$

则称 X 服从参数为 n，p 的二项分布，记作 $X\sim B(n,\ p)$ 或 $X\sim b(n,\ p)$.

例 4　假设某产品的次品率为 10^{-3}，从该产品中随机抽取 100 个，求：

(1) 恰好有一个次品的概率；

(2) 至少有一个次品的概率．

解　将每个产品是否为次品的试验看成是一次随机试验，100 个产品是否是次品问题就归结于 100 重伯努利试验，次品数记为 X，因此，$X\sim B(100,\ 0.001)$.

(1) 恰好有一个次品的概率为

$$P\{X=1\}=C_{100}^1\times 0.001\times 0.999^{99}=0.1\times 0.999^{99}.$$

(2) 至少有一个次品的概率为

$$P\{X\geqslant 1\}=\sum_{k=1}^{100}P\{X=k\}=1-P(X=0)=1-0.999^{99}.$$

例 5　某车间每天都要进行噪声水平检验，平均 10 天中有 2 天超标，今环保部门派人来车间检查 5 天．试求：(1) 在检查期间未发现噪声超标的概率；(2) 在检查期间有 2 天或 3 天发现噪声超标的概率．

解　设 X 表示检查 5 天中噪声水平超标的天数，则 $X\sim B(5,\ 0.2)$.

(1) $P\{X=0\}=C_5^0\times 0.2^0\times 0.8^5=0.327\ 7$.

(2) $P\{2 \leqslant X \leqslant 3\} = P\{X=2\} + P\{X=3\}$

$$= C_5^2 \times 0.2^2 \times 0.8^3 + C_5^3 \times 0.2^2 \times 0.8^2 = 0.2560.$$

例 6　一种生物试验的费用比较昂贵，而每次试验取得成功的概率为 0.4，如果试验者希望以 0.95 的概率至少取得一次成功，则至少应做几次试验？

解　设至少应做 n 次试验，X 表示 n 次试验中取得成功的次数，则 $X \sim B(n, 0.4)$，因为

$$P\{X \geqslant 1\} = 1 - P\{X=0\} = 1 - 0.6^n \geqslant 0.95.$$

所以

$$n \geqslant \frac{\ln 0.05}{\ln 0.6} \approx 5.86.$$

即至少应做 6 次试验．

3. 泊松分布

若离散型随机变量 X 的分布律为

$$P\{X=k\} = \frac{\lambda^k}{k!} e^{-\lambda} \quad (k=0, 1, 2, \cdots), \lambda > 0,$$

则称随机变量 X 服从参数为 λ 的泊松分布，记作 $X \sim P(\lambda)$.

泊松分布是一个非常常用的分布律，常与单位时间、单位面积上的计数过程相联系．例如，一小时内来到某商场的顾客数、一本书一页中的印刷错误数、某一地区某一时间发生的交通事故数、某医院一天内的急症病人数和布匹上单位面积的瑕疵点数等随机现象都可以用泊松分布来描述．

例 7　某汽车站每分钟前来候车的人数服从参数为 5 的泊松分布，求：

(1) 在 1 分钟内恰有两个人来候车的概率；

(2) 在 1 分钟内至少有一人来候车的概率．

解　设 X 为 1 分钟内来候车的人数，则 $X \sim P(5)$，故

(1) 在 1 分钟内恰有两个人来候车的概率为

$$P\{X=2\} = \frac{5^2}{2!} e^{-5} = 0.03369.$$

(2) 在 1 分钟内至少有一人来候车的概率为

$$P\{X \geqslant 1\} = \sum_{k=1}^{\infty} P\{X=k\} = 1 - P\{X=0\} = 1 - 0.00674 = 0.99326.$$

定理 1　（泊松定理）假设在 n 重伯努利试验中，随着试验次数 n 无限增大，而事件 A 发生的概率 p 无限缩小，且当 $n \to +\infty$ 时有 $np \to \lambda$，则

$$\lim_{n \to +\infty} C_n^k p^k (1-p)^{n-k} = \frac{\lambda^k}{k!} e^{-\lambda}.$$

由于泊松定理是在 $np \to \lambda$ 条件下得到的，所以在计算二项分布有关概率时，当 n 很大，p 很小，而 $\lambda = np$ 大小适中时，可以用下列近似公式：

$$C_n^k p^k (1-p)^{n-k} \approx \frac{\lambda^k}{k!} e^{-\lambda}.$$

例 8 一本500页的书共发现1 000个错别字，每个错别字等可能出现在每一页上，试估计在给定的一页上至少有三个错别字的概率．

解　设 X 为在给定的一页上出现的错别字数，则 $X \sim B(1\,000, \frac{1}{500})$．由于 $\lambda = np = 2$，从而

$$P\{X \geqslant 3\} = 1 - P\{X \leqslant 2\} = 1 - \sum_{k=0}^{2} C_{1000}^k \left(\frac{1}{500}\right)^k \left(1 - \frac{1}{500}\right)^{1000-k}$$

$$\approx 1 - \sum_{k=0}^{2} \frac{2^k}{k!} e^{-2} = 0.323\,324.$$

在 Excel 中，用 BINOMDIST 函数计算二项分布的概率，其语法规则如下．

语法：BINOMDIST(number_s，trials，probability_s，cumulative)

其中，number_s 为试验的成功次数，trials 为独立试验次数，probability_s 为每次试验成功的概率，cumulative 是一个逻辑值，如果 cumulative 为 TRUE，则 BINOMDIST 返回累积分布函数，即最多存在 k 次成功的概率，用公式表示为

$$P\{X \leqslant k\} = \sum_{i=0}^{k} C_n^i p^i (1-p)^{n-i}.$$

如果 cumulative 为 FALSE，则返回概率密度函数，即第 k 次成功的概率，用公式表示为

$$P\{X = k\} = C_n^k p^k (1-p)^{n-k}, (k = 0, 1, \cdots, n).$$

说明：k，n 将被截尾取整数，并且要求 $0 \leqslant k \leqslant n$，$0 \leqslant p \leqslant 1$.

例 9 某射手每次射击打中目标的概率为 0.5，现在连续射击 10 次，试求：

(1) 击中目标 5 次的概率；

(2) 假设至少命中 3 次才可以参加下一步的考核，求此射手不能参加考核的概率．

解　设 X 是 10 次射击中击中目标的次数，则

(1) $P\{X = 5\} = C_{10}^5 0.5^5 (1-0.5)^{10-5} \approx 0.246\,1$，如图 6-2 所示的单元格 A1.

(2) $P\{X \leqslant 2\} = \sum_{i=0}^{2} C_{10}^i 0.5^i (1-0.5)^{10-i} \approx 0.054\,7$，如图 6-2 所示的单元格 A2.

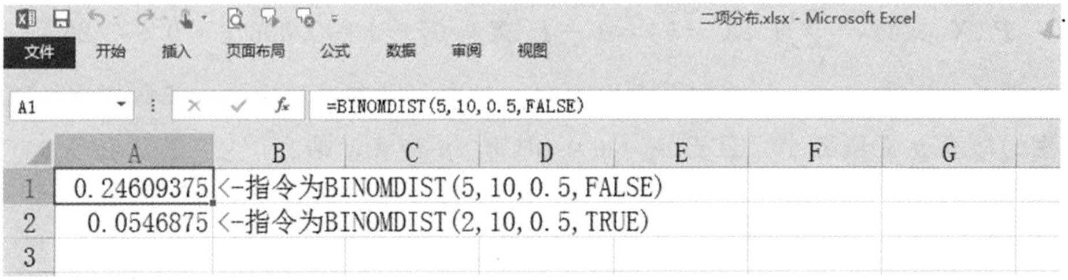

图 6-2

在 Excel 中，用 POISSON 函数计算泊松分布的概率，其语法规则如下.

语法：POISSON(x，mean，cumulative)

其中，x为发生的事件数k，mean为期望值λ，cumulative为一逻辑值，确定所返回的概率分布的形式. 若cumulative为TRUE，则函数POISSON返回累积分布函数，即随机事件发生的次数在 0 到 k 次之间的累积泊松概率，用公式表示为：$P\{X \leqslant k\} = \sum_{i=0}^{k} \frac{\lambda^i}{i!} e^{-\lambda}$；若 cumulative 为 FALSE，则函数 POISSON 返回泊松概率密度函数，即随机事件恰好发生 k 次的概率，用公式表示为：$P\{X = k\} = \frac{\lambda^k}{k!} e^{-\lambda}$，$(\lambda > 0, k = 0, 1, \cdots)$.

说明：k，n 将被截尾取整数，并且要求 $0 \leqslant k \leqslant n$，$0 \leqslant p \leqslant 1$.

例 10 假设每年袭击某地的台风次数服从$\lambda=8$的泊松分布，求该地一年中受台风袭击次数：(1) 恰好为 3 次的概率；(2) 多于 5 次的概率 .

解　设 X 是该地一年中受台风袭击的次数，则 $X \sim P(8)$，则

(1)$P\{X=3\} = \frac{8^3}{3!} e^{-8} \approx 0.028\ 6$，如图 6 - 3 所示的单元格 A1；

(2)$P\{X \geqslant 5\} = 1 - P\{X \leqslant 4\} = 1 - \sum_{i=0}^{4} \frac{8^i}{i!} e^{-8} \approx 0.900\ 4$，如图 6 - 3 所示的单元格 A2.

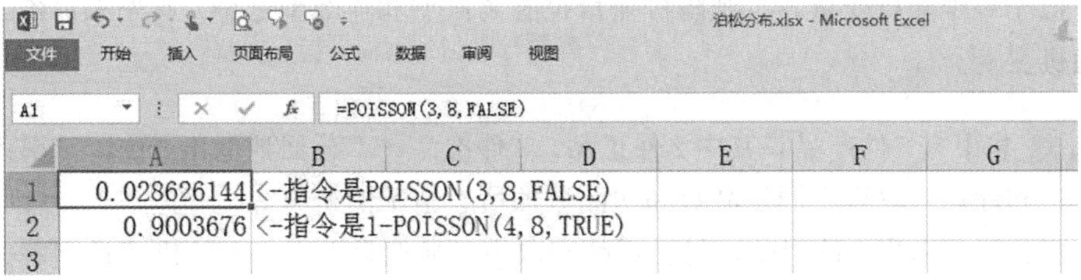

图 6 - 3

在 Excel 中，用 HYPGEOMDIST 函数计算超几何分布的概率，其语法规则如下.

语法：HYPGEOMDIST(sample_s，number_sample，population_s，number_pop)

其中，sample_s 为样本中成功的次数 k，number_sample 为样本容量 n，population_s 为总体中成功的次数 M，number_pop 为总体容量 N.

说明：k，n，M，N 将被截尾取整数，且必须满足 $0 \leqslant k \leqslant n$，$k \leqslant M$，$n \leqslant N$.

依据上面的语法规则，利用 Excel 解决以下问题.

在 1 500 个产品中有 400 个次品、1 100 个正品，任取 200 个产品，试求：(1) 恰好有 90 个次品的概率；(2) 至少有 2 个次品的概率 .

4. 超几何分布

假设有 N 个产品，其中 M 个是正品，$N-M$ 个次品，从中无放回取出 n 个产品，则其中含有的正品数 X 的分布律为

$$P\{X=k\}=\frac{C_M^k C_{N-M}^{n-k}}{C_N^n} \quad (k=0,\ 1,\ 2,\ \cdots,\ n).$$

则称 X 服从超几何分布 .

6.3 二维离散型随机变量

本节主要介绍二维随机变量、二维离散型随机变量及其分布律 .

6.3.1 二维随机变量

定义 6.3 设 E 是一个随机试验，X，Y 是定义在其样本空间 S 上的两个随机变量，称向量 $(X,\ Y)$ 为二维随机变量，或者二维随机向量，其可能取值 $(x,\ y)\in \mathbf{R}^2$，即

$$D=\{(x,\ y)\mid X(e)=x,\ Y(e)=y,\ e\in S\}\in \mathbf{R}^2.$$

前面讨论的单个随机变量也称为一维随机变量 .

若 $(X,\ Y)$ 为二维随机变量，其分量 X 和 Y 都是一维随机变量；反之，若 X 和 Y 都是一维随机变量，则它们构成的向量 $(X,\ Y)$ 也就为二维随机变量 .

类似于一维随机变量，二维随机变量也有离散型和连续型之分 . 首先来讨论二维离散型随机变量 .

例 1 袋中有 5 件产品，其中 2 件正品，3 件次品，不放回地取出 3 件，试引入随机变量表达和计算：取得不同正品数和次品数的所有情况的概率 .

分析：每次取出 3 件产品，包含正品和次品，显然只引入一个随机变量不能完成所求问题的表达 . 因此，引入两个随机变量，即设随机变量 X 表示取出 3 件产品中的正品数，随机变量 Y 表示取出 3 件产品中的次品数 . 可以看出，随机变量 X 和 Y 既有各自的取值，相互之间又有联系 .

依据题意，取出 3 件产品的所有情况可用随机变量 X 和 Y 来表示，为了书写简便，将其表示成向量的形式，即 $(X,\ Y)$.

解 设 X 表示取出 3 件产品中的正品数，Y 表示取出 3 件产品中的次品数，则 $(X,\ Y)$ 的可能取值为 $(0,\ 3)$，$(1,\ 2)$，$(2,\ 1)$，每种情况的概率可计算如下：

$$P\{X=0,\ Y=3\}=\frac{C_3^3}{C_5^3}=\frac{1}{10},$$

$$P\{X=1,\ Y=2\}=\frac{C_2^1 C_3^2}{C_5^3}=\frac{6}{10},$$

$$P\{X=2,\ Y=1\}=\frac{C_2^2 C_3^1}{C_5^2}=\frac{3}{10}.$$

本例中引入的随机变量序对 $(X,\ Y)$ 就是本节要学习的二维随机变量，在这里我们不仅知道 $(X,\ Y)$ 的所有可能的取值，而且还知道这些可能取值的概率，这样就掌握了

二维随机变量(X, Y)取值的概率规律.

由于(X, Y)的取值一定在$(0, 3)$，$(1, 1)$，$(2, 1)$三对值中取得，故一定有

$$\begin{aligned}1&=P(\{X=0, Y=3\}\cup\{X=1, Y=2\}\cup\{X=2, Y=1\})\\&=P\{X=0, Y=3\}+P\{X=1, Y=2\}+P\{X=2, Y=1\}\\&=\frac{1}{10}+\frac{3}{5}+\frac{3}{10}.\end{aligned}$$

可以看到，随机变量(X, Y)的各对取值各占一些概率，这些概率合起来是1. 可以想象成：概率1以一定的规律分布在随机变量(X, Y)的各对可能取值上，这种将二维随机变量(X, Y)所有取值对应的概率全都列出来，就是随机变量(X, Y)的联合分布律.

在许多随机现象中，都需要二维随机变量来描述. 比如，射击的弹着点需要用横坐标和纵坐标两个变量来描述；人的体型可以用身高和体重两个指标来描述等.

6.3.2　二维离散型随机变量及其分布律

如果二维随机变量(X, Y)的取值是有限或可列无穷多对，即随机变量X和Y都是离散型随机变量，则称(X, Y)为**二维离散型随机变量**.

假设二维随机变量(X, Y)的所有可能取值为$\{(x_i, y_j), i, j=1, 2, \cdots\}$，则概率

$$P\{X=x_i, Y=y_j\}=p_{ij}\qquad(i, j=1, 2, \cdots)$$

的全体称为二维随机变量的分布律或X与Y的联合分布律.

(X, Y)的分布律常用见下表.

X \ Y	y_1	y_2	$\cdots$	y_j	$\cdots$
x_1	p_{11}	p_{12}	$\cdots$	p_{1j}	$\cdots$
x_2	p_{21}	p_{22}	$\cdots$	p_{2j}	$\cdots$
$\vdots$	$\vdots$	$\vdots$	$\cdots$	$\vdots$	$\cdots$
x_i	p_{i1}	p_{i2}	$\cdots$	p_{ij}	$\cdots$
$\vdots$	$\vdots$	$\vdots$	$\cdots$	$\vdots$	$\cdots$

由概率的性质，二维离散型随机变量的分布律具有以下两个基本性质：

(1)$0\leqslant p_{ij}\leqslant 1$；

(2)$\sum\limits_{i=1}^{\infty}\sum\limits_{j=1}^{\infty}p_{ij}=1$.

求二维离散型随机变量的联合分布律，就是确定二维随机变量的可能取值及各取值的概率.

二维离散型随机变量(X, Y)的两个分量X和Y各自的分布律分别称为(X, Y)关于X、关于Y的边缘分布律，记为$p_{i\cdot}$，$p_{\cdot j}$，它们可由联合分布律确定.

随机变量X的分布律

$$
\begin{aligned}
P\{X=x_i\}&=P\{X=x_i,\ Y<+\infty\}\\
&=P\{X=x_i,\ Y=y_1\}+P\{X=x_i,\ Y=y_2\}+\cdots+P\{X=x_i,\ Y=y_j\}+\cdots\\
&=p_{i1}+p_{i2}+\cdots+p_{ij}+\cdots\\
&=\sum_{j=1}^{\infty}p_{ij}=p_{i\cdot},\ i=1,\ 2,\ \cdots
\end{aligned}
$$

称为(X, Y)关于 X 的边缘分布律．类似地，随机变量 Y 的分布律

$$
\begin{aligned}
P\{Y=y_j\}&=P\{X<+\infty,\ Y=y_j\}\\
&=P\{X=x_1,\ Y=y_j\}+P\{X=x_2,\ Y=y_j\}+\cdots+P\{X=x_i,\ Y=y_j\}+\cdots\\
&=p_{1j}+p_{2j}+\cdots+p_{ij}+\cdots\\
&=\sum_{i=1}^{\infty}p_{ij}=p_{j},\ j=1,\ 2,\ \cdots
\end{aligned}
$$

称为(X, Y)关于 Y 的边缘分布律．

从上述定义可以看出，$p_{i\cdot}$ 就是联合分布律表中第 i 行元素之和，$p_{\cdot j}$ 就是表中第 j 列的元素之和，见下表：

X \ Y	y_1	y_2	$\cdots$	y_j	$\cdots$	$p_{i\cdot}=P\{X=x\}$
x_1	p_{11}	p_{12}	$\cdots$	p_{1j}	$\cdots$	$\sum_j p_{1j}$
x_2	p_{21}	p_{22}	$\cdots$	p_{2j}	$\cdots$	$\sum_j p_{2j}$
$\vdots$	$\vdots$	$\vdots$	$\cdots$	$\vdots$	$\cdots$	$\vdots$
x_i	p_{i1}	p_{i2}	$\cdots$	p_{ij}	$\cdots$	$\sum_j p_{ii}$
$\vdots$	$\vdots$	$\vdots$	$\cdots$	$\vdots$	$\cdots$	$\vdots$
$p_{\cdot j}=P\{Y=y_j\}$	$\sum_i p_{i1}$	$\sum_i p_{i2}$	$\cdots$	$\sum_i p_{ij}$	$\cdots$	

例 2 以表格形式给出引例中二维随机变量(X, Y)的联合分布律．

解 (X, Y)的联合分布律如下：

X \ Y	0	1	2	3
0	0	0	0	1/10
1	0	0	3/5	0
2	0	3/10	0	0

例 3 一个袋中有 3 个球，依次标有数字 1，2，2，从中任取一个，不放回袋中，再任取一个，设每次取球时，各球被取到的可能性相等，以 X，Y 分别记第一次和第二次取到的球上标有的数字，求随机变量(X, Y)的联合分布律及边缘分布律．

解 随机变量(X, Y)的可能取值为(1，2)，(2，1)，(2，2)，则

$$P\{X=1,\ Y=2\}=\frac{1}{3}\times\frac{2}{2}=\frac{1}{3},\ P\{X=2,\ Y=1\}=\frac{2}{3}\times\frac{1}{2}=\frac{1}{3},$$

$$P\{X=2,\ Y=2\}=\frac{2}{3}\times\frac{1}{2}=\frac{1}{3}.$$

则(X,Y)的分布律及边缘分布律见下表：

$X \backslash Y$	1	2	$p_{i\cdot}$
1	0	1/3	1/3
2	1/3	1/3	2/3
$p_{\cdot j}$	1/3	2/3	

例 4 设有一整数 X 等可能地在 1，2，3，4 中取值，另一整数 Y 等可能地在 1，…，X 中取值，求二维离散型随机变量(X,Y)的分布律．

解 由题设知 X 的可能取值为 $i=1,2,3,4$；Y 的可能取值为 $j=1,2,3,4$．当 $j>i$ 时，有 $p_{ij}=P\{X=i,\ Y=j\}=0$；当 $1\leqslant j\leqslant i\leqslant 4$ 时，由乘法公式得

$$P\{X=i,\ Y=j\}=P\{Y=j\mid X=i\}\cdot P\{X=i\}=\frac{1}{i}\times\frac{1}{4}.$$

则(X,Y)的联合分布律为

$X \backslash Y$	1	2	3	4
1	$\frac{1}{4}$	0	0	0
2	$\frac{1}{8}$	$\frac{1}{8}$	0	0
3	$\frac{1}{12}$	$\frac{1}{12}$	$\frac{1}{12}$	0
4	$\frac{1}{16}$	$\frac{1}{16}$	$\frac{1}{16}$	$\frac{1}{16}$

例 5 设二维随机变量的联合分布律为

$X \backslash Y$	0	1	2
0	0.1	c	0.1
1	0.2	0.1	0.2

求：(1) 常数 c；(2)$P\{X+Y\leqslant 1\}$；(3) 关于 X、关于 Y 的边缘分布律．

解 (1) 由于 $0.1+c+0.1+0.2+0.1+0.2=1$，得 $c=0.3$；

(2) $P\{X+Y\leqslant 1\}=P\{X=0, Y=0\}+P\{X=0, Y=1\}+P\{X=1, Y=0\}$

$=0.1+0.3+0.2=0.6$;

(3) 关于 X 的边缘分布律为

X	0	1
P	0.5	0.5

关于 Y 的边缘分布律为

Y	0	1	2
P	0.3	0.4	0.3

6.4 随机变量的分布函数

本节主要介绍一维随机变量及二维随机变量的分布函数.

6.4.1 一维随机变量的分布函数

定义 6.4 设 X 是一个随机变量，x 是任意实数，函数

$$F(x)=P\{X\leqslant x\}$$

称为 X 的分布函数.

分布函数是随机变量的一般特征，无论是离散型随机变量还是连续型随机变量都有分布函数.

对于任意实数 x_1，$x_2(x_1<x_2)$，有

$$\begin{aligned}P\{x_1<X<x_2\}&=P\{X\leqslant x_2\}-P\{X\leqslant x_1\}\\&=F(x_2)-F(x_1).\end{aligned}$$

因此，已知随机变量 X 的分布函数 $F(x)$，就知道了 X 落在区间(x_1, x_2)上的概率，从这个意义上说，分布函数完整地描述了随机变量的统计规律性.

分布函数是一个普通函数，正是通过它，才能用数学分析的方法来研究随机变量.

如果将随机变量 X 看成是数轴上的随机点的坐标，那么分布函数 $F(x)$ 在 x 处的函数值就表示 X 落在区间$(-\infty, x)$上的概率.

这里需要补充说明，对于离散型随机变量，虽然可以用分布律来全面地描述它，但为了从数学上能统一地对随机变量进行研究. 在这里，通过引入分布函数这个概念来统一研究离散型随机变量和连续型随机变量.

分布函数 $F(x)$ 具有以下基本性质：

(1) $F(x)$ 是一个不减的函数.

(2) $0 \leqslant F(x) \leqslant 1$，且

$$F(-\infty)=\lim_{x \to -\infty} F(x)=0,$$
$$F(+\infty)=\lim_{x \to +\infty} F(x)=1.$$

(3) $F(x)$ 是右连续函数.

一般地，设离散型随机变量 X 的分布律为

$$P\{X=x_k\}=p_k, \quad k=1, 2, \cdots.$$

由概率的可列可加性得 X 的分布函数为

$$F(x)=P\{X \leqslant x\}=\sum_{x_k \leqslant x} P\{X=x_k\},$$

也就是

$$F(x)=\sum_{x_k \leqslant x} p_k.$$

这里和式是对于所有满足 $x_k \leqslant x$ 的 k 求和的. 分布函数 $F(x)$ 在 $x=x_k (k=1, 2, \cdots)$ 处有跳跃，其值为 $p_k=P\{X=x_k\}$.

例 1 设随机变量的分布律是

X	-1	2	3
P	0.2	0.3	0.5

求随机变量 X 的分布函数，并求 $P\{X \leqslant 1\}$，$P\{-\frac{1}{2}<X \leqslant \frac{5}{2}\}$，$P\{2 \leqslant X \leqslant 3\}$.

解 X 仅在 $x=-1, 2, 3$ 三点处概率不为零，而 $F(x)$ 的值是 X 取得小于等于 x 的所有值的概率的累积值，由概率的有限可加性，知它即为小于等于 x 的所有值的概率 p_k 之和，有

$$F(x)=\begin{cases} 0, & x<-1, \\ P\{X=-1\}, & -1 \leqslant x \leqslant 2, \\ P\{X=-1\}+P\{X=2\}, & 2<x<3, \\ 1, & x \geqslant 3. \end{cases}$$

即

$$F(x)=\begin{cases} 0, & x<-1, \\ 0.2, & -1 \leqslant x<2, \\ 0.5, & 2 \leqslant x<3, \\ 1, & x \geqslant 3. \end{cases}$$

$F(x)$ 的图形如图 6-4 所示，它是一条阶梯形的曲线.

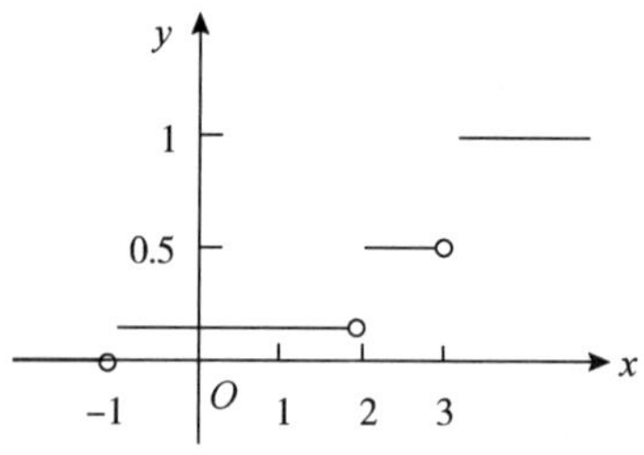

图 6-4

$$P\{X \leqslant 1\} = F(1) = 0.2,$$

$$P\{-\frac{1}{2} < X \leqslant \frac{5}{2}\} = F(\frac{5}{2}) - F(-\frac{1}{2}) = 0.5 - 0.2 = 0.3,$$

$$P\{2 \leqslant X \leqslant 3\} = F(3) - F(2) + P\{X = 2\} = 1 - 0.5 + 0.3 = 0.8.$$

例 2 设随机变量 X 的分布律为 $P\{X=k\}=\dfrac{k}{15}$，$k=1$，2，3，4，5，试求：

(1) 分布函数 $F(X)$；

(2) $P\left\{\dfrac{1}{2} < X \leqslant \dfrac{5}{2}\right\}$；

(3) $P\{1 \leqslant X \leqslant 2\}$；

(4) $F(\dfrac{1}{5})$.

解 (1) 随机变量 X 的分布函数为

$$F(x)=\begin{cases}0, & x<1, \\ 1/15, & 1 \leqslant x<2, \\ 1/5, & 2 \leqslant x<3, \\ 2/5, & 3 \leqslant x<4, \\ 2/3, & 4 \leqslant x<5, \\ 1, & x \geqslant 5.\end{cases}$$

(2) $P\left\{\dfrac{1}{2} < X \leqslant \dfrac{5}{2}\right\} = F\left(\dfrac{5}{2}\right) - F\left(\dfrac{1}{5}\right) = \dfrac{1}{5} - 0 = \dfrac{1}{5}$；

(3) $P\{1 \leqslant X \leqslant 2\} = F(2) - F(1) + P\{X=1\} = \dfrac{1}{5} - \dfrac{1}{15} + \dfrac{1}{15} = \dfrac{1}{5}$；

(4) $F\left(\dfrac{1}{5}\right) = 0$.

例 3 设随机变量的分布函数为

$$F(x)=\begin{cases}0, & x \leqslant 0, \\ Ax^2+B, & 0<x \leqslant 1, \\ 1, & x>1.\end{cases}$$

试求：(1) 常数 A，B；(2) 随机变量落入区间(0.2，0.8) 的概率．

解　(1) 因为随机变量的分布函数是右连续的，所以

$$\lim_{x\to 0^+} F(x) = F(0),\ \lim_{x\to 1^+} F(x) = F(1).$$

由此得

$$B = 0,\ A + B = 1.$$

所以 $A = 1$，$B = 0$.

(2) $P\{0.2 < X \leqslant 0.8\} = F(0.8) - F(0.2) = 0.6$.

6.5　一维连续型随机变量及其概率密度

本节主要介绍一维连续型随机变量及其概率密度、均匀分布、指数分布和正态分布．

6.5.1　一维连续型随机变量

例 1　为了掌握上海地区降雨量分布情况，上海市中心气象局收集了 99 年(1884－1982) 的年降雨量的数据(见下表)．现在希望通过这些数据找出年降雨量的大致分布情况．

1 184.4	1 113.4	1 203.9	1 160.7	975.4	1 462.3	947.8	1 416.0	709.2
1 147.5	935.0	1 016.3	1 031.6	1 105.7	849.9	1 233.4	1 008.6	1 036.8
1 004.9	1 086.2	1 022.5	1 330.9	1 439.4	1 236.5	1 088.1	1 288.7	1 115.8
1 217.5	1 320.7	1 078.1	1 203.4	1 480.0	1 269.9	1 099.2	1 318.4	1 192.0
946.0	1 508.2	1 159.6	1 021.3	986.1	794.7	1 318.3	1 171.2	1 161.7
791.2	1 143.8	1 602.2	951.4	1 003.2	840.4	1 061.4	958.0	1 025.2
1 285.0	1 196.5	1 120.7	1 659.3	942.7	1 123.3	910.2	1 398.5	1 208.6
1 305.5	1 242.3	1 572.3	1 416.9	1 256.1	1 285.9	984.8	1 390.3	1 062.2
1 287.3	1 477.0	1 017.9	1 127.7	1 197.1	1 143.0	1 018.8	1 243.7	909.3
1 030.3	1 124.4	811.4	820.9	1 184.1	1 107.5	991.4	901.7	1 176.5
1 113.5	1 272.9	1 200.3	1 508.7	772.3	813.0	1 392.3	1 006.2	1 108.8

解　(1) 找出它们的最大值为 1 659.3，最小值为 709.2，极差 $R = 1\ 659.3 - 709.2 = 950.1$.

(2) 分组定组距：分组没有一定的通用原则，通常当数据个数 $n \geqslant 50$ 时，分成 10 组以上，当 $n < 50$ 时，一般分成 5 组左右．分组数 m 确定后，可按 m 来确定组距 d(选 d 为在上述范围内便于分组的值)，本例中将数据分成 10 组，组距为 100.

(3) 定分点，定区间：取起点 $a=670$，终点 $b=1\ 670$，从而得作图区间为 [670，1 670]，可保证所有数据均在此区间内．

(4) 将频数及频率列表如下：

分　组	频　数	频　率
670～770	1	0.010
770～870	8	0.081
870～970	9	0.091
970～1 070	19	0.192
1 070～1 170	20	0.202
1 170～1 270	18	0.182
1 270～1 370	10	0.101
1 370～1 470	7	0.071
1 470～1 570	4	0.040
1 570～1 670	3	0.030

(5) 作频率直方图：这是描述数据的一个常用的图形，为了加深理解，这里给出详细做法，先作频数直方图：在横轴上标明各组的组界，纵轴标明频数，然后以每一组的组距为底，以频数为高作长方形，如图 6-7 所示．若将纵坐标改为频率/组距，则得频率直方图，如图 6-8 所示．

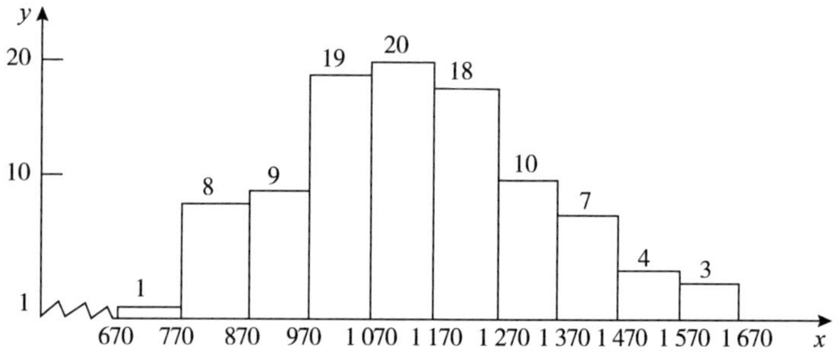

图 6-7

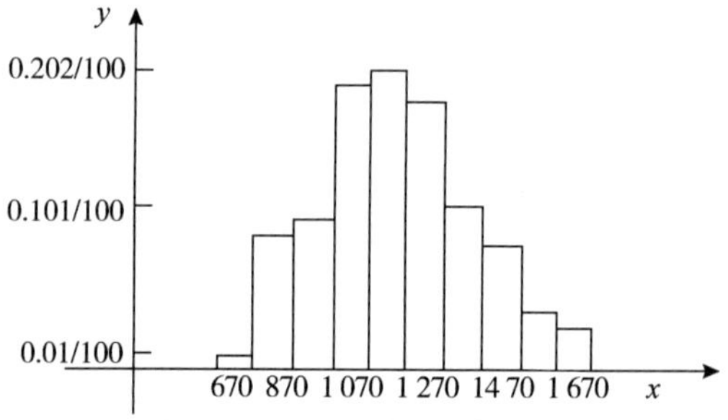

图 6-8

这样作出的频率直方图有以下三个特点；

① 每个小长方形的面积等于该组的频率；

② 所有的小长方形的面积之和等于 1；

③ 介于任何两条直线 $x=c_1$，$x=c_2$ 之间的面积近似地等于年降雨量落在区间 (c_1, c_2) 的频率．

若可收集到的年降雨量的数据足够多，可将直方图中的组距取得很小，这时得到的直方图近似为一条曲线(如图 6－9 所示)．在数据无限增多、组距不断缩小并趋于零时，小长方形的个数无限增多，这时阶梯型变成了一条曲线 $y=f(x)$．这条曲线就是年降雨量分布的理论曲线．

如果设上海地区的年降雨量是一个随机变量 X，则它是一个连续型随机变量，年降雨量 X 落在任意区间 (a, b) 内的概率就是 $y=f(x)$ 在该区间上的积分，即 $\int_a^b f(x)\mathrm{d}x$．而函数 $f(x)$ 就是下面要介绍的随机变量 X 的概率密度函数．

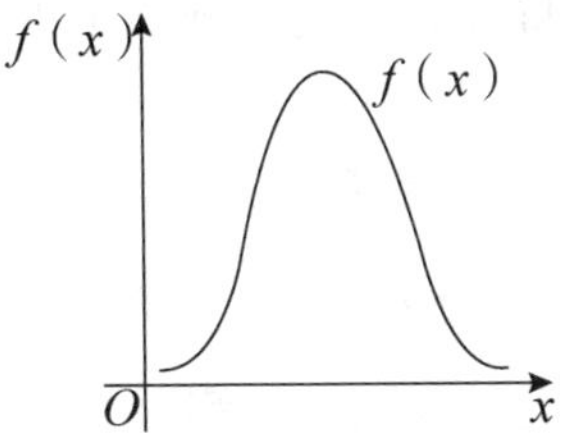

图 6－9

定义 6.5　对于随机变量 X，如果存在非负可积函数 $f(x)(-\infty<x<+\infty)$，使得对任意的实数 $a\leqslant b$，有

$$P\{a\leqslant X\leqslant b\}=\int_a^b f(x)\mathrm{d}x$$

则称 X 为连续型随机变量，称 $f(x)$ 为 X 的概率密度函数，简称概率密度或密度．(如图 6－10 所示)

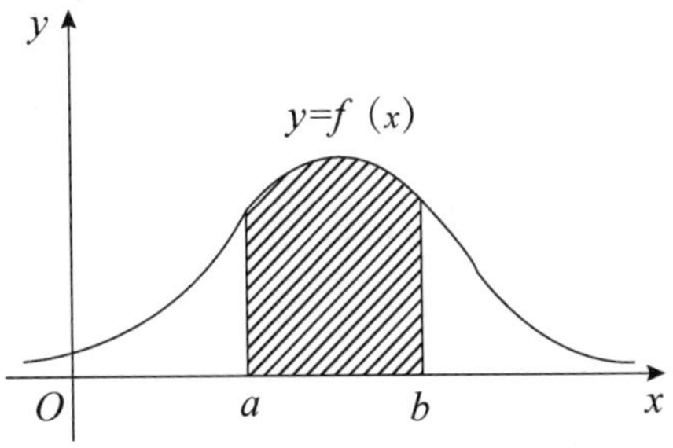

图 6－10

由定义可见，概率密度函数 $f(x)$ 应具有以下性质：

(1) $f(x)\geqslant 0\quad(-\infty<x<+\infty)$；

(2) $\int_{-\infty}^{+\infty} f(x)\mathrm{d}x = 1$.

以上两条性质可以用来验证一个函数是否为某个随机变量的概率密度．

通常在实际问题中遇到的非离散型随机变量大多是连续型的，而且其概率密度函数 $f(x)$ 至多有有限个间断点．

注：(1) 由定义 1 结合定积分的性质可得，取 $a=b$，则有

$$P\{X=a\}=\int_a^b f(x)\mathrm{d}x=0.$$

此式表明，连续型随机变量取任一指定值的概率是 0. 从而有

$$\begin{aligned}P\{a<X\leqslant b\}&=P\{a\leqslant X<b\}=P\{a\leqslant X\leqslant b\}\\&=P\{a<X<b\}=\int_a^b f(x)\mathrm{d}x.\end{aligned}$$

这一结论为计算连续型随机变量落在某一区间的概率带来了极大的方便，因为此时不必区别区间是开的还是闭的．

(2) 密度函数不唯一，如果将 X 的密度函数在个别点上的值加以改变，得到的仍是 X 的概率密度函数．

(3) 连续型随机变量 X 的分布函数 $F(x)$ 与其概率密度函数 $f(x)$ 之间有如下关系

$$F(x)=P\{X\leqslant x\}=P\{-\infty<X\leqslant x\}=\int_{-\infty}^{x} f(t)\mathrm{d}t.$$

即分布函数 $F(x)$ 可用概率密度 $f(x)$ 的一个积分上限函数来表达．

由分布函数 $F(x)$ 已知，则 $P\{a<X\leqslant b\}=F(b)-F(a)$；当密度函数 $f(x)$ 已知，则 $P\{a<X\leqslant b\}=\int_a^b f(x)\mathrm{d}x$.

(4) 若 $f(x)$ 在点 x 处连续，则有 $F'(x)=f(x)$.

例 2 设连续型随机变量 X 的概率密度函数为

$$f(x)=\begin{cases}ax^2, & 0\leqslant x\leqslant 1,\\ 0, & \text{其他}.\end{cases}$$

求：(1) 常数 a；(2) 分布函数 $F(x)$；(3) $P\{-1<X\leqslant \frac{1}{2}\}$.

解 (1) 由 $\int_{-\infty}^{+\infty} f(x)\mathrm{d}x=1$ 知

$$\int_{-\infty}^{0} 0\mathrm{d}x+\int_0^1 ax^2\mathrm{d}x+\int_1^{+\infty} 0\mathrm{d}x=1.$$

所以 $\frac{a}{3}=1$，即 $a=3$；

(2) $F(x)=\int_{-\infty}^{x} f(t)\mathrm{d}t$，当 $x<0$ 时，$F(x)=\int_{-\infty}^{0} 0\mathrm{d}t=0$；

当时 $0\leqslant x<1$，$F(x)=\int_{-\infty}^{0} 0\mathrm{d}x+\int_{-\infty}^{x} 3t^2\mathrm{d}t=x^3$；

当 $x\geqslant 1$ 时，$F(x)=\int_{-\infty}^{0} 0\mathrm{d}t+\int_0^1 3t^2\mathrm{d}t+\int_1^x 0\mathrm{d}t=1.$

所以

$$F(x)=\begin{cases}0, & x<0,\\ x^3, & 0\leqslant x<1,\\ 1, & x\geqslant 1.\end{cases}$$

(3) $P\left\{-1<X\leqslant\frac{1}{2}\right\}=\int_{-1}^{\frac{1}{2}}f(x)\mathrm{d}x=\int_{-1}^{0}0\mathrm{d}x+\int_{0}^{\frac{1}{2}}3x^2\mathrm{d}x=\frac{1}{8}$，或者

$$P\left\{-1<X\leqslant\frac{1}{2}\right\}=F\left(\frac{1}{2}\right)-F(-1)=\frac{1}{8}.$$

例 3　设某种型号的电子元件的寿命 X(以小时计) 具有以下概率密度

$$f(x)=\begin{cases}\frac{1\ 000}{x^2}, & x\geqslant 1\ 000,\\ 0, & \text{其他}.\end{cases}$$

现有一大批此种元件(设各元件工作相互独立)，问：

(1) 任取 1 个，其寿命大于 1 500 小时的概率是多少？

(2) 任取 4 个，4 个元件中恰有 2 个元件的寿命大于 1 500 小时的概率是多少？

(3) 任取 4 个，4 个元件中至少有 1 个元件的寿命大于 1 500 小时的概率是多少？

解　(1) $P\{X>1\ 500\}=\int_{1\ 500}^{+\infty}f(x)\mathrm{d}x=\int_{1\ 500}^{+\infty}\frac{1\ 000}{x^2}\mathrm{d}x$

$$=\left[-\frac{1\ 000}{x}\right]_{1\ 500}^{+\infty}=0-\left(-\frac{1\ 000}{1\ 500}\right)=\frac{2}{3}.$$

(2) 各元件工作相互独立，可以看作 4 重伯努利试验，观察各元件的寿命是否大于 1 500 小时．令 Y 表示 4 个元件中寿命大于 1500 小时的元件个数，则 $Y\sim B\left(4,\frac{2}{3}\right)$，所以概率为

$$P\{Y=2\}=\mathrm{C}_4^2\left(\frac{2}{3}\right)^2\left(1-\frac{2}{3}\right)^2=\frac{8}{27}.$$

(3) 所求概率为

$$P\{Y\geqslant 1\}=1-P\{Y=0\}=1-\mathrm{C}_4^0\left(\frac{2}{3}\right)^0\left(\frac{1}{3}\right)^4=\frac{80}{81}.$$

例 4　设连续型随机变量 X 的分布函数为

$$F(x)=\begin{cases}A+B\mathrm{e}^{-\frac{x^2}{2}}, & x>0;\\ 0, & x\leqslant 0.\end{cases}$$

求：(1) 常数 A，B；(2) 概率密度函数 $f(x)$；(3) $P\{1<X<2\}$.

解　(1) 由 $F(+\infty)=\lim\limits_{x\to+\infty}(A+B\mathrm{e}^{-\frac{x^2}{2}})=1$ 知，所以 $A=1$.

由 $F(x)$ 的右连续性，知 $F(x)$ 在 $x=0$ 处有 $\lim(A+B\mathrm{e}^{-\frac{x^2}{2}})=0$，所以 $A+B=0$，故 $B=-1$.

因此

$$F(x)=\begin{cases}1-e^{-\frac{x^2}{2}}, & x>0;\\ 0, & x\leqslant 0.\end{cases}$$

(2) 因为 $F'(x)=f(x)$，所以 $f(x)=\begin{cases}x e^{-\frac{x^2}{2}}, & x>0;\\ 0, & x\leqslant 0.\end{cases}$

(3) $P\{1<X<2\}=F(2)-F(1)=e^{-\frac{1}{2}}-e^{-2}$，或者

$$P\{1<X<2\}=\int_1^2 f(x)dx=\int_1^2 x e^{-\frac{x^2}{2}}dx=[-e^{-\frac{x^2}{2}}]_1^2=e^{-\frac{1}{2}}-e^{-2}.$$

6.5.2 常见一维连续型随机变量

下面介绍三种最常见的连续型随机变量的概率分布.

1. 均匀分布

如果随机变量 X 的概率密度函数为

$$f(x)=\begin{cases}\dfrac{1}{b-a}, & a\leqslant x\leqslant b;\\ 0, & \text{其他}.\end{cases}$$

则称 X 在 $[a, b]$ 上服从均匀分布，记为 $X\sim U(a, b)$，其分布函数为

$$F(x)=\begin{cases}0, & x<a;\\ \dfrac{x-a}{b-a}, & a\leqslant x<b;\\ 1, & x\geqslant b.\end{cases}$$

均匀分布的概率密度函数 $f(x)$ 和分布函数 $F(x)$ 的图像分别如图 6-11 和图 6-12 所示.

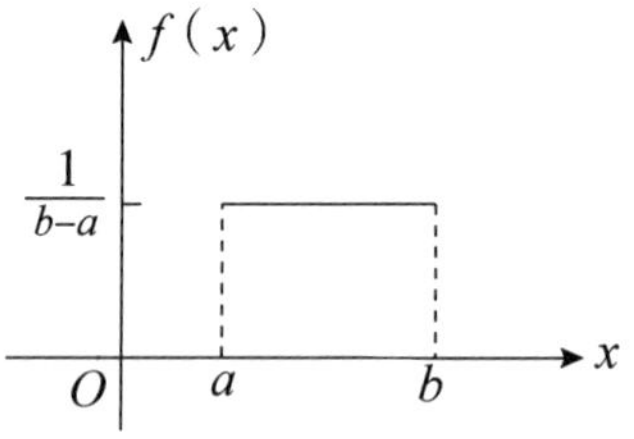

图 6-11

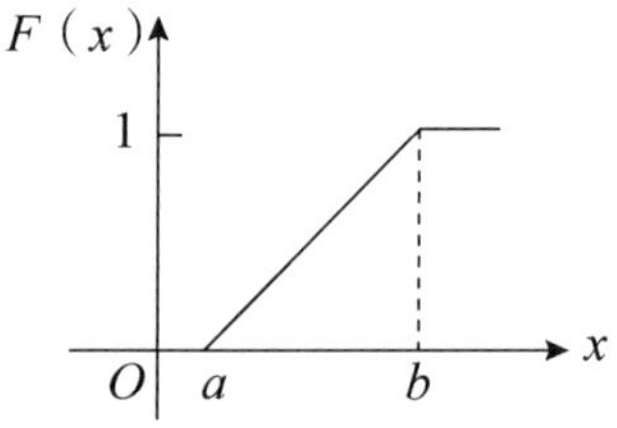

图 6-12

注：若 $X\sim U(a, b)$，则 X 在区间 $[a, b]$ 上各处取值的机会是均等的. 均匀分布的均匀性是指随机变量 X 落在区间 $[a, b]$ 内长度相等的子区间上的概率都是相等的. 即 $[c, d]\subset[a, b]$，则

$$P\{x\leqslant X\leqslant d\}=\int_c^d \frac{1}{b-a}dx=\frac{d-c}{b-a}.$$

例 5 如果随机变量 X 服从区间 $[0, 10]$ 上的均匀分布，求下列概率：(1)$P\{X<2\}$；(2)$P\{X>6\}$；(3)$P\{3<X<8\}$.

解　$X \sim U(0, 10)$，则变量 X 的概率密度函数为

$$f(x)=\begin{cases}\dfrac{1}{10}, & 0\leqslant x\leqslant 10;\\ 0, & \text{其他}.\end{cases}$$

$$(1)P\{X<3\}=\int_0^3 \frac{1}{10}\mathrm{d}x=\frac{3}{10};$$

$$(2)P\{X>6\}=\int_6^{10} \frac{1}{10}\mathrm{d}x=\frac{4}{10}=\frac{2}{5};$$

$$(3)P\{3<X<8\}=\int_3^8 \frac{1}{10}\mathrm{d}x=\frac{5}{10}=\frac{1}{2}.$$

例 6 某公共汽车站从早上 7：00 开始每隔 15 分钟到站一辆汽车，即 7：00，7：15，7：30，7：45 等时刻有汽车到达此站．如果一个乘客到达该站的时刻服从 7：00 到 7：30 之间的均匀分布．求他等待时间的概率：(1) 不到 5 分钟；(2) 超过 10 分钟．

解　令 X 表示乘客 7：00 后到达该车站所等待的时间(分钟)．这样 X 就是服从 $[0, 30]$ 上均匀分布的随机变量，

(1) 乘客等待时间不到 5 分钟当且仅当他在 7：10 到 7：15 之间或者在 7：25 到 7：30 之间到达车站．因此等待不到 5 分钟的概率为

$$P\{10<X<15\}+P\{25<X<30\}=\int_{10}^{15}\frac{1}{30}\mathrm{d}x+\int_{25}^{30}\frac{1}{30}\mathrm{d}x=\frac{1}{3};$$

(2) 类似地，乘客等待时间超过 10 分钟当且仅当他在 7：00 到 7：05 之间或者在 7：15 到 7：20 之间到达该车站，因此，乘客等待超过 10 分钟的概率为

$$P\{0<X<5\}+P\{15<X<20\}=\int_0^5\frac{1}{30}\mathrm{d}x+\int_{15}^{20}\frac{1}{30}\mathrm{d}x=\frac{1}{3}.$$

2. 指数分布

如果随机变量 X 的概率密度函数为

$$f(x)=\begin{cases}\lambda \mathrm{e}^{-\lambda x}, & x\geqslant 0;\\ 0, & x<0.\end{cases}$$

其中 $\lambda>0$，则称随机变量 X 服从参数为 λ 的指数分布，记为 $X\sim E(\lambda)$．其分布函数为

$$F(x)=\begin{cases}1-\mathrm{e}^{-\lambda x}, & x\geqslant 0;\\ 0, & x<0.\end{cases}$$

指数分布的概率密度 $f(x)$ 和分布函数 $F(x)$ 的图像分别如图 6－13 和图 6－14 所示．

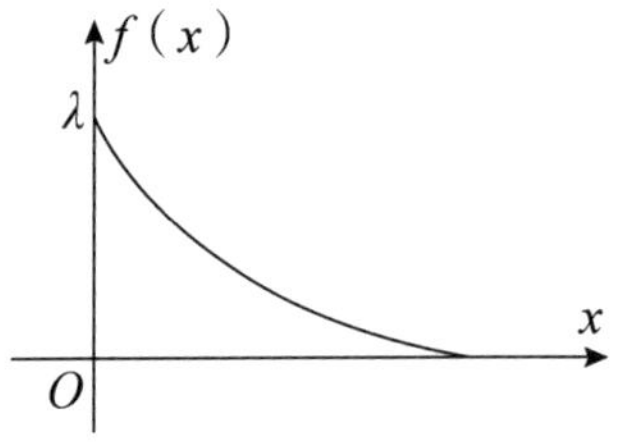

图 6－13

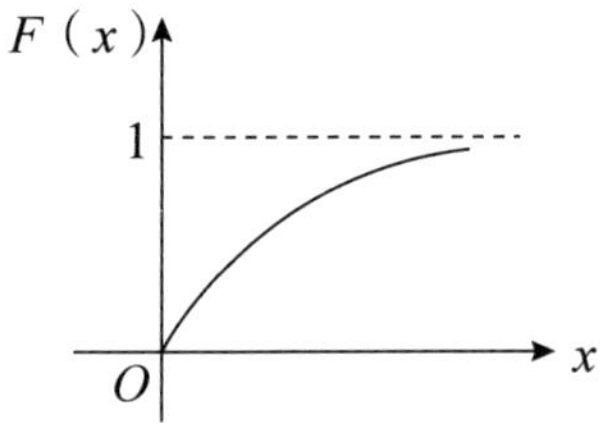

图 6－14

现实生活中，指数分布应用很广，电子元件的使用寿命、电话的通话时间、排队的等待时间都可以用指数分布描述．因此，指数分布在生存分析、可靠性理论和排队论中得到了广泛的应用．

服从指数分布的随机变量具有一个有趣的性质就是“无记忆性”．设随机变量 $X \sim E(\lambda)$，对于任意的 s，$t>0$，有

$$P\{X>s+t \mid X>s\}=P\{X>t\},$$

事实上，

$$P\{X>s+t \mid X>s\}=\frac{P\{(X>s+t)\cap(X>s)\}}{P\{X>s\}}=\frac{P\{X>s+t\}}{P\{X>s\}}$$
$$=\frac{1-F(s+t)}{1-F(s)}=\frac{\mathrm{e}^{-\lambda(s+t)}}{\mathrm{e}^{-\lambda s}}=\mathrm{e}^{-\lambda t}=P\{X>t\}.$$

若 X 为某元件的寿命，上式表明如果该元件已知工作了 s 小时的条件下，它还能继续工作 t 小时的概率与已经工作过的时间 s 无关．换句话说，如果元件在时刻 s 还“活着”，则它剩下寿命的分布还是原来寿命的分布，而与它已经工作了多长时间无关．所以有时又称指数分布是“永远年轻”的．

例 7 假设某个电话的通话时长(单位：分钟)为参数 $\lambda=\frac{1}{10}$ 的指数随机变量．假设某人正好在你之前到达电话亭，求以下事件概率：

(1) 你的等待时间超过 10 分钟；(2) 你的等待时间在 10 到 20 分钟之间．

解　令 X 表示某人通话时长，那么所求概率为：

(1) $P\{X>10\}=1-F(10)=\mathrm{e}^{-1}\approx 0.368$；

(2) $P\{10<X<20\}=F(20)-F(10)=\mathrm{e}^{-1}-\mathrm{e}^{-2}\approx 0.0233$.

3. 正态分布

正态分布是概率与统计中最重要的分布之一．在实际问题中，大量的随机变量服从或近似服从正态分布．只要某一个随机变量受到许多相互独立随机因素的影响，而每个因素的影响都不能起决定性作用，那么就可以判定随机变量服从或近似服从正态分布．例如，因人的身高、体重受到种族、饮食习惯、地域、运动等因素的影响，但这些因素又不能对身高、体重起决定性作用，所以我们可以认为身高、体重服从或近似服从正态分布．

若随机变量 X 的概率密度为

$$f(x)=\frac{1}{\sqrt{2\pi}\sigma}\mathrm{e}^{-\frac{(x-\mu)^2}{2\sigma^2}},\quad -\infty<x<+\infty,$$

其中μ，$\sigma(\sigma>0)$为常数，则称X服从参数为μ，σ的正态分布，记为$X\sim N(\mu,\sigma^2)$.
其分布函数为

$$F(x)=\frac{1}{\sqrt{2\pi}\sigma}\int_{-\infty}^{x}\mathrm{e}^{-\frac{(t-\mu)^2}{2\sigma^2}}\mathrm{d}t,\quad -\infty<x<+\infty.$$

正态分布的密度函数 $f(x)$ 的图形如图 6－15 所示，它是一条单峰、对称的钟形曲线，容易看出：

(1) $f(x)$ 关于 $x=\mu$ 对称，且在 $x=\mu$ 处有最大值 $f(\mu)=\frac{1}{\sqrt{2\pi}\sigma}$.

(2) 曲线在 $x=\mu\pm\sigma$ 处有拐点.

(3) 当 $x\to\infty$ 时，曲线以 x 轴为渐近线.

(4) 如果固定σ，改变 μ 的值，则曲线沿着 x 轴平行移动，而不改变形状，即正态分布的密度函数的位置由参数 μ 确定，因此称 μ 为位置参数.

(5) 如果固定μ，改变σ 的值，由于最大值 $f(\mu)=\frac{1}{\sqrt{2\pi}\sigma}$，所以当$\sigma$ 越小时，图形越尖，当越大时，图形越平，即正态分布密度函数的尺度由参数σ确定，因此称为尺度参数.

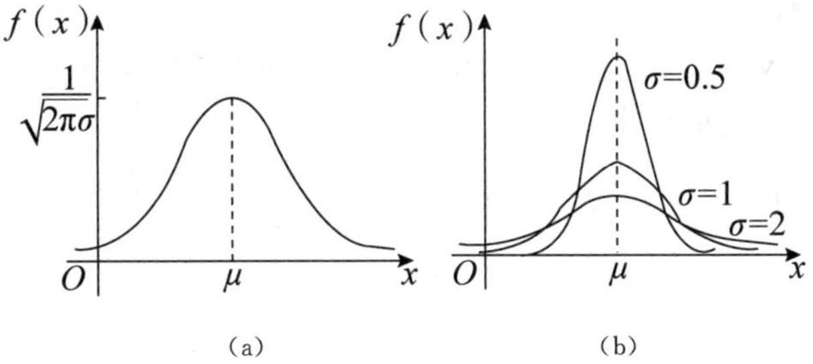

图 6－15

称 $\mu=0$，$\sigma=1$ 时的正态分布为标准正态分布，记为 $X\sim N(0,1)$，其密度函数、分布函数分别用 $\varphi(x)$ 和 $\Phi(x)$ 表示，即

$$\varphi(x)=\frac{1}{\sqrt{2\pi}}\mathrm{e}^{-\frac{x^2}{2}},$$

$$\Phi(x)=\frac{1}{\sqrt{2\pi}}\int_{-\infty}^{x}\mathrm{e}^{-\frac{t^2}{2}}\mathrm{d}t.$$

标准正态分布的密度函数 $\varphi(x)$ 图像如图 6－16 所示.

易知，对任意的实数，有

$$\varphi(-x)=\varphi(x),\ \Phi(-x)=1-\Phi(x).$$

人们已经事先编制了 $\Phi(x)$ 的函数值表(见本教材附录 A1 中的表 2).

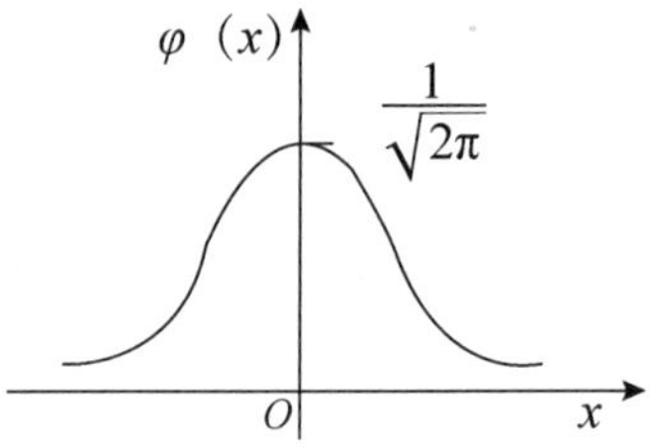

图 6-16

定理 1 若 $X \sim N(\mu, \sigma^2)$，则

$$Y=\frac{X-\mu}{\sigma} \sim N(0, 1).$$

证明

$$\begin{aligned} P\{a<Y<b\} &= P\left\{a<\frac{X-\mu}{\sigma}<b\right\} \\ &= P\{\mu+\sigma a<X<\mu+\sigma b\} \\ &= \int_{\mu+\sigma a}^{\mu+\sigma b} \frac{1}{\sqrt{2\pi}\sigma} e^{-\frac{(x-\mu)^2}{2\sigma^2}} dx \end{aligned}$$

令 $t=\frac{x-\mu}{\sigma}$，得

$$P\{a<Y<b\}=\int_a^b \frac{1}{\sqrt{2\pi}} e^{-\frac{t^2}{2}} dt,$$

这表明 $Y \sim N(0, 1)$.

因此，若 $X \sim N(\mu, \sigma^2)$，则可利用标准正态分布函数 $\Phi(x)$，通过查表求得 X 落在任意一区间 $[a, b]$ 内的概率，即

$$\begin{aligned} P\{a<X \leqslant b\} &= P\left\{\frac{a-\mu}{\sigma}<\frac{X-\mu}{\sigma} \leqslant \frac{b-\mu}{\sigma}\right\} \\ &= P\left\{\frac{X-\mu}{\sigma} \leqslant \frac{b-\mu}{\sigma}\right\}-P\left\{\frac{X-\mu}{\sigma} \leqslant \frac{a-\mu}{\sigma}\right\} \\ &= \Phi\left(\frac{b-\mu}{\sigma}\right)-\Phi\left(\frac{a-\mu}{\sigma}\right). \end{aligned}$$

于是有

$$P\{\mu-\sigma<X<\mu+\sigma\}=\Phi(1)-\Phi(-1)=2\Phi(1)-1=0.6826,$$

$$P\{\mu-2\sigma<X<\mu+2\sigma\}=\Phi(2)-\Phi(-2)=2\Phi(2)-1=0.9544,$$

$$P\{\mu-3\sigma<X<\mu+3\sigma\}=\Phi(3)-\Phi(-3)=2\Phi(3)-1=0.9974.$$

可以看到，尽管服从正态分布的变量 X 取值范围是 $(-\infty, +\infty)$，但是它的值落在 $(\mu-3\sigma, \mu+3\sigma)$ 内几乎是肯定的，因此在实际问题中，基本上可以认为有 $|X-\mu|<3\sigma$. 这就是常说的“3σ 原则”.

例 8 设随机变量 $X \sim N(0, 1)$，求下列概率：

(1) $P\{X<1.5\}$；(2) $P\{X>2\}$；(3) $P\{-1<X \leqslant 3\}$；(4) $P\{|X| \leqslant 2\}$.

解　(1)$P\{X<1.5\}=\int_{-\infty}^{1.5}\varphi(x)\mathrm{d}x=\varphi(1.5)=0.9332$；

(2)$P\{X>2\}=1-P\{X\leqslant 2\}=1-\Phi(2)=1-0.9772=0.0228$；

(3)$P\{-1<X\leqslant 3\}=P\{X\leqslant 3\}-P\{X\leqslant -1\}$

$$=\Phi(3)-\Phi(-1)=\Phi(3)-[1-\Phi(1)]$$

$$=0.9987-(1-0.8413)=0.84;$$

(4)$P\{|X|\leqslant 2\}=P\{-2\leqslant X\leqslant 2\}=\Phi(2)-\Phi(-2)=2\Phi(2)-0.9544$.

例 9　设随机变量 $X\sim N(3,3^2)$，求下列概率：

(1)$P\{2<X<5\}$；(2)$P\{X>0\}$；(3)$P\{|X-3|>3\}$.

解　(1)$P\{2<X<5\}=P\left\{\frac{2-3}{3}<\frac{X-3}{3}<\frac{5-3}{3}\right\}=\Phi\left(\frac{2}{3}\right)-\Phi\left(-\frac{1}{3}\right)$

$$=\Phi\left(\frac{2}{3}\right)-\left[1-\Phi\left(\frac{1}{3}\right)\right]=0.3779;$$

(2)$P\{X>0\}=1-P\{X\leqslant 0\}=1-P\left\{\frac{X-3}{3}\leqslant\frac{0-3}{3}\right\}=1-\Phi(-1)$

$$=\Phi(1)=0.8413;$$

(3)$P\{|X-3|>6\}=P\{X>9\}+P\{X<-3\}$

$$=1-P\{X\leqslant 9\}+P\{X<-3\}$$

$$=1-P\left\{\frac{X-3}{3}\leqslant\frac{9-3}{3}\right\}+P\left\{\frac{X-3}{3}<\frac{-3-3}{3}\right\}$$

$$=1-\Phi(2)+\Phi(-2)=2[1-\Phi(2)]=0.0456.$$

例 10 公共汽车车门的高度是按成年男子与车门碰头的机会在 1% 以下来设计的．设男子身高 X 服从参数 $\mu=170(\mathrm{cm})$，$\sigma=6(\mathrm{cm})$ 的正态分布，即 $X\sim N(170,6^2)$，问车门高度应如何确定？

解　设车门的高度为 $h(\mathrm{cm})$，按设计要求 $P\{X\geqslant h\}\leqslant 0.01$ 或 $P\{X<h\}\geqslant 0.99$，因为 $X\sim N(170,6^2)$，故

$$P\{X<h\}=P\left\{\frac{X-170}{6}<\frac{h-170}{6}\right\}=\Phi\left(\frac{h-170}{6}\right)\geqslant 0.99.$$

查表得 $\Phi(2.33)=0.9901>0.99$.

故取 $\frac{h-170}{6}=2.33$，即 $h=184$. 即设计车门高度为 184cm 时，可使成年男子与车门碰头的机会不超过 1%.

6.6　随机变量的独立性

在二维随机变量中，各分量的取值有时会相互影响，有时则毫无影响．譬如在研究

父子身高中，父亲的身高 X 往往会影响儿子的身高 Y. 而假如让父子各掷一颗骰子，那么各出现点数 X_1 与 Y_1 相互之间就看不出有任何影响. 这种相互之间没有任何影响的随机变量称为相互独立的随机变量.

随机变量间是否有相互独立性可从其联合分布函数及边缘分布函数之间的关系给出定义. 本节主要介绍二维随机变量的独立性及判定的方法.

6.6.1 两个随机变量的独立性

定义 6.6 设二维随机变量 (X, Y) 的联合分布函数为 $F(x, y)$，$F_X(x)$ 与 $F_Y(y)$ 分别是关于 X、关于 Y 的边缘分布函数. 若对任意的实数 x，y 有

$$F(x, y)=F_X(x)\cdot F_Y(y),$$

则称 X 与 Y 相互独立.

由上述定义可以看出：

(1) 对任意的实数 x，y，

$$F(x, y)=F_X(x)F_Y(y)\Leftrightarrow P\{X\leqslant x, Y\leqslant y\}=P\{X\leqslant x\}P\{Y\leqslant y\};$$

(2) X 与 Y 相互独立 $\Leftrightarrow F(x, y)=F_X(x)F_Y(y)$，$x\in\mathbf{R}$，$y\in\mathbf{R}$.

6.6.2 二维离散型随机变量的独立性

定理 1 对二维离散型随机变量 (X, Y)，随机变量 X 和 Y 相互独立的充要条件是 (X, Y) 的联合分布律等于关于 X 和 Y 这两个边缘分布律的乘积，即对任何 i，$j=1, 2, \cdots$，有

$$P\{X=x_i, Y=y_j\}=P\{X=x_i\}P\{Y=y_j\}$$

成立.

注 X 与 Y 相互独立要求对所有 i，j 都要成立.

$$P\{X=x_i, Y=y_j\}=P\{X=x_i\}P\{Y=y_j\},$$

只要有一对 (i, j) 使得上式不成立，则 X 与 Y 不独立.

例 3 设袋中有 5 个球，其中有 2 个红球，3 个白球，每次从袋中任取 1 个，抽取两次，设

$$X=\begin{cases}1, & \text{第一次取到红球,}\\ 0, & \text{第一次取到白球,}\end{cases}\quad Y=\begin{cases}1, & \text{第二次取到红球,}\\ 0, & \text{第二次取到白球.}\end{cases}$$

分别对有放回和无放回两种情况判断 X 与 Y 是否独立.

解 在有放回时，容易求得 (X, Y) 的联合分布律与边缘分布律为

$X \backslash Y$	0	1	$P_{i\cdot}$
0	$\frac{9}{25}$	$\frac{6}{25}$	$\frac{3}{5}$
1	$\frac{6}{25}$	$\frac{4}{25}$	$\frac{2}{5}$
$p_{\cdot j}$	$\frac{3}{5}$	$\frac{2}{5}$	

所以有

$$P\{X=0,\ Y=0\}=\frac{9}{25}=P\{X=0\}P\{Y=0\},$$

$$P\{X=0,\ Y=1\}=\frac{6}{25}=P\{X=0\}P\{Y=1\},$$

$$P\{X=1,\ Y=0\}=\frac{6}{25}=P\{X=1\}P\{Y=0\},$$

$$P\{X=1,\ Y=1\}=\frac{4}{25}=P\{X=1\}P\{Y=1\}.$$

因此 X 与 Y 相互独立.

在无放回时，(X, Y) 的联合分布律与边缘分布律为

$X \backslash Y$	0	1	$p_{i\cdot}$
0	$\frac{3}{10}$	$\frac{3}{10}$	$\frac{3}{5}$
1	$\frac{3}{10}$	$\frac{1}{10}$	$\frac{2}{5}$
$p_{\cdot j}$	$\frac{3}{5}$	$\frac{2}{5}$	

所以有

$$P\{X=0,\ Y=0\}=\frac{3}{10}\neq P\{X=0\}P\{Y=0\},$$

因此 X 与 Y 不独立.

例 4 已知 X 与 Y 相互独立，且 X 与 Y 的分布律分别为

X	0	1
P	$\frac{3}{5}$	$\frac{2}{5}$

Y	0	1	2
P	$\frac{1}{4}$	$\frac{1}{2}$	$\frac{1}{4}$

求(X, Y)的联合分布律．

解　由于X与Y相互独立，则根据本节定理1可以求得(X, Y)的联合分布律为

$X \backslash Y$	0	1	2
0	$\frac{3}{20}$	$\frac{3}{10}$	$\frac{3}{20}$
1	$\frac{1}{10}$	$\frac{1}{5}$	$\frac{1}{10}$

6.7　随机变量函数的分布

在分析和解决实际问题时，常常会遇到一些随机变量，它们的分布往往难于直接得到．但是与它们有函数关系的另一些随机变量，其分布却是容易知道的．

本节将研究根据某种函数关系由已知随机变量的分布求出与其有函数关系的另一个随机变量的分布问题．

6.7.1　一维随机变量的函数的分布

定义6.7　设X是一维随机变量，其分布律或密度函数已知，当X的取值为x时，Y的取值为$y=g(x)$，则Y也是一个随机变量，并称之为随机变量X的函数，记作$Y=g(X)$.

1. 离散型随机变量函数的分布

例1　设离散型随机变量的分布律为：

X	-2	-1	0	1	2	3
P	0.05	0.15	0.2	0.25	0.2	0.15

求：(1)$Y=2X+1$的分布律；(2)$Z=X^2$的分布律．

解　因为

P	0.05	0.15	0.2	0.25	0.2	0.15
X	-2	-1	0	1	2	3
$Y=2X+1$	-3	-1	1	3	5	7
$Z=X^2$	4	1	0	1	4	9

所以 Y 的分布律为

Y	-3	-1	1	3	5	7
P	0.05	0.15	0.2	0.25	0.2	0.15

Z 的分布律为

Z	0	1	4	9
P	0.2	0.4	0.25	0.15

从这个例子可以看出，求离散型随机变量函数的分布时，关键是把新变量取相同值的概率相加，其他保持对应关系，即可得到随机变量函数的分布．

例 2 设 $X \sim B(3,\ 0.4)$，且 $Y=\dfrac{X(3-X)}{2}$，求 Y 的分布律．

解　由 $X \sim B(3,\ 0.4)$ 知 $P=\{X=k\}=C_3^k \cdot 0.4^k \cdot 0.6^{3-k}$，$k=0,\ 1,\ 2,\ 3$，而 Y 的可能取值为 0，1，且

$$\begin{aligned}P\{Y=1\}&=P\left\{\frac{X(3-X)}{2}=1\right\}\\&=P\{X=1\}+P\{X=2\}\\&=C_3^1 \cdot 0.4^1 \cdot 0.6^2+C_3^2 \cdot 0.4^2 \cdot 0.6^1=0.72,\\P\{Y=0\}&=P\left\{\frac{X(3-X)}{2}=0\right\}\\&=P\{X=0\}+P\{X=3\}\\&=C_4^0 \cdot 0.4^0 \cdot 0.6^3+C_3^3 \cdot 0.4^3 \cdot 0.6^0=0.28.\end{aligned}$$

所以，Y 的分布律为

Y	0	1
P	0.28	0.72

2. 连续型随机变量函数的分布

设 X 为连续型随机变量，其概率密度函数为 $f_X(x)$（已知），$Y=g(X)$ 是随机变量的函数，求 Y 的概率密度函数 $f_Y(y)$ 的步骤如下．

（1）求出的分布函数 $F_Y(y)$

$$F_Y(y)=P\{Y \leqslant y\}=P\{g(X) \leqslant y\}=P\{X \in I_g\}=\int_{I_g} f_X(x)\mathrm{d}x,$$

其中 $I_g=\{x \mid g(x) \leqslant y\}$．

（2）$f_Y(y)=F'_Y(y)$．

例 3 设 $X \sim U(0,\ 1)$，求 $Y=X^2$ 的概率密度函数 $f_Y(y)$．

解　因为 $X \sim U(0,1)$，所以

$$f_X(x)=\begin{cases}1, & 0 \leqslant x \leqslant 1;\\ 0, & \text{其他}.\end{cases}$$

于是 Y 的分布函数为

$$F_Y(Y)=P\{Y \leqslant y\}=P\{X^2 \leqslant y\}.$$

当 $y \leqslant 0$ 时，$F_Y(y)=p\{X^2 \leqslant y\}=p\{\varnothing\}=0$；

当 $y>0$ 时，

$$F_Y(y)=P\{X^2 \leqslant y\}=P\{-\sqrt{y} \leqslant X \leqslant \sqrt{y}\}=\int_{-\sqrt{y}}^{\sqrt{y}} f_X(x)\mathrm{d}x;$$

当 $0<y<1$ 时，

$$F_Y(y)=\int_{-\sqrt{y}}^{\sqrt{y}} f_X(x)\mathrm{d}x=\int_0^{\sqrt{y}} 1\mathrm{d}x=\sqrt{y};$$

当 $y \geqslant 1$ 时，

$$F_Y(y)=\int_{-\sqrt{y}}^{\sqrt{y}} f_X(x)\mathrm{d}x=\int_0^{x} 1\mathrm{d}x=1.$$

所以 $Y=X^2$ 的分布函数为

$$F_Y(y)=\begin{cases}0, & y \leqslant 0;\\ \sqrt{y}, & 0<y<1;\\ 1, & y \geqslant 1.\end{cases}$$

于是 $Y=X^2$ 的概率密度函数为

$$f_Y(y)=F'_Y(y)=\begin{cases}\dfrac{1}{2\sqrt{y}}, & 0<y<1;\\ 0, & \text{其他}.\end{cases}$$

例 4　设随机变量 X 的概率密度为

$$f_X(x)=\begin{cases}\dfrac{x}{8}, & 0<x<4;\\ 0, & \text{其他}.\end{cases}$$

求随机变量 $Y=2X+8$ 的概率密度.

解　分别记 X，Y 的分布函数为 $F_X(x)$，$F_Y(y)$，则

$$\begin{aligned}F_Y(y)&=P\{Y \leqslant y\}\\&=P\{2X+8 \leqslant y\}\\&=P\left\{X \leqslant \frac{y-8}{2}\right\}\\&=F_X\left(\frac{y-8}{2}\right),\end{aligned}$$

于是将 $F_Y(y)$ 关于 y 求导数，得 $Y=2X+8$ 的概率密度为

$$f_Y(y)=F'_Y(y)$$

$$
\begin{aligned}
&= f_X\left(\frac{y-8}{2}\right)\left(\frac{y-8}{2}\right)', \\
&= \begin{cases} \dfrac{1}{8}\left(\dfrac{y-8}{2}\right)\cdot\dfrac{1}{2}, & 0<\dfrac{y-8}{2}<4; \\ 0, & \text{其他}. \end{cases} \\
&= \begin{cases} \dfrac{y-8}{32}, & 8<y<16; \\ 0, & \text{其他}. \end{cases}
\end{aligned}
$$

6.7.2　两个随机变量函数的分布

下面讨论两个随机变量函数的分布问题，就是已知二维随机变量(X, Y)的分布律或密度函数，求$Z=g(X, Y)$的分布律或密度函数问题.

二维离散型随机变量函数的分布律

设(X, Y)为二维离散型随机变量，$Z=g(X, Y)$是一个二元函数，则$Z=g(X, Y)$为一个二维离散型随机变量. 若随机变量(X, Y)的分布律为$P\{X=x_i, Y=y_j\}=p_{ij}(i, j=1, 2, \cdots)$，则由$(X, Y)$的所有可能取值情况，可以求出随机变量函数$Z=g(X, Y)$的可能取值情况，不妨设为$z_1, z_2, \cdots, z_k, \cdots$；再分析$Z=z_k$由$(X, Y)$的哪几种组合产生，从而求出事件$\{Z=z_k\}$的概率

$$P\{Z=z_k\}=\sum_{g(x_i, y_j)=z_k} P\{X=x_i, Y=y_j\}.$$

例 5　设(X, Y)的分布律为

X \ Y	1	2	3
0	$\frac{1}{4}$	$\frac{1}{10}$	$\frac{3}{10}$
1	$\frac{3}{20}$	$\frac{3}{20}$	$\frac{1}{20}$

求$X-Y$和XY的分布律.

解　先列出下表

P	$\frac{1}{4}$	$\frac{1}{10}$	$\frac{3}{10}$	$\frac{3}{20}$	$\frac{3}{20}$	$\frac{1}{20}$
(X, Y)	$(0, 1)$	$(0, 2)$	$(0, 3)$	$(1, 1)$	$(1, 2)$	$(1, 3)$
$X-Y$	-1	-2	-3	0	-1	-2
XY	0	0	0	1	2	3

由(X, Y)的取值情况可知$X-Y$的所有可能取值为$-3, -2, -1, 0$，将上表中

$X-Y$ 相同取值对应的概率合并，可得随机变量 $X-Y$ 的分布律为

$X-Y$	-3	-2	-1	0
P	$\frac{3}{10}$	$\frac{3}{20}$	$\frac{2}{5}$	$\frac{3}{20}$

XY 的所有可能取值为 0，1，2，3，类似地可得其分布律为

XY	0	1	2	3
P	$\frac{13}{20}$	$\frac{3}{20}$	$\frac{3}{20}$	$\frac{1}{20}$

习题 6

1. 设随机变量 $X\sim U(2,5)$，现对 X 进行三次独立观测，试求至少有两次观测值大于 3 的概率 .

2. 设随机变量 X 的概率密度为

$$f_X(x)=\begin{cases}e^{-x}, & x\geqslant 0;\\ 0, & x<0.\end{cases}$$

求随机变量 $Y=e^X$ 的概率密度函数 $f_Y(y)$.

3. 设二维随机变量的概率分布为

X \ Y	-1	0	1
-1	a	0	0.2
0	0.1	b	0.2
1	0	0.1	c

其中 a，b，c 为常数，且 $P\{X<0\}=0.4$，$P\{X\leqslant 0, Y\leqslant 0\}=0.4$，记 $Z=X+Y$，求：(1)a，b，c 的值；(2)Z 的分布律；(3)$P\{X=Z\}$.

4. 设一电路有 3 种同种电器元件，其工作状态相互独立且无故障工作时间服从参数为 $\lambda>0$ 的指数分布，当 3 个电器元件都无故障时，电路工作正常，否则整个电路不能正常工作，求整个电路正常工作的时间 T 的概率分布 .

第 7 章　随机变量的数字特征

本章导读

随机变量的分布函数可以完整地描述随机变量的概率分布情况，但是对于更一般的随机变量，要确定其分布函数却不容易，而且对于许多实际问题，并不需要知道随机变量的分布，只要知道关于它的某些特征就足够了．随机变量的数字特征主要是：数学期望和方差．

本章重点

▶ 了解数学期望的性质和计算．

▶ 掌握方差的性质和计算．

▶ 掌握相关系数的性质和计算．

素质目标

▶ 引导学生养成独立思考和深度思考的良好习惯；培养学生的逻辑思维、辩证思维和创新思维能力．

▶ 培养精益求精的工匠精神，以及遵章守纪的职业操守．

7.1　随机变量的数学期望

本节主要介绍离散型随机变量和连续型随机变量的数学期望及其性质．

7.1.1　离散型随机变量的数学期望

例 1　甲、乙两射手进行打靶训练，每人各打了 100 发子弹，成绩如下：

环数	8	9	10
次数	15	40	45

甲

环数	8	9	10
次数	35	10	55

乙

怎样评估两人的成绩？

解　两人的总环数分别为

甲：$8\times15+9\times40+10\times45=930$(环)；

乙：$8\times35+9\times10+10\times55=920$(环).

每枪平均环数为

甲：$\dfrac{8\times15+9\times40+10\times45}{100}=8\times\dfrac{15}{100}+9\times\dfrac{40}{100}+10\times\dfrac{45}{100}=9.3$(环)；

乙：$\dfrac{8\times35+9\times10+10\times55}{100}=8\times\dfrac{35}{100}+9\times\dfrac{10}{100}+10\times\dfrac{55}{100}=9.2$(环).

可见甲的射击水平比乙略好．

从引例可以看到，甲每枪平均环数 9.3 是以$\dfrac{15}{100}$，$\dfrac{40}{100}$，$\dfrac{45}{100}$为“权数”的加权平均数．若设 X 为甲射击环数，那么$\dfrac{15}{100}$，$\dfrac{40}{100}$，$\dfrac{45}{100}$是事件$\{X=k\}(k=8,9,10)$在甲 100 次射击中发生的频率．理论上说，当射击次数增多时，这个频率就接近于事件$\{X=k\}(k=8,9,10)$在一次试验中发生的概率 p_k，求“平均数”时应用概率代替频率，即上述平均环数可以表示为$\sum\limits_{k=8}^{10}kp_k$：因此随机变量的“平均数”是一个以它的概率为“权数”的加权平均数．这就是要引入的数学期望的概念．

定义 7.1　设离散型随机变量 X 的概率分布为

$$P\{X=x_i\}=p_i,\ i=1,2,\cdots$$

若级数$\sum\limits_{i=1}^{+\infty}|x_i|p_i$收敛，则称随机变量 X 的数学期望存在，并称级数$\sum\limits_{i=1}^{+\infty}x_ip_i$为随机变量 X 的数学期望，简称期望，记为 $E(X)$，即

$$E(X)=\sum_{i=1}^{+\infty}x_ip_i.$$

若级数$\sum\limits_{i=1}^{+\infty}|x_i|p_i$发散，则随机变量 X 的数学期望不存在．数学期望又称均值．

例 2　设随机变量 X 的概率分布为

X	-2	-1	0	2
p_k	$\frac{1}{3}$	$\frac{1}{6}$	$\frac{1}{8}$	$\frac{3}{8}$

求数学期望 $E(X)$.

解　由数学期望定义有

$$E(X)=(-2)\times\frac{1}{3}+(-1)\times\frac{1}{6}+0\times\frac{1}{8}+2\times\frac{3}{8}=-\frac{1}{12}.$$

例 3　假设小王有 10 万元，如果投资一个项目将有 30% 的可能获利 5 万元，有 60% 的可能不赔不赚，但有 10% 的可能损失全部 10 万元；同期银行的利率为 2%. 问他应该如何决策？

解　设 X 为这个项目的投资利润，则 X 的概率分布为

X	5	0	-10
p_i	0.3	0.6	0.1

平均利润为

$$E(X)=5\times0.3+0\times0.6+(-10)\times0.1=0.5,$$

而同期银行的利润为 $10\times0.02=0.2$. 因此从期望收益的角度应该投资这个项目.

例 4　设袋中编号为 k 的球有 k 个，$k=1,2,\cdots,n$，从中任意摸出一球，记摸出球得号码数为 X，求 X 的数学期望.

解　因为袋中球的总数为

$$1+2+\cdots+n=\frac{n(n+1)}{2},$$

所以

$$P\{X=k\}=\frac{2k}{n(n+1)},\ k=1,2,\cdots,n.$$

于是

$$\begin{aligned}E(X)&=\sum_{k=1}^{n}kP\{X=k\}=\sum_{k=1}^{n}k\,\frac{2k}{n(n+1)}\\&=\frac{2}{n(n+1)}\sum_{k=1}^{n}k^2=\frac{2}{n(n+1)}\cdot\frac{n(n+1)(2n+1)}{6}\\&=\frac{1}{3}(2n+1).\end{aligned}$$

例 5　按规定，汽车站每天 8：00～9：00，9：00～10：00 都恰好有一辆客车到站，但到站的时刻是随机的，且两者到站的时间相互独立，其规律为

到站时间	8：10，9：10	8：30，9：30	8：50，9：50
概率	$\frac{1}{6}$	$\frac{3}{6}$	$\frac{2}{6}$

(1) 旅客 8：00 到站，求他候车时间的数学期望；

(2) 旅客 8：20 到站，求他候车时间的数学期望.

解　设旅客的候车时间为 X(单位：分钟)，

(1) 因为 X 的概率分布为

X	10	30	50
p_k	$\frac{1}{6}$	$\frac{3}{6}$	$\frac{2}{6}$

所以，$E(X)=10\times\frac{1}{6}+30\times\frac{3}{6}+50\times\frac{2}{6}=33.33.$

(2) 因为 X 的概率分布为

X	10	30	50	70	90
p_k	$\frac{3}{6}$	$\frac{2}{6}$	$\frac{1}{6}\times\frac{1}{6}$	$\frac{1}{6}\times\frac{3}{6}$	$\frac{1}{6}\times\frac{2}{6}$

所以，$E(X)=10\times\frac{3}{6}+30\times\frac{2}{6}+50\times\frac{1}{36}+70\times\frac{3}{36}+90\times\frac{2}{36}=27.22.$

7.1.2　连续型随机变量的数学期望

设连续型随机变量 X 的密度函数为 $f(x)$，在数轴上取很密的分点 $x_0<x_1<x_2<\cdots$，则落在小区间$[x_i,\ x_{i+1})$内的概率是

$$\int_{x_i}^{x_{i+1}}f(x)\mathrm{d}x\approx f(x_1)(x_{i+1}-x_i)=f(x_i)\Delta x_i.$$

由于 x_i 与 x_{i+1} 很靠近，于是$[x_i,\ x_{i+1})$中的值可以用 x_i 来近似代替，因此以概率 $f(x_i)\Delta x_i$ 取值 x_i 的离散型随机变量可以看作是 X 的一种近似，而该离散型随机变量的数学期望为

$$\sum_i x_i f(x_i)\Delta x_i.$$

这正是$\int_{-\infty}^{+\infty}xf(x)\mathrm{d}x$ 的渐进和式．以上直观考虑启发引进如下定义.

定义 7.2　设连续型随机变量 X 的概率密度为 $f(x)$，若积分$\int_{-\infty}^{+\infty}xf(x)\mathrm{d}x$ 绝对收敛，即积分$\int_{-\infty}^{+\infty}|x|f(x)\mathrm{d}x$ 收敛，则称$\int_{-\infty}^{+\infty}xf(x)\mathrm{d}x$ 为随机变量 X 的数学期望，简称期望或均值，记为 $E(X)$，即

$$E(X)=\int_{-\infty}^{+\infty}xf(x)\mathrm{d}x.$$

例 6　连续随机变量 X 的密度函数为

$$f(x)=\begin{cases}2x, & 0<x<1;\\0, & \text{其他}.\end{cases}$$

求 X 的数学期望.

解　随机变量 X 的数学期望为

$$E(X)=\int_{-\infty}^{+\infty} xf(x)\mathrm{d}x=\int_{2}^{1} 2x^2\mathrm{d}x=\left[\frac{2}{3}x^3\right]_0^1=\frac{2}{3}.$$

例 7　已知随机变量 X 的分布函数

$$F(x)=\begin{cases}0, & x\leqslant 0;\\ x/4, & 0<x\leqslant 4;\\ 1, & x>4.\end{cases}$$

求 X 的数学期望.

解　随机变量 X 的密度函数为

$$f(x)=F'(x)=\begin{cases}1/4, & 0<x\leqslant 4;\\ 0, & \text{其他}.\end{cases}$$

所以

$$E(X)=\int_{-\infty}^{+\infty} xf(x)\mathrm{d}x=\int_0^4 x\ \frac{1}{4}\mathrm{d}x=\left[\frac{1}{8}x^2\right]_0^4=2.$$

例 8　设随机变量 X 的概率密度为

$$f(x)=\frac{1}{\pi}\ \frac{1}{1+x^2},\quad -\infty<x<-\infty.$$

讨论 X 的数学期望(随机变量 X 所服从的分布称为柯西分布).

解　由于

$$\int_{-\infty}^{+\infty}|x|f(x)\mathrm{d}x=\frac{2}{\pi}\int_0^{+\infty}\frac{x}{1+x^2}\mathrm{d}x=\frac{1}{\pi}[\ln(1+x^2)]_0^{+\infty}=+\infty,$$

故 X 的数学期望不存在.

7.1.3　随机变量函数的数学期望

设 X 是随机变量，$g(x)$ 为实函数，则 $Y=g(X)$ 也是随机变量. 如果已知随机变量 X 的概率分布，理论上，可以通过 X 的概率分布求出 $Y=g(X)$ 的概率分布，进而求出 $Y=g(X)$ 的数学期望 $E(Y)=E[g(X)]$. 但这种求法一般比较复杂. 是否有比较方便的方法呢？下面的定理说明当函数 $g(x)$ 已知时，可以直接由 X 的概率分布来计算 $g(X)$ 的数学期望，而不必先求 $g(X)$ 的概率分布.

定理 1　设 X 是一个随机变量，$Y=g(X)$，且 $E(Y)$ 存在，于是

(1) 若 X 为离散型随机变量，其概率分布为

$$P\{X=x_i\}=p_i,\ i=1,\ 2,\ \cdots,$$

则 Y 的数学期望为

$$E(Y)=E[g(X)]=\sum_{i=1}^{\infty}g(x_i)p_i.$$

(2) 若 X 为连续型随机变量，其概率密度为 $f(x)$，则 Y 的数学期望为

$$E(Y)=E[g(X)]=\int_{-\infty}^{+\infty}g(x)f(x)\mathrm{d}x.$$

上述定理可推广到二维随机变量及以上的情形．

定理 2　设(X, Y)是二维随机变量，$Z=g(X, Y)$，且$E(Z)$存在，于是若为离散型随机变量，其联合分布律是

$$P\{X=x_i, Y=y_i\}=p_{ij}, i, j=1, 2, \cdots,$$

则Z的数学期望为

$$E(Z)=E[g(X, Y)]=\sum_{j=1}^{\infty}\sum_{i=1}^{\infty}g(x_i, y_i)p_{ij}.$$

例 9　设随机变量X的概率分布为

X	-2	0	1	2
p_k	0.3	0.1	0.4	0.2

求$E(2X+3)$和$E(X^2-1)$.

解　由定理 1 可知

$$E(2X+3)=[2\times(-2)+3]\times0.3+(2\times0+3)\times0.1+(2\times1+3)\times0.4+(2\times2+3)\times0.2$$
$$=-0.3+0.3+2+1.4=3.4;$$

$$E(X^2-1)=[(-2)^2-1]\times0.3+(0^2-1)\times0.1+(1^2-1)\times0.4+(2^2-1)\times0.2$$
$$=0.9-0.1+0+0.6=1.4.$$

例 10　已知X随机变量密度函数为

$$f(x)=\begin{cases}\dfrac{1}{\pi}, & -\dfrac{\pi}{2}<x<\dfrac{\pi}{2},\\ 0, & \text{其他}.\end{cases}$$

求随机变量$Y=\sin X$的数学期望．

解　由定理 1 可得

$$E(Y)=E(\sin X)=\int_{-\infty}^{+\infty}\sin x f(x)\mathrm{d}x=\int_{-\frac{\pi}{2}}^{\frac{\pi}{2}}\sin x\ \frac{1}{\pi}\mathrm{d}x=-\frac{1}{\pi}[\cos x]_{-\frac{\pi}{2}}^{\frac{\pi}{2}}=0.$$

例 11　设球的直径$X\sim U(a, b)$，试求球的体积$V=\dfrac{1}{6}\pi X^3$的数学期望．

解　由定理 1 可得

$$E(V)=\int_{-\infty}^{+\infty}\frac{\pi}{6}x^3f(x)\mathrm{d}x=\frac{1}{b-a}\int_a^b\frac{\pi}{6}x^3\mathrm{d}x=\frac{\pi}{24}\frac{1}{b-a}(b^4-a^4).$$

例 12　设国际市场上每年对我国某种出口商品的需求量是随机变量X(单位：吨)，它服从区间[2 000，4 000]上的均匀分布，每销售出一吨该种商品，可为国家赚取外汇

3 万元；若销售不出去，则每吨商品需贮存费 1 万元．问应组织多少货源，才能使国家收益最大？

解　设应组织货源 t 吨，显然，应要求 $2\,000 \leqslant t \leqslant 4\,000$，国家收益 Y 是 X 的函数，表达式为

$$Y = g(X) = \begin{cases} 3t, & X \geqslant t; \\ 3X - (t - X), & X < t. \end{cases}$$

设 X 的概率密度函数为 $f(x)$，则

$$f(x) = \begin{cases} \dfrac{1}{2\,000}, & 2\,000 \leqslant t \leqslant 4\,000; \\ 0, & \text{其他}. \end{cases}$$

于是 Y 的期望为

$$\begin{aligned} E(Y) &= \int_{+\infty}^{-\infty} g(x) f(x) \mathrm{d}x = \int_{2\,000}^{4\,000} \frac{1}{2\,000} g(x) \mathrm{d}x \\ &= \frac{1}{2\,000} \left[\int_{2\,000}^{t} (4x - t) \mathrm{d}x + \int_{x}^{4\,000} 3t \mathrm{d}x \right] \\ &= -\frac{1}{1\,000} (t^2 - 7\,000t + 4 \times 10^6) \\ &= -\frac{1}{1\,000} (t - 3\,500)^2 + 8\,250. \end{aligned}$$

易得当 $t = 3\,500$ 时，$E(Y)$ 达到最大，因此，组织 3500 吨商品为好．

7.1.4　数学期望的性质

数学期望有如下简单性质(以下假设所遇到的随机变量的数学期望都存在)．

性质 1　设 C 是常数，则有 $E(C) = C$.

证　常数 C 可看作随机变量的特例，它只能取一个值 C，对应的概率是 1，所以 $E(C) = C \cdot 1 = C$.

性质 2　设 X 是一个随机变量，C 是常数，则有

$$E(CX) = CE(X).$$

证　当 $C = 0$ 时，等式显然成立．

当 $C \neq 0$ 时，若 X 为离散型随机变量，则

$$E(CX) = \sum_{i=1}^{\infty} (C_{x_i}) p_i = C \sum_{i=1}^{\infty} x_i p_i = CE(X).$$

若 X 为连续型随机变量，其密度函数为 $f(x)$，则

$$E(CX) = \int_{-\infty}^{+\infty} Cx f(x) \mathrm{d}x = C \int_{-\infty}^{+\infty} x f(x) \mathrm{d}x = CE(X).$$

性质 3　设 X 是一个随机变量，C 是常数，则有

$$E(X + C) = E(X) + C.$$

性质 4　设 X_1，X_2 为两个随机变量，则有

$$E(X_1+X_2)=E(X_1)+E(X_2).$$

性质 4 可以推广到任意有限个随机变量之和的情形：

$$E(X_1+X_2+\cdots+X_n)=E(X_1)+E(X_2)+\cdots+E(X_n).$$

性质 5　设为 X_1，X_2 两个相互独立的随机变量，则有

$$E(X_1X_2)=E(X_1)E(X_2).$$

例 13 把一颗均匀骰子抛掷 10 次，求所得点数之和 X 的数学期望.

解　如果先求出 X 的分布，然后再计算 $E(X)$，为解此题需花不少时间. 但是，如果注意到

$$X=X_1+X_2+\cdots+X_{10},$$

其中，X_i 表示第 i 次掷出的点数($i=1, 2, \cdots, 10$).

由于

$$E(X_i)=\frac{1}{6}(1+2+3+4+5+6)=3.5(i=1, 2, \cdots, 10),$$

则可以得到

$$E(X)=E(X_1+X_2+\cdots+X_{10})=E(X_1)+E(X_2)+\cdots+E(X_{10})=10\times 3.5=35.$$

例 14 一工厂班车载有 20 位职工自工厂开出，中途有 10 个车站可以下车，在每一个车站如没有人下车便不停车. 设每位职工等可能地在各个车站下车，并设各人是否下车相互独立，以 X 表示停车次数，求 $E(X)$.

解　引入随机变量

$$X_i=\begin{cases}0, & \text{在第 } i \text{ 个车站没有人下车},\\ 1, & \text{在第 } i \text{ 个车站有人下车},\end{cases} \quad i=1, 2, \cdots, 10.$$

则 $X=X_1+X_2+\cdots+X_{10}$.

按题意，每一位职工在第 i 个车站下车的概率为$\frac{1}{10}$，不下车的概率为$\frac{9}{10}$，因此 20 人都不在第 i 个车站下车的概率为$\left(\frac{9}{10}\right)^{20}$，故在第 i 个车站下车的概率为 $1-\left(\frac{9}{10}\right)^{20}$，即

$$P\{X_i=0\}=\left(\frac{9}{10}\right)^{20}, \ P\{X_i=1\}=1-\left(\frac{9}{10}\right)^{20}, \ i=1, 2, \cdots, 10.$$

从而有

$$\begin{aligned}E(X)&=E(X_1+X_2+\cdots X_{10})\\&=E(X_1)+E(X_2)+\cdots+E(X_{10})\\&=10-\left[1-\left(\frac{9}{10}\right)^{20}\right]=8.784.\end{aligned}$$

7.2　方差及其性质

期望是随机变量的重要数字特征之一，但是对一个随机变量来说，仅仅知道它的

数学期望(即均值)是不够的，还需要知道它取值的分散(或集中)程度．正如一批统计数字，只知道它们的平均数是不够的，还需要知道它们在平均数周围的波动情况．

本节主要介绍离散型随机变量和连续型随机变量的方差及其性质．

7.2.1　方差

例 1　有两批同型号的灯泡，每批各抽 10 只，测得它们的使用寿命数据如下(单位：小时).

第一批	960	1 034	960	987	1 000	1 036	992	1 023	1 025	983
第二批	930	1 220	655	1 342	654	942	680	1 176	1 352	1 051

这两批灯泡的平均寿命都是 1 000 小时，第一批灯泡的寿命波动幅度较小，即质量比较稳定，第二批灯泡寿命波动幅度较大，质量不稳定．怎样准确地刻画随机变量取值的这种波动幅度呢?

对于给定的一批数据 x_1，x_2，…，x_n，通常用数量

$$\frac{1}{n}[(x_1-\overline{x})^2+(x_2-\overline{x})^2+\cdots+(x_n-\overline{x})^2]$$

来刻画这批数据的波动幅度，其中 $\overline{x}=\frac{1}{n}\sum_{i=1}^{n}x_i$.

由引例中给出的数据，对第一批灯泡有

$$\frac{1}{10}[(960-1\,000)^2+(1\,034-1\,000)^2+\cdots+(983-1\,000)^2]=732.8,$$

对第二批灯泡有

$$\frac{1}{10}[(930-1\,000)^2+(1\,220-1\,000)^2+\cdots+(1\,051-1\,000)^2]=67\,119,$$

显然，后者远大于前者，即第二批灯泡不如第一批灯泡质量稳定．

对于随机变量的取值情况，也用类似的一个数来定量地刻画其取值的波动情况，这个数就是方差．

定义 7.3　设 X 是一个随机变量，其数学期望 $E(X)$ 存在．如果 $E[X-E(X)]^2$ 存在，则称它为 X 的方差，记为 $D(X)$，即

$$D(X)=E[X-E(X)]^2.$$

计算方差时，若已知离散型随机变量 X 的概率分布为

$$P\{X=x_i\}=p_i,\ i=1,\ 2,\ \cdots$$

则

$$D(X)=E[X-E(X)]^2=\sum_{i=1}^{+\infty}[x_i-E(X)]^2p_i.$$

若已知连续型随机变量 X 的概率密度为 $f(x)$，则

$$D(X)=E[X-E(X)]^2=\int_{-\infty}^{+\infty}[-x-E(X)]^2 f(x)\mathrm{d}x.$$

为了方便计算方差，给出一个重要的公式：

$$D(X)=E(X^2)-[E(X)]^2.$$

事实上，如果 X 是连续型随机变量，则

$$\begin{aligned}D(X)&=\int_{-\infty}^{+\infty}[-x-E(X)]^2 f(x)\mathrm{d}x\\&=\int_{-\infty}^{+\infty}[x^2-2xE(X)+(E(X))^2]f(x)\mathrm{d}x\\&=\int_{-\infty}^{+\infty}x^2 f(x)\mathrm{d}x-2E(x)\int_{-\infty}^{+\infty}xf(x)\mathrm{d}x+[E(X)]^2\int_{-\infty}^{+\infty}f(x)\mathrm{d}x\\&=E(X^2)-2E(X)E(X)+[E(X)]^2\\&=E(X^2)-[E(X)]^2.\end{aligned}$$

如果 X 是离散型随机变量，也有与上面相同的结论.

方差的算术平方根$\sqrt{D(X)}$称为**标准差**或**均方差**. 它与 X 具有相同的度量单位，在实际应用中经常使用.

方差刻画了随机变量 X 的取值与数学期望的偏离程度，它的大小可以衡量随机变量取值的稳定性.

从方差的定义易见：

(1) 若 X 的取值比较集中，则方差较小；

(2) 若 X 的取值比较分散，则方差较大.

例 2 设随机变量 X 的概率分布为

X	-2	-1	0	2
p_k	$\frac{1}{3}$	$\frac{1}{6}$	$\frac{1}{8}$	$\frac{3}{8}$

求随机变量 X 的方差.

解 在上节例 1 中，已得 $E(X)=-\frac{1}{10}$.

解法一：由定义

$$D(X)=\left[-2-\left(-\frac{1}{10}\right)\right]^2\times\frac{1}{3}+\left[-1-\left(-\frac{1}{10}\right)\right]^2\times\frac{1}{6}+\left[0-\left(-\frac{1}{10}\right)\right]^2\times\frac{1}{8}+\left[2-\left(-\frac{1}{10}\right)\right]^2\times\frac{3}{8}=\frac{299}{100}.$$

解法二：

$$E(X^2)=(-2)^2\times\frac{1}{3}+(-1)^2\times\frac{1}{6}+0^2\times\frac{1}{8}2^2\times\frac{3}{8}=3,$$

所以

$$D(X)=E(X^2)-(EX)^2=3-\frac{1}{100}=\frac{299}{100}.$$

例 3 设随机变量 X 的密度函数是

$$f(x)=\begin{cases}6x(1-x), & 0\leqslant x\leqslant 1;\\ 0, & 其他.\end{cases}$$

求随机变量的方差.

解　因为

$$E(X)=\int_{-\infty}^{+\infty}xf(x)\mathrm{d}x=\int_0^1 x\cdot 6x(1-x)\mathrm{d}x=\frac{1}{2},$$

$$E(X^2)=\int_{-\infty}^{+\infty}x^2f(x)\mathrm{d}x=\int_0^1 x^2\cdot 6x(1-x)\mathrm{d}x=\frac{3}{10}.$$

所以

$$D(X)=E(X^2)-[E(X)]^2=\frac{3}{10}-\frac{1}{4}=\frac{1}{20}.$$

7.2.2　方差的性质

方差具有以下一些常用的性质.

(1) 设 C 是常数，则有 $D(C)=0$.

(2) 设 X 是一个随机变量，C 是常数，则有

$$D(CX)=C^2D(X).$$

(3) 设 X 是一个随机变量，C 是常数，则有

$$D(X+C)=D(X).$$

(4) 设 X，Y 为两个相互独立的随机变量，则有

$$D(X+Y)=D(X)+D(Y).$$

证明　(1) $D(X)=E\{[C-E(C)]^2\}=E(0)=0$.

(2) $D(CX)=E\{[CX-E(CX)]^2\}=C^2E\{[X-E(X)]^2\}=C^2D(X)$.

(3) $D(X+C)=E[(X+C)-E(X+C)]^2=E[X+C-E(X-C)]^2$
$=E[X-E(X)]^2=D(X)$.

(4) $D(X+Y)=E[(X+Y)-E(X+Y)]^2=E[(X-E(X))+(Y-E(Y))]^2$
$=E[(X-E(X))^2+2(X-E(X))(Y-E(Y))+(Y-E(Y))^2]$
$=E(X-E(X))^2+2E[(X-E(X))(Y-E(Y))]+E(Y-E(Y))^2$,

因为 X，Y 相互独立，所以

$E[(X-E(X))(Y-E(Y))]=E[XY-X\cdot E(Y)-Y\cdot E(X)+E(X)\cdot E(Y)]$
$=E(XY)-E(X)\cdot E(Y)=E(X)\cdot E(Y)-E(X)\cdot E(Y)$
$=0$,

从而

$$D(X+Y)=E(X-E(X))^2+E(Y-E(Y))^2=D(X)+D(Y).$$

性质(4)可以推广到任意有限个随机变量之和的情形，若 X_1，X_2，…，X_n 相互独立，则有

$$D(X_1+X_2+\cdots+X_n)=D(X_1)+D(X_2)+\cdots+D(X_n).$$

定理1 若随机变量的方差存在，则 $D(X)=0$ 的充分必要条件是存在一个数 a，使得 $P\{X=a\}=1$，并且 $a=E(X)$.

例4 若随机变量 X，Y 独立同分布，且随机变量 X 的概率分布是：

X	-2	0	1	3	4
p_k	0.2	0.2	0.2	0.2	0.2

求 $D(2X-3Y+1)$.

解　因为 $E(X)=1.2$，$E(X^2)=6$，所以 $D(X)=4.56$，又因为 X，Y 独立同分布，所以

$$D(Y)=D(X)=4.56,$$

由性质有

$$D(2X-3Y+1)=4D(X)+9D(Y)=59.28.$$

例5 已知 X 为随机变量，且 $E\left(\frac{X}{2}-1\right)=1$，$D\left(-\frac{X}{2}+1\right)=2$，求 $E(X^2)$.

解　由数学期望与方差的性质

$$E\left(\frac{X}{2}-1\right)=\frac{1}{2}E(X)-1,$$

$$D\left(-\frac{X}{2}+1\right)=\frac{1}{4}D(X),$$

有

$$E(X)=4,\ D(X)=8,$$

所以

$$E(X^2)=D(X)+[E(X)]^2=8+4^2=24.$$

7.3　常见分布的数学期望和方差

本节主要介绍常见的离散型分布与连续型分布的数学期望、方差.

7.3.1　常见离散型分布的数学期望与方差

1. 二点分布

设随机变量 X 服从二点分布

X	1	0
p_k	p	q

则数学期望为

$$E(X)=1\times p+0\times q=p.$$

又因为 $E(X^2)=1^2\cdot p+0^2\cdot q=p$，$E(X)=p$，所以有

$$D(X)=E(X^2)-[E(X)]^2=p-p^2=p(1-p)=pq.$$

2. 二项分布

设 X 服从二项分布 $B(n, p)$，即

$$P\{X=k\}=C_n^k p^k q^{n-k}\quad (k=0, 1, 2, \cdots, n),$$

则数学期望为

$$\begin{aligned}E(X)&=\sum_{k=1}^{n}k\cdot C_n^k p^k q^{n-k}\\&=\sum_{k=1}^{n}\frac{k\cdot n!}{k!\,(n-k)!}p^k q^{n-k}\\&=\sum_{k=1}^{n}\frac{nk\cdot(n-1)!}{(k-1)!\,[(n-1)-(k-1)]!}p^{k-1}q^{(n-1)-(k-1)}\\&=np\sum_{k'=0}^{n-1}C_{n-1}^{k'}p^{k'}q^{(n-1)-k'}\\&=np(p+q)^{n-1}=np.\end{aligned}$$

其中 $k'=k-1$，即二项分布 $B(n, p)$ 的期望为 np.

又因为

$$\begin{aligned}E(X^2)&=\sum_{k=0}^{n}k^2C_n^k p^k q^{n-k}\\&=\sum_{k=1}^{n}[k(k-1)+k]\frac{n!}{k!\,(n-k)!}p^k q^{n-k}\\&=\sum_{k=1}^{n}[(k-1)+1]\frac{n!}{(k-1)!\,(n-k)!}p^k q^{n-k}\\&=\sum_{k=2}^{n}(k-1)\frac{n(n-1)(n-2)!}{(k-1)!\,(n-k)!}p^2p^{k-2}q^{n-2-(k-2)}+\sum_{k=1}^{n}\frac{n!}{(k-1)!\,(n-k)}p^k q^{n-k}\\&=n(n-1)p^2\sum_{k'=0}^{n-2}\frac{(n-2)!}{k'!\,(n-2-k')!}p^k q^{(n-2)-k'}+E(X)\quad (令\ k'=k-2)\end{aligned}$$

$$=n(n-1)p^2(p+q)^{n-2}+E(X)$$
$$=n(n-1)p^2+np,$$

所以

$$D(X)=E(X^2)-[E(X)]^2$$
$$=n(n-1)p^2+np-n^2p^2$$
$$=npq.$$

3. 泊松分布

若随机变量 X 服从泊松分布 $P(\lambda)$，则

$$E(X)=\sum_{k=0}^{+\infty}k\cdot\frac{\lambda^k}{k!}e^{-\lambda}=\sum_{k=1}^{+\infty}\frac{\lambda^k}{(k-1)!}e^{-\lambda}$$
$$=\sum_{m=0}^{+\infty}\frac{\lambda^{m+1}}{m!}e^{-\lambda}=\lambda\sum_{m=0}^{+\infty}\frac{\lambda^m}{m!}e^{-\lambda}=\lambda\quad(m=k-1).$$

又因为

$$E(X^2)=\sum_{k=0}^{+\infty}k^2\frac{\lambda^k}{k!}e^{-\lambda}=\sum_{k=1}^{+\infty}(k-1+1)\frac{\lambda^k}{(k-1)!}e^{-\lambda}$$
$$=\sum_{m=0}^{+\infty}(m+1)\frac{\lambda^{m+1}}{m!}e^{-\lambda}=\lambda\sum_{m=0}^{+\infty}m\cdot\frac{\lambda^m}{m!}e^{-\lambda}+\lambda\sum_{m=0}^{+\infty}\frac{\lambda^m}{m!}e^{-\lambda}$$
$$=\lambda^2+\lambda,$$

所以

$$D(X)=E(X^2)-[E(X)]^2=\lambda^2+\lambda-\lambda^2=\lambda.$$

由此可见，泊松分布的数学期望与方差相等，都等于参数．因此泊松分布由它的数学期望或方差唯一决定．

4. 几何分布

设随机变量 X 的概率分布为

$$P\{X=k\}=pq^{k-1}(k=1,\ 2,\ \cdots).$$

利用级数的逐项求导法则，有

$$E(X)=\sum_{k=0}^{+\infty}k\cdot pq^{k-1}=p\cdot\sum_{k=0}^{+\infty}k\cdot q^{k-1}=p\cdot\frac{d}{dq}\left(\sum_{k=0}^{+\infty}q^k\right)$$
$$=p\cdot\frac{d}{dq}\left(\frac{1}{1-q}\right)=p\cdot\frac{1}{(1-q)^2}=p\cdot\frac{1}{p^2}=\frac{1}{p},$$

又因为

$$E(X^2)=\sum_{k=0}^{+\infty}k^2\cdot pq^{k-1}=p\cdot\sum_{k=0}^{+\infty}k^2\cdot q^{k-1}=p\cdot\frac{d}{dq}\left(\sum_{k=0}^{+\infty}kq^k\right)$$
$$=p\cdot\frac{d}{dq}\left(\sum_{k=0}^{+\infty}(k+1)q^k-\sum_{k=0}^{+\infty}q^k\right)=p\cdot\frac{d}{dq}\left(\frac{d}{dq}\sum_{k=0}^{+\infty}q^{k+1}-\frac{1}{1-q}\right)$$
$$=p\cdot\frac{d}{dq}\left(\frac{d}{dq}\left(\frac{q}{1-q}\right)-\frac{1}{1-q}\right)=p\cdot\frac{d}{dq}\left(\frac{1}{(1-q)^2}-\frac{1}{1-q}\right)$$

$$=\frac{q+1}{p^2},$$

所以

$$D(X)=E(X^2)-[E(X)]^2=\frac{q+1}{p^2}-\frac{1}{p^2}=\frac{q}{p^2}.$$

7.3.2 常见连续型分布的数学期望与方差

1. 均匀分布

设随机变量 X 服从$[a,b]$上的均匀分布，则其密度为

$$f(x)=\begin{cases}\dfrac{1}{b-a}, & a\leqslant x\leqslant b;\\ 0, & 其他.\end{cases}$$

则数学期望为

$$E(X)=\int_{-\infty}^{+\infty}xf(x)\mathrm{d}x=\int_a^b x\frac{1}{b-a}\mathrm{d}x=\frac{1}{b-a}\left[\frac{1}{2}x^2\right]_a^b=\frac{1}{2}(a+b).$$

又因为

$$E(X^2)=\int_{-\infty}^{+\infty}x^2f(x)\mathrm{d}x=\int_a^b x^2\frac{1}{b-a}\mathrm{d}x=\frac{b^3-a^3}{3(b-a)}=\frac{1}{3}(b^2+ab+a^2).$$

于是有

$$D(X)=E(X^2)-[E(X)]^2=\frac{1}{3}(b^2+ab+a^2)-\frac{1}{4}(a+b^2)=\frac{1}{12}(b-a)^2.$$

2. 指数分布

设随机变量 X 的密度函数是($\lambda>0$)

$$f(x)=\begin{cases}\lambda\mathrm{e}^{\lambda x}, & x\geqslant 0;\\ 0, & x<0.\end{cases}$$

则

$$E(X)=\int_{-\infty}^{+\infty}xf(x)\mathrm{d}x=\int_0^{+\infty}x\cdot\mathrm{e}^{\lambda x}\mathrm{d}x=\frac{1}{\lambda}.$$

又因为

$$\begin{aligned}E(X^2)&=\int_{-\infty}^{+\infty}x^2f(x)\mathrm{d}x=\int_0^{+\infty}x^2\lambda\mathrm{e}^{-\lambda x}\mathrm{d}x\\&=-\int_0^{+\infty}x^2\mathrm{d}\mathrm{e}^{-\lambda x}=[-x^2\mathrm{e}^{-\lambda x}]_0^{+\infty}+2\int_0^{+\infty}x\mathrm{e}^{-\lambda x}\mathrm{d}x\\&=0-\frac{2}{\lambda}\int_0^{+\infty}x\mathrm{d}\mathrm{e}^{-\lambda x}=\left[-\frac{2}{\lambda}x\mathrm{e}^{-\lambda x}\right]_0^{+\infty}+\frac{2}{\lambda}\int_0^{+\infty}\mathrm{e}^{-\lambda x}\mathrm{d}x\\&=0-\left[\frac{2}{\lambda^2}\mathrm{e}^{-\lambda x}\right]_0^{+\infty}=\frac{2}{\lambda^2},\end{aligned}$$

于是

$$D(X)=E(X^2)-[E(X)]^2=\frac{2}{\lambda^2}-\frac{1}{\lambda^2}=\frac{1}{\lambda^2}.$$

例 1 求解本节引例.

解 (1) 由已知及指数分布的数学期望得 $E(X)=\frac{1}{\lambda}=5$，所以 $\lambda=\frac{1}{5}$.

(2) 将 $\lambda=\frac{1}{5}$ 代入指数分布的密度公式，可以得到的密度函数为

$$f(x)=\begin{cases}\frac{1}{5}e^{-\frac{1}{5}x}, & x\geqslant 0;\\ 0, & x<0,\end{cases}$$

则

$$P\{5\leqslant X\leqslant 10\}=\int_5^{10}\frac{1}{5}e^{-\frac{1}{5}x}dx=[-e^{-\frac{1}{5}x}]_5^{10}=e^{-2}+e^{-1}\approx 0.232\,6.$$

3. 正态分布

设随机变量 $X\sim N(\mu,\sigma^2)$，X 的概率密度为

$$f(x)=\frac{1}{\sqrt{2\pi}\sigma}e^{-\frac{(x-\mu)^2}{2\sigma^2}},\quad -\infty<x<+\infty,$$

则数学期望为

$$\begin{aligned}E(X)&=\int_{-\infty}^{+\infty}xf(x)dx=\frac{1}{\sqrt{2\pi}\sigma}\int_{-\infty}^{+\infty}xe^{-\frac{(x-\mu)^2}{2\sigma^2}}dx\\&=\frac{1}{\sqrt{2\pi}\sigma}\int_{-\infty}^{+\infty}(\sigma t+\mu)e^{-\frac{1}{2}t^2}\sigma dt\left(t=\frac{x-\mu}{\sigma}\right)\\&=\frac{\sigma}{\sqrt{2\pi}}\int_{-\infty}^{+\infty}te^{-\frac{1}{2}t^2}dt+\frac{\mu}{\sqrt{2\pi}}\int_{-\infty}^{+\infty}e^{-\frac{1}{2}t^2}dt\\&=0+\mu\cdot 1=\mu,\end{aligned}$$

而

$$\begin{aligned}D(X)&=E\{[X-E(X)]^2\}=E\{[X-\mu]^2\}\\&=\int_{-\infty}^{+\infty}(x-\mu)^2\frac{1}{\sqrt{2\pi}}e^{-\frac{(x-\mu)^2}{2\sigma^2}}dx=\frac{\sigma^2}{\sqrt{2\pi}}\int_{-\infty}^{+\infty}t^2e^{-\frac{t^2}{2}}dt\left(\text{令 } t=\frac{x-\mu}{\sigma}\right)\\&=-\frac{\sigma^2}{\sqrt{2\pi}}\int_{-\infty}^{+\infty}td e^{-\frac{t^2}{2}}=-\frac{\sigma^2}{\sqrt{2\pi}}[te^{-\frac{t^2}{2}}]_{-\infty}^{+\infty}+\frac{\sigma^2}{\sqrt{2\pi}}\int_{-\infty}^{+\infty}e^{-\frac{t^2}{2}}dt\\&=0+\sigma^2\int_{-\infty}^{+\infty}\frac{1}{\sqrt{2\pi}}e^{-\frac{t^2}{2}}dt\\&=\sigma^2.\end{aligned}$$

正态分布的两个参数分别是相应随机变量的数学期望和方差.

习题 7

1. 设随机变量 X 的分布列为

$$P\{x=k\}=\frac{ab^k}{k!},\ k=0,\ 1,\ 2,\ \cdots$$

且 $E(X)=2$，求常数 a，b.

2. 某保险公司的车辆保险章程规定：如在一年内某车辆发生事故，保险公司一次性偿付现金 10 000 元. 设每个车辆在一年内发生事故的概率为 p，为使保险公司的收益的期望值等于 10 000 元，应要求被保险人交纳多少保险金?

3. 箱内有 5 件产品，其中有 2 件次品. 每次由箱中随机地抽出一件进行检验，直到查出全部次品为止，求所需检验次数 X 的平均值.

4. 有 5 个箱子，装的球分别为 1 个白球、5 个黑球，3 个白球、3 个黑球，6 个白球、4 个黑球，3 个白球、6 个黑球及 3 个白球、7 个黑球. 现从每个箱子中任取一个球，求取出的全部球中白球数的数学期望.

5. 设随机变量 X 的概率密度为 $f(x)=\begin{cases}x, & 0\leqslant x\leqslant 1;\\ 2-x, & 1<x\leqslant 2;\\ 0, & \text{其他}.\end{cases}$ 试求 $E(X)$ 和 $D(X)$.

6. 设随机变量 X 的概率密度为

$$f(x)=\begin{cases}\dfrac{1}{4}x\mathrm{e}^{-\frac{x}{2}}, & x>0;\\ 0, & x\leqslant 0.\end{cases}$$

求 $E(X)$，$D(X)$.

7. 已知设随机变量 $X\sim U(-\pi,\ \pi)$，试求 $Y=\cos X$ 和 $Y^2=\cos^2 X$ 的数学期望.

8. 已知设随机变量 $X\sim P(\lambda)$，试求 $E\left(\dfrac{1}{1+X}\right)$.

第 8 章　大数定律与中心极限定理

本章导读

概率统计是研究随机现象规律性的学科，而随机现象的规律只有在对大量现象的考察中才能显现出来．研究大量的随机现象，常常采用极限形式，由此产生对极限定理进行研究．极限定理的内容很广泛，其中最重要的有两种：大数定律与中心极限定理．

本章重点

- ▶ 掌握大数定律的概念.
- ▶ 熟悉大数定律的条件及结论.
- ▶ 掌握中心极限定理的概念.
- ▶ 了解中心极限定理的条件及结论.

素质目标

- ▶ 引导学生认识数学理论的严密、完备、统一、和谐和奇异等内在美.
- ▶ 培养学生的科学鉴赏力、洞察力和审美观.

8.1　大数定律

一枚均匀的硬币掷到桌上，出现正面还是反面是预先无法断定的．我们掷的硬币不止一枚，或掷的次数不止一次，那么出现正、反面的情况又将如何呢？表 8 - 1 是历史上几位名人的投掷硬币的试验记录．从表中可以看出，投掷的次数越多，频率越接近于 0.5. 为什么有这样的规律呢？ 世界数学史上著名的伯努利家族的雅各·伯努利(Bemoullijacob，1654 ～ 1705) 是一位科学地揭示其中奥秘的．从 17 世纪末到 18 世纪，这个家族的三代人，出了 8 位杰出的数学家．雅各是其中最负盛名的一位．他的数学几乎是靠自学成才的．由于他的才华和造诣，从 33 岁到逝世的 18 年时间里，他一直受聘为巴塞尔大学教授．他的名著《推测术》是概率论中的一个丰碑，书中证明了极有意义的大数定律．这个定律说明：当试验次数很大时，事件出现的频率和概率有较大偏差的可能性很小．因此可用频率来代替概率．这个定律使伯努利的姓氏永载史册．

表 8-1　历史上几位名人的投掷硬币的试验记录

实验人	投掷次数	出现正面	频率
德·摩根	2 048	1 006	0.518 1
布丰	4 040	2 048	0.506 9
皮尔逊	12 000	6 019	0.501 6
皮尔逊	24 000	12 012	0.500 5

本节主要介绍大数定律的意义、四个大数定律及其条件和结论．

8.1.1　大数定律的意义

在引入事件与概率的概念时曾经指出，尽管随机事件在一次试验可能出现也可能不出现，但在大量的试验中则呈现出明显的统计规律性——频率的稳定性．频率是概率的反映，随着观测次数的增加，频率将会逐渐稳定到概率．这里说的“频率逐渐稳定于概率”实质上是频率依某种收敛意义趋于概率，这个稳定性就是“大数定律”研究的客观背景．

概率论中，一切关于大量随机现象之平均结果稳定性的定理，统称为大数定律．

定义 8.1　设 X_1，X_2，…，X_n，…是一个随机变量序列，a 是一个常数，如果对于任意正数 ε，有

$$\lim_{n\to\infty}P(|X_n-a|<\varepsilon)=1,$$

则称随机变量序列依概率收敛于 a，记为

$$X_n \xrightarrow{P} a.$$

大数定律这一名称是由法国数学家泊松在 1937 年给出的．由于在长达两百多年的时间里，大数定律都是概率论研究的重要内容，因此有关结果非常丰富．

8.1.2　四个大数定律及其条件和结论

1. 切比雪夫不等式

首先介绍证明大数定律的重要工具——切比雪夫(Chebyshev)不等式．

定理 1　设随机变量 X 的方差 $D(X)$ 存在，则对任何 $\varepsilon>0$，有

$$P\{|X-E(X)|\geqslant\varepsilon\}\leqslant\frac{D(X)}{\varepsilon^2},$$

或等价地，有

$$P\{|X-E(X)|<\varepsilon\}\leqslant 1-\frac{D(X)}{\varepsilon^2}.$$

证明　这里仅证明 X 为连续型随机变量的情形．设 X 的密度函数为 $f(x)$，$x\in$

R，对 X 在 $|x-E(X)|\geqslant\varepsilon$ 范围的任一取值 x，都有

$$|x-E(X)|\geqslant\varepsilon,$$

即

$$[x-E(X)]^2\geqslant\varepsilon^2,$$

$$\frac{[x-E(X)]^2}{\varepsilon^2}\geqslant 1,$$

因此

$$\begin{aligned}P\{|X-E(X)|\geqslant\varepsilon\}&=P\{X-E(X)\leqslant-\varepsilon\}+P\{X-E(X)\geqslant\varepsilon\}\\&=P\{X\leqslant E(X)-\varepsilon\}+P\{X\geqslant E(X)+\varepsilon\}\\&=\int_{-\infty}^{E(X)-\varepsilon}f(x)\mathrm{d}x+\int_{E(X)+\varepsilon}^{-\infty}f(x)\mathrm{d}x\\&\leqslant\int_{-\infty}^{E(X)-\varepsilon}\frac{[x-E(X)]^2}{\varepsilon^2}f(x)\mathrm{d}x+\int_{E(X)+\varepsilon}^{+\infty}\frac{[x-E(X)]^2}{\varepsilon^2}f(x)\mathrm{d}x\\&\leqslant\int_{-\infty}^{+\infty}\frac{[x-E(X)]^2}{\varepsilon^2}f(x)\mathrm{d}x\\&\leqslant\frac{1}{\varepsilon^2}\int_{-\infty}^{+\infty}[x-E(X)]^2f(x)\mathrm{d}x=\frac{D(X)}{\varepsilon^2}.\end{aligned}$$

在已知随机变量的数学期望和方差的条件下，利用切比雪夫不等式可以估计出随机变量分布在以数学期望为中心的一个 ε 邻域内的概率不小于 $1-\dfrac{D(X)}{\varepsilon^2}$. 由此可知，$D(X)$ 越小，则事件 $\{|X-E(X)|<\varepsilon\}$ 发生的概率越大，即 X 在 $E(X)$ 附近的密集程度越高；反之，$D(X)$ 越大，则事件 $\{|X-E(X)|<\varepsilon\}$ 发生的概率越小，即 X 在 $E(X)$ 附近的密集程度越低. 由此可见，方差完全刻画了随机变量对期望的离散程度.

例 1 已知随机变量 X 和 Y 的数学期望、方差以及相关系数分别为 $E(X)=E(Y)=2$，$D(X)=1$，$D(Y)=4$，$\rho_{XY}=0.5$，用切比雪夫不等式估计概率 $P\{|X-Y|\geqslant 6\}$.

解 由于

$$E(X-Y)=E(X)-E(Y)=0,$$

$$\mathrm{cov}(X,Y)=\rho_{XY}\sqrt{D(X)}\sqrt{D(Y)}=1,$$

$$D(X-Y)=D(X)+D(Y)-2\mathrm{cov}(X,Y)=5-2=3,$$

由切比雪夫不等式，有

$$P\{|X-Y|\geqslant 6\}=P\{|(X-Y)-E(X-Y)|\geqslant 6\}\leqslant\frac{D(X-Y)}{6^2}$$

$$=\frac{3}{36}=\frac{1}{12}=0.0833.$$

例 2 设 X 表示投掷一颗骰子出现的点数，对给定的 $\varepsilon=1,2$，计算概率 $P\{|X-E(X)|<\varepsilon\}$，并验证切比雪夫不等式.

解　因为 X 的概率分布为 $P\{X=k\}=\frac{1}{6}$，$k=1,2,\cdots,6$，所以

$$E(X)=\sum_{k=1}^{6}k\cdot\frac{1}{6}=\frac{7}{2},$$

$$D(X)=E(X^2)-[E(X)]^2=\sum_{k=1}^{6}k^2\cdot\frac{1}{6}=\left(\frac{7}{2}\right)^2=\frac{35}{12},$$

当 $\varepsilon=1$ 时，

$$\frac{D(X)}{\varepsilon^2}=\frac{35}{12},\ 1-\frac{D(X)}{\varepsilon^2}=-\frac{23}{12},$$

而

$$\begin{aligned}P\left\{\left|X-\frac{7}{2}\right|<1\right\}&=P\{X=3\}+P\{X=4\}\\&=\frac{1}{6}+\frac{1}{6}=\frac{1}{6}>1-\frac{D(X)}{\varepsilon^2}=-\frac{23}{12},\end{aligned}$$

所以，当 $\varepsilon=1$ 时，切比雪夫不等式成立．

当 $\varepsilon=2$ 时，

$$\frac{D(X)}{\varepsilon^2}=\frac{35}{12\times4}=\frac{35}{48},\ 1-\frac{D(X)}{\varepsilon^2}=\frac{13}{48},$$

而

$$P\left\{\left|X-\frac{7}{2}\right|<2\right\}=P\{X=2\}+P\{X=3\}+P\{X=4\}+P\{X=5\}$$

$$\frac{4}{6}>1-\frac{D(X)}{\varepsilon^2}=\frac{13}{48},$$

所以，当 $\varepsilon=2$ 时，切比雪夫不等式成立．

例 3　已知电站供电网有 10 000 盏灯，夜间每盏灯开灯的概率均为 0.8，且各灯“开”或“关”相互独立，试利用切比雪夫不等式估计同时开灯的数量在 7 800 至 8 200 盏之间的概率．

解　设夜间同时开灯的数量为 X，则 X 是离散型随机变量，并服从二项分布，$n=10\,000$，$\rho=0.8$，$X\sim B(10\,000,\ 0.8)$.

X 的数学期望

$$E(X)=n\rho=10\,000\times0.8=8\,000,$$

方差

$$D(X)+n\rho q=10\,000\times0.8\times0.2=1\,600.$$

事件“夜晚同时开灯数在 7 800 至 8 200 盏之间”可以表示为

$$7\,800\leqslant X\leqslant 8\,200,$$

则 $-200\leqslant X-E(X)\leqslant 200$，即 $|X-E(X)|\leqslant 200$，而

$$\begin{aligned}P\{7\,800\leqslant X\leqslant 8\,200\}&=P\{|X-E(X)|\leqslant 200\}\\&=P\{|X-E(X)|=200\}+P\{|X-E(X)|<200\}\end{aligned}$$

$$>P\{|X-E(X)|<200\}\geqslant 1-\frac{D(X)}{\varepsilon^2}=-\frac{1\ 600}{200^2}=0.96.$$

应当注意，应用切比雪夫不等式给出的估计精度不高．例如，设 $X\sim N(0,1)$，则 $E(X)=0$，$D(X)=1$，由切比雪夫不等式得

$$P\{|X-E(X)|>2\}\leqslant\frac{D(X)}{2^2}=0.25.$$

而这概率的精确值为

$$P\{|X-E(X)|>2\}=1-[\varphi(2)-\varphi(-2)]\approx 0.045\ 6.$$

由此可见，切比雪夫不等式虽然在理论上很重要，但在实践中却很少用它去对事件 $\{|X-E(X)>\varepsilon|\}$ 的概率进行估计．

切比雪夫不等式的意义在于它的理论价值，它是证明大数定律的重要工具．

2. 切比雪夫大数定律

定理 2(切比雪夫大数定律)　设 X_1，X_2，…，X_n，…是一列两两不相关的随机变量，又设它们的方差有界，即存在常数 $C>0$，使得

$$D(X_i)\leqslant C,\ i=1,2,\cdots,$$

则随机变量序列 $\{X_i\}$ 服从大数定律，即对任意给定的 $\varepsilon>0$，有

$$\lim_{n\to\infty}P\left\{\left|\frac{1}{n}\sum_{i=1}^{n}X_i-\frac{1}{n}\sum_{i=1}^{n}E(X_i)\right|<\varepsilon\right\}=1.$$

证明　切比雪夫大数定律主要的数学工具是切比雪夫不等式．因为

$$E\left(\frac{1}{n}\sum_{i=1}^{n}X_i\right)=\frac{1}{n^2}\sum_{i=1}^{n}D(X_i).$$

又因为 X_1，X_2，…，X_n，…是一列两两不相关的随机变量，所以

$$D\left(\frac{1}{n}\sum_{i=1}^{n}X_i\right)=\frac{1}{n^2}\sum_{i=1}^{n}D(X_i),$$

由切比雪夫不等式可得

$$P\left\{\left|\frac{1}{n}\sum_{i=1}^{n}X_i-\frac{1}{n}\sum_{i=1}^{n}E(X_i)\right|<\varepsilon\right\}\geqslant-\frac{1}{n^2\varepsilon^2}\sum_{i=1}^{n}D(X_i),$$

因为 $D(X_i)\leqslant C$，$i=1,2,\cdots$，所以 $\sum\limits_{i=1}^{n}D(X_i)\leqslant nC$，于是

$$P\left\{\left|\frac{1}{n}\sum_{i=1}^{n}X_i-\frac{1}{n}\sum_{i=1}^{n}E(X_i)\right|<\varepsilon\right\}\geqslant 1-\frac{C}{n\varepsilon^2}$$

当 $n\to\infty$ 时，

$$\lim_{n\to\infty}P\left\{\left|\frac{1}{n}\sum_{i=1}^{n}X_i-\frac{1}{n}\sum_{i=1}^{n}E(X_i)\right|<\varepsilon\right\}\geqslant 1,$$

又

$$P\left\{\left|\frac{1}{n}\sum_{i=1}^{n}X_i-\frac{1}{n}\sum_{i=1}^{n}E(X_i)\right|<\varepsilon\right\}\leqslant 1,$$

所以

$$P\left\{\left|\frac{1}{n}\sum_{i=1}^{n}X_i-\frac{1}{n}\sum_{i=1}^{n}E(X_i)\right|<\varepsilon\right\}=1.$$

切比雪夫大数定律说明，如果独立随机变量序列 X_1，X_2，…，X_n，… 的方差存在且对于任意的 n 都有上界，那么前 n 个随机变量的算术平均 $\overline{X}_n=\frac{1}{n}\sum_{i=1}^{n}X_i$ 仍为随机变量，当 n 无限增大时，将几乎变成它的数学期望 $E(\overline{X}_n)=\frac{1}{n}\sum_{i=1}^{n}E(X_i)$（常数）. 或者说，当 n 无限增大时，n 个随机变量的算术平均 $\overline{X}_n=\frac{1}{n}\sum_{i=1}^{n}E(X_i)$ 将密集在它的数学期望 $E(\overline{X}_n)=\frac{1}{n}\sum_{i=1}^{n}E(X_i)$ 附近．特别地，如果这些随机变量独立同分布，就可以得到大量随机现象算术平均值的稳定性的数学解释．

3. 伯努利定理或伯努利大数定律

定理 3（伯努利定理或伯努利大数定律）　设 μ_n 是 n 重伯努利试验中事件 A 出现的次数，又 A 在每次试验中出现的概率为 $p(0<p<1)$，则对任意的 $\varepsilon>0$，有

$$\lim_{n\to\infty}P\left\{\left|\frac{\mu_n}{n}-p\right|<\varepsilon\right\}=1.$$

证明　令 $\xi_i=\begin{cases}1，第\ i\ 次试验中\ A\ 发生，\\0，第\ i\ 次试验中\ A\ 不发生，\end{cases}$　$i=1，2，\cdots，n，\cdots$，

显然 $\mu_n=\sum_{i=1}^{n}\xi_i$，由定理条件，$\xi_i(i=1，2，\cdots，n)$ 独立同分布（均服从两点分布）.

$E(\xi_i)=p$，$D(\xi_i)=p(1-p)$ 且都是常数，从而方差有界．

由切比雪夫大数定律，有

$$\lim_{n\to\infty}P\left\{\left|\frac{\mu_n}{n}-p\right|<\varepsilon\right\}=\lim_{n\to\infty}P\left\{\left|\frac{1}{n}\sum_{i=1}^{n}\xi_i-p\right|<\varepsilon\right\}=1.$$

伯努利大数定律的数学意义：伯努利大数定律阐述了频率稳定性的含义，当 n 充分大时可以以接近 1 的概率断言，$\frac{\mu_n}{n}$ 将落在以 p 为中心、以 ε 为半径的区域内．伯努利大数定律为用频率估计概率 $\left(p\approx\frac{\mu_n}{n}\right)$ 提供了理论依据．

伯努利大数定律的证明是以切比雪夫不等式为基础的，所以要求随机变量的方差存在，通过进一步研究，我们发现方差存在这个条件并不是必要条件．下面介绍的辛钦大数定律就表明了这一点．

4. 辛钦大数定律

定理 4（辛钦（Khintchine）大数定律）　设随机变量序列 X_1，X_2，…，X_n，… 相互独立且服从相同的分布，具有数学期望 $E(X_k)=\mu$，$k=1，2，\cdots$，则对任意给定的正数 ε，有

$$\lim_{n\to\infty}P\left\{\left|\frac{1}{n}\sum_{k=1}^{n}X_k-\mu\right|<\varepsilon\right\}=1.$$

证明略．

注：伯努利大数定律是辛钦大数定律的特例．

使用依概率收敛的概念，伯努利大数定律表明：n 重伯努利试验中事件A 发生的频率依概率收敛于事件 A 发生的概率，它以严格的数学形式阐述了频率具有稳定性的这一客观规律．辛钦大数定律表明：n 个独立同分布的随机变量的算术平均值依概率收敛于随机变量的数学期望，这为实际问题中算术平均值的应用提供了理论依据．

例 4 已知 X_1，X_2，…，X_n，… 相互独立且都服从参数为 2 的指数分布，求当 $n\to\infty$ 时，$Y_n=\frac{1}{n}\sum_{k=1}^{n}X_k^2$ 依概率收敛的极限．

解　显然 $E(X_k)=\frac{1}{2}$，$D(X_k)=\frac{1}{4}$，所以

$$E(X_k^2)=E^2(X_k)+D(X_k)=\frac{1}{4}+\frac{1}{4}=\frac{1}{2}，k=1，2，\cdots，$$

由辛钦大数定律，有

$$Y_n=\frac{1}{n}\sum_{k=1}^{n}X_k^2\xrightarrow{P}E(X_k^2)=\frac{1}{2}.$$

需要指出的是：不同的大数定律应满足的条件是不同的，切比雪夫大数定律中虽然只要求 X_1，X_2，…，X_n，… 相互独立，而不要求具有相同的分布，但对于方差的要求是一致有界的；伯努利大数定律则要求 X_1，X_2，…，X_n，… 不仅独立同分布，而且要求服从同参数的 0－1 分布；辛钦大数定律并不要求 X_k 的方差存在，但要求 X_1，X_2，…，X_n，… 独立同分布．各大数定律都要求 X_k 的数学期望存在，如服从柯西(Cauchy) 分布，密度函数均为 $f(x)=\frac{1}{\pi(1+x^2)}$ 的相互独立随机变量序列，由于数学期望不存在，因而不满足大数定律．

8.2　中心极限定理

在介绍正态分布时，我们一再强调正态分布在概率统计中的重要地位和作用，为什么实际上有许多随机现象会遵循正态分布？这仅仅是一些人的经验猜测还是确有理论依据，“中心极限定理”正是讨论这一问题的．其在长达两个世纪的时间内成为概率论讨论的中心课题，因此得到了中心极限定理的名称．

本节主要介绍中心极限定理的概念和中心极限定理的应用．

8.2.1　中心极限定理的概念

定理 1　列维-林德伯格(Levy－Lindberg) 定理(独立同分布的中心极限定理)　设

随机变量 X_1，X_2，…，X_n，… 相互独立且服从相同的分布，具有数学期望 $E(X_i)=\mu$ 和方差 $D(X_i)=\sigma^2>0(i=1,2,\cdots)$，则对任意实数 x，有

$$\lim_{n\to\infty}\left\{\frac{\sum_{i=1}^{n}X_i-n\mu}{\sqrt{n\sigma}}\leqslant x\right\}=\frac{1}{\sqrt{2\pi}}\int_{-\infty}^{x}\mathrm{e}^{-\frac{t^2}{2}}\mathrm{d}t=\varphi(x).$$

证明略．

独立同分布的中心极限定理表明：只要相互独立的随机变量序列 X_1，X_2，…，X_n，… 服从相同的分布，数学期望和方差(非零) 存在，则当 $n\to\infty$ 时，随机变量

$$Y_n=\frac{\sum_{i=1}^{n}X_i-n\mu}{\sqrt{n\sigma}}.$$

总以标准正态分布为极限分布，或者说，随机变量 $\sum_{i=1}^{n}X_i$ 以 $N(n\mu,n\sigma^2)$ 为其极限分布．在实际应用中，只要 n 足够大，便可以近似地把 n 个独立同分布的随机变量之和当作正态随机变量来处理，即 $\sum_{i=1}^{n}X_i$ 近似服从 $N(n\mu,n\sigma^3)$ 或 $Y_n=\frac{\sum_{i=1}^{n}X_i-n\mu}{\sqrt{n\sigma}}$ 近似服从 $N(0,1)$．

下面的定理是独立同分布的中心极限定理的一种特殊情况．

定理 2　(棣莫弗-拉普拉斯(De Moivre - Laplace) 定理)　设随机变量 Y_n 服从参数为 n，$p(0<p<1)$ 的二项分布，则对任意实数，恒有

$$\lim_{n\to\infty}\left\{\frac{Y_n-np}{\sqrt{np(1-p)}}\leqslant x\right\}=\frac{1}{\sqrt{2\pi}}\int_{-\infty}^{x}\mathrm{e}^{-\frac{t^2}{2}}\mathrm{d}t=\varphi(x).$$

证明　设随机变量 X_1，X_2，…，X_n，… 相互独立，且都服从 $B(1,p)(0<p<1)$，则由二项分布的可加性知，$Y_n=\sum_{i=1}^{n}X_i$．

由于

$$E(X_i)=p,\ D(X_i)=p(1-p),\ k=1,2,\cdots,$$

根据独立同分布的中心极限定理可知，对任意实数 x，恒有

$$\lim_{n\to\infty}\left\{\frac{\sum_{i=1}^{n}X_i-np}{\sqrt{np(1-p)}}\leqslant x\right\}=\frac{1}{\sqrt{2\pi}}\int_{-\infty}^{x}\mathrm{e}^{-\frac{t^2}{2}}\mathrm{d}t=\varphi(x),$$

亦即

$$\lim_{n\to\infty}\left\{\frac{Y_n-np}{\sqrt{np(1-p)}}\leqslant x\right\}=\frac{1}{\sqrt{2\pi}}\int_{-\infty}^{x}\mathrm{e}^{-\frac{t^2}{2}}\mathrm{d}t=\varphi(x).$$

当 n 充分大时，可以利用该定理近似计算二项分布的概率．

例 1 某射击运动员在一次射击中所得的环数具有如下的概率分布

X	10	9	8	7	6
P_k	0.5	0.3	0.1	0.05	0.05

求在 100 次独立射击中所得环数不超过 930 的概率.

解 设 X_i 表示第 $i(i=1, 2, \cdots, 100)$ 次射击的得分数，则 $X_1, X_2, \cdots, X_{100}$ 相互独立并且都与 X 分布相同，计算可知

$$E(X_i)=9.15, D(X_i)=1.227\,5, i=1, 2, \cdots, 100,$$

于是由独立同分布的中心极限定理，所求概率为

$$p=P\left\{\sum_{i=1}^{100} X_i \leqslant 930\right\}=P\left\{\frac{\sum_{i=1}^{100} X_i-100\times 9.15}{\sqrt{100\times 1.227\,5}} \leqslant \frac{930-100\times 9.15}{\sqrt{100\times 1.227\,5}}\right\}$$

$$\approx \varphi(1.35)=0.911\,5.$$

例 2 某车间有 150 台同类型的机器，每台出现故障的概率都是 0.02，假设各台机器的工作状态相互独立，求机器出现故障的台数不少于 2 的概率.

解 以 X 表示机器出现故障的台数，依题意，$X \sim B(150, 0.02)$，且

$$E(X)=3, D(X)=2.94, \sqrt{D(X)}=1.715,$$

由棣莫弗-拉普拉斯中心极限定理，有

$$P\{X \geqslant 2\}=1-P\{X \leqslant 1\}=1-P\left\{\frac{X-3}{1.715} \leqslant \frac{1-3}{1.715}\right\}$$

$$\approx 1-\varphi(-0.583\,2)=0.879.$$

例 3 一生产线生产的产品成箱包装，每箱的重量是一个随机变量，平均每箱重 50 千克，标准差 5 千克. 若用最大载重量为 5 吨的卡车承运，利用中心极限定理说明每辆车最多可装多少箱，才能保证不超载的概率大于 0.977?

解 设每辆车最多可装 n 箱，记 $X_i(i=1, 2, \cdots, n)$ 为装运的第 i 箱的重量(千克)，则 $X_1, X_2, \cdots, X_n$ 相互独立且分布相同，且

$$E(X_i)=50, D(X_i)=25, i=1, 2, \cdots, n,$$

于是 n 箱的总重量为

$$T_n=X_1+X_2+\cdots+X_n,$$

由独立同分布的中心极限定理，有

$$P\{T_n \leqslant 5\,000\}=P\left\{\frac{\sum_{i=1}^{n} X_i-50n}{\sqrt{25n}} \leqslant \frac{5\,000-50n}{\sqrt{25n}}\right\}$$

$$\approx \Phi(\frac{5\,000-50n}{\sqrt{25n}}).$$

由题意，令

$$\Phi(\frac{5\,000-50n}{\sqrt{25n}}) > 0.977 = \Phi(2).$$

由 $\frac{5\,000-50n}{\sqrt{25n}} > 2$，解得 $n < 98.02$，即每辆车最多可装 98 箱．

泊松定理告诉我们：在实际应用中，当 n 较大、p 相对较小，而 np 比较适中($n \geqslant 100$，$np \leqslant 10$)时，二项分布 $B(n, p)$ 就可以用泊松分布 $P(\lambda)(\lambda = np)$ 来近似代替；而棣莫弗-拉普拉斯中心极限定理告诉我们：只要 n 充分大，二项分布 $B(n, p)$ 就可以用正态分布近似计算，一般的计算方法是：

(1) 对 $k = 0, 1, \cdots, n$，

$$\begin{aligned} P\{X = k\} &= P\{k - 0.5 < k \leqslant k + 0.5\} \\ &\approx \Phi\left(\frac{k+0.5-np}{\sqrt{np(1-p)}}\right) - \Phi\left(\frac{k-0.5-np}{\sqrt{np(1-p)}}\right). \end{aligned}$$

(2) 对非负整数 k_1，k_2；$0 \leqslant k_1 < k_2 \leqslant n$，

$$P\{k_1 < X \leqslant k_2\} \approx \Phi\left(\frac{k_2-np}{\sqrt{np(1-p)}}\right) - \Phi\left(\frac{k_1-np}{\sqrt{np(1-p)}}\right).$$

8.2.2　中心极限定理的应用

棣莫弗-拉普拉斯中心极限定理是概率论历史上的第一个中心极限定理，它有许多重要的应用．下面介绍它在数值计算方面的一些具体应用．

1. 二项分布的近似计算

设 μ_n 是 n 重伯努利试验中事件 A 发生的次数，则 $\mu_n \sim b(n; p)$，对任意 $a < b$ 有

$$P(a \leqslant \mu_n < b) = \sum_{a \leqslant k < b} C_n^k p^k (1-p)^{n-k}.$$

当 n 很大时，直接计算很困难．这时如果 np 不大(即 p 较小，接近 0)或 $n(1-p)$ 不大(即 p 接近于 1)，则用泊松定理来近似计算(np 大小适中)；当 p 不太接近于 0 或 1 时，可用正态分布来近似计算(np 较大)：

$$P(a \leqslant \mu_n < b) = P\left(\frac{a-np}{\sqrt{npq}} \leqslant \frac{\mu_n - np}{\sqrt{npq}} < \frac{b-np}{\sqrt{npq}}\right) \approx \Phi\left(\frac{b-np}{\sqrt{npq}}\right) - \Phi\left(\frac{a-np}{\sqrt{npq}}\right).$$

例 4 在某保险公司里有 10 000 个人参加某保险，每人每年付 12 元保险费．在一年内一个人死亡的概率为 0.006，死亡时其家属可向保险公司领得 1 000 元．问：(1) 保险公司亏本的概率多大？(2) 保险公司一年的利润不少于 40 000 元的概率为多大？

解　保险公司一年的总收入为 120 000 元，这时，若一年中死亡人数超过 120 人，则保险公司亏本；若一年中死亡人数不超过 80 人，则利润不小于 40 000 元．

令

$$\xi_i=\begin{cases}1, & 第\ i\ 个人在一年内死亡;\\0, & 第\ i\ 个人在一年内活着.\end{cases}$$

则 $P(\xi_i=1)=0.006=p$，记 $\eta_n=\sum_{i=1}^{n}\xi_i$，$n=10\,000$ 已足够大，于是由棣莫弗-拉普拉斯中心极限定理可得事件的概率为

$$(1)\ P(\eta_n>120)=1-P(\frac{\eta_n-np}{\sqrt{npq}}\leqslant\frac{120-np}{\sqrt{npq}}=b)$$

$$\approx 1-\frac{1}{\sqrt{2\pi}}\int_{-\infty}^{b}e^{-\frac{x^2}{2}}dx\approx 0(其中\ b\approx\frac{60}{7.723}).$$

(2) 同理可求得 $P(\eta_n\leqslant 80)\approx 0.995$(对应的 $b\approx 2.59$).

例 5 某单位内部有 260 架电话分机，每个分机有 4% 的时间要用外线通话. 可以认为各个电话分机用不同外线是相互独立的. 问：总机需备多少条外线才有 95% 的把握保证各个分机在使用外线时不必等候？

解 由题意，任意一个分机或使用外线或不使用外线只有两种可能结果，且使用外线的概率 $p=0.04$，260 个分机中同时使用外线的分机数 $\mu_{260}\sim b(260;0.04)$.

设总机确定的最少外线条数为 x，则有 $P(\mu_{260}\leqslant x)\geqslant 0.95$.

由于 $n=260$ 较大，故由棣莫弗-拉普拉斯定理，有

$$P(\mu_{260}\leqslant x)\approx\Phi\left(\frac{x-260p}{\sqrt{260pq}}\right)\geqslant 0.95.$$

查正态分布表可知

$$\frac{x-260p}{\sqrt{260pq}}\geqslant 1.65,$$

解得

$$x\geqslant 16.$$

所以总机至少备有 16 条外线，才能以 95% 的把握保证各个分机使用外线时不必等候.

2. 用频率估计概率的误差估计

由伯努利大数定律 $\lim_{n\to\infty}P\left(\left|\frac{\mu_n}{n}-p\right|\geqslant\varepsilon\right)=0$，那么对给定的 ε 和较大的 n，$\lim_{n\to\infty}P\left(\left|\frac{\mu_n}{n}-p\right|\geqslant\varepsilon\right)$ 究竟有多大？

伯努利大数定律没有给出回答，但利用棣莫弗-拉普拉斯极限定理可以给出近似的解答.

对充分大的 n，

$$P\left(\left|\frac{\mu_n}{n}-p\right|<\varepsilon\right)=P\left(\left|\frac{\mu_n-np}{\sqrt{npq}}\right|<\varepsilon\sqrt{\frac{n}{pq}}\right)$$

$$\approx\Phi\left(\varepsilon\sqrt{\frac{n}{pq}}\right)-\Phi\left(-\varepsilon\sqrt{\frac{n}{pq}}\right)=2\Phi\left(\varepsilon\sqrt{\frac{n}{pq}}\right)-1,$$

故

$$P\left(\left|\frac{\mu_n}{n}-p\right|\geqslant\varepsilon\right)=1-P\left(\left|\frac{\mu_n}{n}-p\right|<\varepsilon\right)=2\left[1-\Phi\left(\varepsilon\sqrt{\frac{n}{pq}}\right)\right].$$

由此可知，棣莫弗-拉普拉斯极限定理比伯努利大数定律更强，也更有实用．

例 6　重复掷一枚质地不均匀的硬币，设在每次试验中出现正面的概率 p 未知．试问要掷多少次才能使出现正面的频率与 p 相差不超过 $\frac{1}{100}$ 的概率达 95% 以上？

解　依题意，欲求 n，使

$$P\left(\left|\frac{\mu_n}{n}-p\right|\leqslant\frac{1}{100}\right)\geqslant 0.95,$$

$$P\left(\left|\frac{\mu_n}{n}-p\right|\leqslant\frac{1}{100}\right)=2\Phi\left(0.01\sqrt{\frac{n}{pq}}\right)-1\geqslant 0.95,$$

$$\Phi\left(0.01\sqrt{\frac{n}{pq}}\right)\geqslant 0.975,$$

$$0.01\sqrt{\frac{n}{pq}}\geqslant 1.96,$$

$$n^2\geqslant 196^2 pq.$$

由于 $pq\leqslant\frac{1}{4}$，则 $n\geqslant 196^2\times\frac{1}{4}=9\ 604$.

所以要掷硬币 9 604 次以上就能保证出现正面的频率与概率之差不超过 $\frac{1}{100}$ 的概率达 95% 以上．

习题 8

1. X_1，X_2，…，X_9 是相互独立同分布的随机变量，$E(X_i)=1$，$D(X_i)=1(i=1,2,\cdots,9)$，则对于 $\overline{X}=\frac{1}{n}\sum_{i=1}^{n}X_i$，写出满足的切比雪夫不等式，并估计概率 $P\{|\overline{X}-1|<4\}$.

2. 在 n 重伯努利试验中，若已知每次试验 A 出现的概率为 0.75，试利用切比雪夫不等式估计，使出现的频率在 0.74 至 0.76 之间的概率不小于 0.90.

3. 设某产品的不合格率为0.005，任取10 000件，求不合格品不多于70件的概率.

4. 对于一个学生而言，来参加家长会的家长人数是一个随机变量. 设一个学生无家长、1名家长、2名家长来参加会议的概率分别为0.05，0.8，0.15. 若学校共有400名学生，设每个学生参加会议的家长数相互独立，且服从同一分布.(1) 求参加会议的家长数X超过450人的概率；(2) 求有1名家长来参加会议的学生数不多于340人的概率.

第三篇

数理统计

第9章　样本与抽样分布

本章导读

数理统计是具有广泛应用的一个数学分支，它以概率论为理论基础，根据试验或观察得到的数据来研究随机现象，对研究对象的客观规律性作出种种合理的估计和推断.

学习数理统计无需把过多的时间花费在计算上，因为有专门的数学软件如SAS、STAT、SPSS，能非常快捷地进行数据处理和分析，应该把时间更有效地用在正确理解基本概念、方法原理及培养实际应用能力上.

本章重点

- 掌握统计量的概念.
- 熟悉常用的统计量.
- 掌握常用的统计分布与分位点.
- 了解抽样分布定理.

素质目标

- 培养学生具有较好的逻辑思维、较强的计划、组织和协调能力.
- 培养学生认真、细致严谨的职业能力.

9.1　总体与样本的基本知识

本节主要介绍统计学中的一些基本概念，包括总体、样本以及统计量.

9.1.1　总体与样本

在数理统计中，称所研究的对象全体为总体(或母体). 总体中的各元素称为个体. 若总体中的个体数目有限，则称之为有限总体；否则称之为无限总体.

例1 有一批产品共1 000个，每个产品可区分为一等、二等、次品. 我们要研究这批产品的质量，1 000个产品的等级构成一个总体，每个产品的等级是个体.

例 2 为考察在某种工艺条件下织出的一批布匹的疵点数，共取5 000匹布．那么这5 000匹布中每匹布疵点数的全体构成一个总体，每匹布的各自疵点数是个体．

例 3 在检查某军工厂生产的一大批炮弹的质量时，若只考察炮弹的射程，那么，这批炮弹中每一颗炮弹的射程的全体构成一个总体，每颗炮弹的各自射程是个体．

从例 2、例 3 可见，总体中的元素常常不是指元素本身，而是指元素的某种数量指标．在例 2 中，总体中的元素指每匹布的疵点数，在例 3 中，总体中的元素指每颗炮弹的射程．在例 1 中，如果一等品用“1”表示，二等品用“2”表示，次品用“0”表示，总体中元素是指每个产品的等级指标，同样，总体可看成数“1”“2”“0”的集合．从三个例子可以看出，数量指标取同一值的元素可以有几个，也就是每一个值可以重复．总体是一个可重复的(即允许相同)数的集合．若在例 1 的产品中，值为“1”的有 721 个，值为“2”的有 213 个，值为“0”的有 66 个，因此“1”占$\frac{721}{1\ 000}$，“2”占$\frac{213}{1\ 000}$，“0”占$\frac{66}{1\ 000}$. 从数学角度说，总体是指所研究的数量指标可能取得的各种不同数值的全体，而各种不同数值含有一定的比率．这样一来，若抛开实际背景，总体就是一堆数，这堆数中有大有小，有的出现机会多，有的出现机会少，因此用一个概率分布去描述和归纳总体是恰当的，从这个意义看，总体就是一个分布．以后说“从总体中抽样”与“从某分布中抽样”是同一个意思．

总体的数量指标用 X 表示．从总体中随意地取得的一个个体是随机变量，记为 X. 显然，随机变量所有可能取得的数值就是可能取得不同值的全体．X 的概率分布与总体的分布有什么关系呢？以例 1 为例，随机变量 X 的概率分布列为

X	1	2	0
P_k	721/1 000	213/1 000	66/1 000

与 X 取各种不同值的比率相同，即 X 的概率分布与 X 的总体分布相同．这个结论具有普遍性．以后总体数量指标与相应的随机变量都用 X 表示，并不严加区分．总体分布指相应的随机变量 X 的概率分布，可用分布列、分布密度函数、分布函数具体表现出来．总体分布的数字特征指的是相应随机变量的数字特征．

为方便起见，总体数量指标 X 有时简称为总体 X，总体 X 的分布和数字特征采用概率论中随机变量的相应量的记号．

上面是从总体得到随机变量．反之，从随机变量亦可得到总体．例如，扔一颗骰子出现的点数是随机变量，它可能取得的不同值的全体“1”“2”“3”“4”“5”“6”构成一个总体．它的分布就是随机变量的概率分布．

在有些问题中，对每一研究对象可能要观测两个甚至更多个指标，此时可用多维随机向量及其联合分布来描述总体，这种总体称为多维总体，譬如，我们要了解某校大学生的三个指标：年龄、身高、月生活支出，则可用一个三维随机向量描述该总

体，这是一个三维总体，它是多元分析所研究的对象．

从总体中取得一部分个体，总体中的这一部分个体称为样本．取得样本的过程称为抽样．一个样本中每一个个体称为样品．样本中个体的个数称为样本容量．

在数理统计中，采取抽样的方法是随机抽样法，即样本中每一个个体(样品)是从总体中被随意地取出来的．随机抽样分重复抽样和非重复抽样两种．以例 1 为例，从 1 000 个产品中抽取一个容量为 10 的样本，如果随机地抽取一个产品检查后放回，再随机地抽取一个检查后又放回，直至取到 10 个个体为止，这种方法称为重复(或放回)抽样．如果每取一个检查后不再放回，直至取得 10 个个体为止，或者一次抽取 10 个，这种方法称为非重复(或无放回)抽样．需要指出，随机抽样得到的样本，所含样品是有一定次序的，通常按它被抽到的先后顺序排列．

从总体随机抽样得到的样本可以用维随机向量$(X_1, X_2, \cdots, X_n)$表示．现在考察它的概率分布．对于放回抽样的情形，由于每次取出一个个体检查后放回，总体成分不变(总体分布不变)，所以 X_1，X_2，…，X_n 是独立同分布的，并且每一个随机变量的分布与总体分布相同．对于无放回抽样，则分两种情形：在有限总体情形，因取出一个个体后改变了总体的成分，所以随机变量 X_1，X_2，…，X_n 不相互独立；在无限总体情形，每取出一个个体后并不改变总体的成分，所以随机变量 X_1，X_2，…，X_n 仍然是独立同分布的，并且每一随机变量的概率分布都是总体分布．

在实际情况中，有时遇到的是有限总体，而采用无放回抽样．此时，如果样本容量相对于总体容量 N(总体中个体总数)很小，实际上要求 $\frac{n}{N} \leqslant 0.1$，可以把 X_1，X_2，…，X_n 近似地看成独立同分布，而且每个随机变量的分布都是总体分布．

如果样本 X_1，X_2，…，X_n 中各个个体独立同分布，且每一随机变量的概率分布是总体分布，则称它为简单随机样本．这种样本在数学上比较容易处理．

样本 X_1，X_2，…，X_n 是 n 维随机向量，这是对具体进行一次抽样而言．在抽样后获得它的一组观察值$(x_1, x_2, \cdots, x_n)$，称为样本值．为方便起见，有的时候样本与样本值亦可统称为样本．

对应于随机变量 X 有一个总体，如何描述抽样与样本呢？如果对于随机变量独立重复地做 n 次试验，所得观察值为一个简单随机样本，那么，进行 n 次试验观察相当于进行一次抽样，而且这是重复抽样．例如，对靶射击一次得到的环数是一个随机变量，今独立重复地对靶射击 7 次，可以看作进行一次重复抽样，所得 7 个环数构成一个样本．

9.1.2　统计量与抽样分布

样本来自总体，样本的观测值中含有总体各方面的信息，但这些信息较为分散，有时显得杂乱无章．为将这些分散在样本中的有关总体的信息集中起来以反映总体的各种特征，需要对样本进行加工，表和图是一类加工形式，它使人们从中获得对总体的初步认识．但当人们需要从样本获得对总体各种参数的认识时，最常用的方法是构造样本的函数，不同的函数反映总体的不同特征．

定义 9.1　设 $X_1, X_2, \cdots, X_n$ 为取自总体的样本，若样本函数

$$T=T(X_1, X_2, \cdots, X_n)$$

中不含有任何未知参数，则称为统计量，统计量的分布称为抽样分布或称诱导分布．

按照这一定义，若 $X_1, X_2, \cdots, X_n$ 为样本，则 $\sum_{i=1}^{n} X_i$ 和 $\sum_{i=1}^{n} X_i^2$ 都是统计量．而当 μ，σ^2 未知时，$X_1-\mu$，$\frac{X_i}{\sigma}$ 等均不是统计量．必须指出的是：尽管统计量不依赖于未知参数，但是它的分布一般都是依赖于未知参数的．

下面介绍一些常见的统计量及其抽样分布．

定义 9.2　设 $X_1, X_2, \cdots, X_n$ 为取自总体 X 的样本值，其算术平均值称为样本均值，一般用 $\overline{X}$ 表示，即

$$\overline{X}=\frac{X_1+X_2+\cdots+X_n}{n}=\frac{1}{n}\sum_{i=1}^{k} f_i.$$

在分组样本场合，样本均值的近似公式为

$$\overline{X}=\frac{X_1+X_2+\cdots+X_n}{n}, \quad (n=\sum_{i=1}^{k} f_i),$$

其中 k 为组数，X_i 为第 i 组的组中值，f_i 为第 i 组的频数．

例 4　某单位收集到 20 名青年人某月的娱乐支出费用数据：

79	84	84	88	92	93	94	97	98	99
100	101	101	102	102	108	110	113	118	125

则该月这 20 名青年的平均娱乐支出为

$$\overline{X}=\frac{79+\cdots+125}{20}=99.4.$$

将这个数据分组可得到如下频数、频率分布：

组　序	分组区间	组　值	频　数	频率 /%
1	(77，87]	82	3	15
2	(87，97]	92	5	25
3	(97，107]	102	7	35
4	(107，117]	112	3	15
5	(117，127]	122	2	10
合计			20	100

对上表的分组样本，使用分组样本均值近似计算公式进行计算可得

$$\overline{X}=\frac{1}{20}(82\times 3+92\times 5+\cdots+122\times 2)=100.$$

我们看到两种计算结果的不同．事实上，由于分组样本均值近似计算公式未用到真实的样本观测数据，因而给出的是近似结果．

关于样本均值，有如下几个性质．

定理 1　若把样本与样本均值之差称为偏差，则样本的所有偏差之和为 0，即

$$\sum_{i=1}^{n}(X_i-\overline{X})=0.$$

证明　$\sum_{i=1}^{n}(X_i-\overline{X})=\sum_{i=1}^{n}X_i-n\overline{X}=\sum_{i=1}^{n}X_i-n\cdot\frac{\sum_{i=1}^{n}X_i}{n}=0.$

定理 2　样本与样本均值的偏差平方和最小，即在形如 $\sum_{i=1}^{n}(X_i-c)$ 的函数中，$\sum_{i=1}^{n}(X_i-\overline{X})$ 最小，其中 c 为任意给定常数．

证明　对任意给定的常数 c

$$\begin{aligned}\sum_{i=1}^{n}(X_i-c)^2&=\sum_{i=1}^{n}(X_i-\overline{X}+\overline{X}-c)^2\\&=\sum_{i=1}^{n}(X_i-\overline{X})^2+n(\overline{X}-c)^2+2\sum_{i=1}^{n}(X_i-\overline{X})(\overline{X}-c)\\&=\sum_{i=1}^{n}(X_i-\overline{X})^2+n(\overline{X}-c)^2\geqslant\sum_{i=1}^{n}(X_i-\overline{X})^2.\end{aligned}$$

定义 9.3　设 $X_1, X_2, \cdots, X_n$ 为取自总体 X 的样本，则它关于样本均值的平均偏差平方和

$$S^2=\frac{1}{n-1}\sum_{i=1}^{n}(X_i-\overline{X})^2$$

称为样本方差，其算术根 $S=\sqrt{S^2}$ 称为样本标准差．

相对样本方差而言，样本标准差通常更有实际意义，因为它与样本均值具有相同的度量单位．

例 5　考察例 4 的样本，已经计算得 $\overline{X}=99.4$，其样本方差与样本标准差分别为

$$\begin{aligned}S^2&=\frac{1}{20-1}[(79-99.4)^2+(84-99.4)^2+\cdots+(125-99.4)^2]\\&=133.936\,8,\end{aligned}$$

$$S=\sqrt{133.936\,8}=11.573\,1.$$

下面的定理给出样本均值的数学期望和方差以及样本方差的数学期望，它不依赖于总体的分布形式．

定理 3　设总体 X 具有二阶矩，即 $E(X)=\mu$，$D(X)=\sigma^2<+\infty$，$X_1, \cdots, X_n$ 为从该总体得到的样本，$\overline{X}$ 和 S^2 分别是样本均值和样本方差，则

$$E(\overline{X})=\mu,\ D(\overline{X})=\sigma^2/n,\ E(S^2)=\sigma^2.$$

证明　由于

$$E(\overline{X})=\frac{1}{n}E(\sum_{i=1}^{n}X_i)=\frac{n\mu}{n}=\mu,$$

于是

$$D(\overline{X})=\frac{1}{n^2}D(\sum_{i=1}^{n}X_i)=\frac{n\sigma^2}{n^2}=\frac{\sigma^2}{n},$$

注意到

$$\sum_{i=1}^{n}(X_i-\overline{X})^2=\sum_{i=1}^{n}X_i^2-n\overline{X}^2,$$

而

$$E(X_i^2)=(E(X_i))^2+D(X_i)=\mu^2+\sigma^2,\ E(\overline{X})^2=(E(\overline{X}))^2+D(\overline{X})=\mu^2+\sigma^2/n,$$

于是

$$E(\sum_{i=1}^{n}(X_i-\overline{X})^2)=n(\mu^2+\sigma^2)-n(\mu^2+\sigma^2/n)=(n-1)\sigma^2,$$

两边各除 $n-1$，即得 $E(S^2)=\sigma^2$.

此定理表明，样本均值的均值与总体均值相同，而样本均值的方差是总体方差的 $1/n$.

定义 9.4　设 $X_1, X_2, \cdots, X_n$ 是样本，则统计量

$$A_k=\frac{1}{n}\sum_{i=1}^{n}X_i^k$$

称为样本 k 阶原点矩，特别，样本一阶原点矩就是样本均值．统计量

$$B_k=\frac{1}{n}\sum_{i=1}^{n}(X_i-\overline{X})^k$$

称为样本 k 阶中心矩．特别，样本二阶中心矩就是样本方差．

除了样本矩以外，另一类常见的统计量是次序统计量，它在实际和理论中都有广泛的应用．

定义 9.5　设 $X_1, X_2, \cdots, X_n$ 是取自总体 X 的样本，$X_{(i)}$ 称为该样本的第 i 个次序统计量，它的取值是将样本观测值 $x_1, x_2, \cdots, x_n$ 由小到大排列后得到的第 i 个观测值．$(X_{(1)}, X_{(2)}, \cdots, X_{(n)})$ 称为该样本的次序统计量，$X_{(1)}$ 称为该样本的最小次序统计量，$X_{(n)}$ 称为该样本的最大次序统计量．

9.2　三大抽样分布

本节主要介绍数理统计学中的三大重要分布——χ^2 分布、t 分布和 F 分布．

有很多统计推断是基于正态分布的假设的，以标准正态变量为基石而构造的三个著名的统计量在实际中有广泛的应用，这是因为这三个统计量不仅有明确背景，而且其抽样分布的密度函数有明显表达式，它们被称为统计中的“三大抽样分布”.

9.2.1　χ^2 分布(卡方分布)

定理 1　设 X_1，X_2，…，X_n 是独立同分布的随机变量，而每一个随机变量服从标准正态分布 $N(0, 1)$，则随机变量 $\chi^2 = X_1^2 + \cdots + X_n^2$ 的分布密度为

$$f(x)=\begin{cases}\dfrac{1}{2^{\frac{n}{2}}\Gamma\left(\dfrac{n}{2}\right)}x^{\frac{n}{2}-1}e^{-\frac{x}{2}}, & x>0;\\ 0, & x\leqslant 0.\end{cases}$$

其中 $\Gamma\left(\dfrac{n}{2}\right)$ 是伽玛函数在 $\dfrac{n}{2}$ 处的值．这种分布称为自由度为 n 的 χ^2 分布，记为 $\chi^2(n)$．随机变量 X^2 称为 χ^2 变量．

χ^2 分布的密度图形见图 9－1．它随 n 取不同的数值而不同．

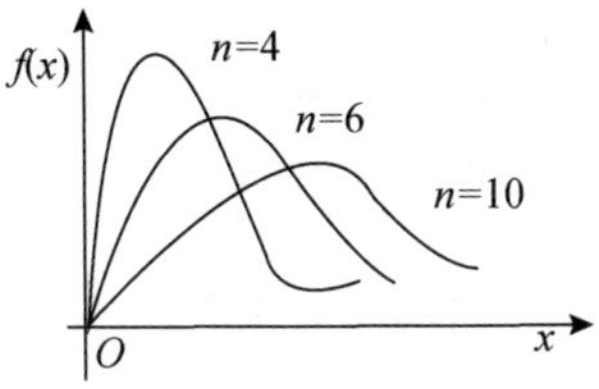

图 9－1

当 $\chi^2 \sim \chi^2(n)$ 时，对给定的 $\alpha(0<\alpha<1)$，称满足 $P\{\chi^2 \leqslant \chi^{21-\alpha}(n)\}=1-\alpha$ 的 $\chi^{21-\alpha}(n)$ 是自由度为 n 的卡方分布的 $1-\alpha$ 分位数，分位数 $\chi^{21-\alpha}(n)$ 可以从数学用表中查到．

定理 2　设 $\chi^2 \sim \chi^2(n)$，则 $E(\chi^2)=n$，$D(\chi^2)=2n$．

证明　设 X_1，X_2，…，X_n 为独立同分布于 $N(0, 1)$ 的随机变量，则 χ^2 与 $\sum_{i=1}^{n} X_i^2$ 同分布，且

$$E(\chi^2)=E\left(\sum_{i=1}^{n} X_i^2\right)=\sum_{i=1}^{n} E(X_i^2)=\sum_{i=1}^{n} D(X_i)=n,$$

又由 X_i 独立并注意到 $N(0, 1)$ 的四阶矩为 3，可得

$$D(\chi^2)=D\left(\sum_{i=1}^{n} X_i^2\right)=\sum_{i=1}^{n} D(X_i^2)=\sum_{i=1}^{n}\left[E(X_i^4)-(E(X_i^2))^2\right]=\sum_{i=1}^{n}(3-1)=2n.$$

定理 3　设 Y_1，Y_2，…，Y_k 是 k 个相互独立的随机变量，$Y_j \sim \chi^2(n_j)$，$j=1$，2，…，k，则

$$Y=\sum_{j=1}^{k} Y_j \sim \chi^2\left(\sum_{j=1}^{k} n_j\right).$$

这称为 χ^2 变量的可加性．

定理 4　设 $\chi^2 \sim \chi^2(n)$，则对任意 x 有

$$\lim_{n\to+\infty} P\left\{\frac{\chi^2-n}{\sqrt{2n}} \leqslant x\right\}=\frac{1}{\sqrt{2\pi}}\int_{-\infty}^{x} e^{-\frac{t^2}{2}}\,dt.$$

此定理说明 n 很大时，$\frac{\chi^2-n}{\sqrt{2n}}$ 近似服从标准正态分布，也即自由度 n 很大的 χ^2 分布近似于正态分布 $N(n,\ 2n)$.

9.2.2 t 分布

定理 5 设随机变量 X 服从标准正态分布 $N(0,\ 1)$，随机变量 Y 服从自由度为 n 的 χ^2 分布，且 X 与 Y 相互独立，则

$$T=\frac{X}{\sqrt{\frac{Y}{n}}}$$

的分布密度为

$$f(t)=\frac{\Gamma(\frac{n+1}{2})}{\sqrt{n\pi}\,\Gamma(\frac{n}{2})}\left(1+\frac{t^2}{n}\right)^{-\frac{n+1}{2}},\quad -\infty<t<+\infty.$$

这种分布称为自由度为 n 的 t 分布，简记为 $t(n)$. 它也称学生(Student)分布. 随机变量 T 简称 T 变量.

证明 令 $Z=\sqrt{\frac{Y}{n}}$，先计算 Z 的分布密度 $f_Z(z)$. 事实上，当 $z>0$ 时，Z 的分布函数

$$F_Z(z)=P\{Z\leqslant z\}=P\left\{\sqrt{\frac{Y}{n}}\leqslant z\right\}=F_Y(nz^2),$$

因此，分布密度

$$\begin{aligned}f_Z(z)&=f_Y(nz^2)\cdot 2nz\\&=\frac{1}{2^{\frac{n}{2}}\Gamma(\frac{n}{2})}(nz^2)^{\frac{n}{2}-1}\mathrm{e}^{-\frac{nz^2}{2}}2nz\\&=\frac{1}{2^{\frac{n}{2}-1}\Gamma(\frac{n}{2})}n^{\frac{n}{2}}z^{n-1}\mathrm{e}^{-\frac{nz^2}{2}}.\end{aligned}$$

显然，由于 Z 的值是非负的，所以当 $z\leqslant 0$ 时，$f_Z(z)=0$.

由 T 的表达式，有 $T=\frac{X}{Z}$. 利用独立随机变量之商的分布密度公式可得 T 的分布密度为

$$\begin{aligned}f(t)&=\int_{-\infty}^{+\infty}|z|f_X(zt)f_Z(z)\mathrm{d}z\\&=\int_0^{+\infty}z\frac{1}{\sqrt{2\pi}}\mathrm{e}^{-\frac{z^2t^2}{2}}\frac{1}{2^{\frac{n}{2}-1}\Gamma(\frac{n}{2})}n^{n/2}z^{n-1}\mathrm{e}^{-\frac{nz^2}{2}}\mathrm{d}z\end{aligned}$$

$$=\frac{1}{\sqrt{\pi}\cdot 2^{\frac{n-1}{2}}\Gamma(\frac{n}{2})}n^{n/2}\int_0^{+\infty}z^n e^{-\frac{n+t^2}{2}}z^2\,dz$$

$$\xlongequal{u=\frac{n+t^2}{2}z^2}\frac{1}{\sqrt{\pi}\cdot 2^{\frac{n-1}{2}}\Gamma(\frac{n}{2})}n^{n/2}\int_0^{+\infty}\left(\frac{2u}{n+t^2}\right)^{\frac{n-1}{2}}\frac{1}{n+t^2}e^{-x}\,du$$

$$=\frac{\Gamma(\frac{n+1}{2})}{\sqrt{n\pi}\,\Gamma(\frac{n}{2})}\left(1+\frac{t^2}{n}\right)^{-\frac{n+1}{2}}.$$

现在计算 $n\to+\infty$ 时 t 分布密度的极限.

$$\lim_{n\to+\infty}f(t)=\lim_{n\to+\infty}\frac{\Gamma(\frac{n+1}{2})}{\sqrt{n\pi}\,\Gamma(\frac{n}{2})}\left(1+\frac{t^2}{n}\right)^{-\frac{n+1}{2}}$$

$$=\frac{1}{\sqrt{\pi}}e^{-\frac{t^2}{2}}\lim_{n\to+\infty}\frac{\Gamma(\frac{n+1}{2})}{\sqrt{n}\,\Gamma(\frac{n}{2})}=\frac{1}{\sqrt{2\pi}}e^{-\frac{t^2}{2}}.$$

其中最后一个等号由 Γ 函数性质获得. 计算结果表明，当 $n\to+\infty$ 时，t 分布密度趋于标准正态分布密度.

t 分布的密度函数的图像是一个关于纵轴对称的分布，与标准正态分布的密度函数形状类似，只是峰比标准正态分布低一些，尾部的概率比标准正态分布的大一些.

注　(1) 自由度为 1 的 t 分布就是标准柯西分布，它的均值不存在；

(2) $n>1$ 时，t 分布的数学期望存在，为 0；

(3) $n>2$ 时，t 分布的方差存在，为 $\frac{n}{(n-2)}$；

(4) 当自由度较大时(如 $n\geqslant 30$)，t 分布可以用 $N(0, 1)$ 分布近似.

当随机变量 $T\sim t(n)$ 时，称满足 $P\{T\leqslant t_{1-\alpha}(n)\}=1-\alpha$ 的 $t_{1-\alpha}(n)$ 是自由度为 n 的 t 分布的 $1-\alpha$ 分位数，分位数 $t_{1-\alpha}(n)$ 可以从数学用表中查到.

由于 t 分布的密度函数关于 0 对称，故其分位数间有如下关系

$$t_\alpha(n)=-t_{1-\alpha}(n).$$

t 分布是统计学中的一类重要分布，它与标准正态分布的微小差别是由英国统计学家哥塞特(Cosset)发现的. 哥塞特年轻时在牛津大学学习数学和化学，1899 年开始在一家酿酒厂担任酿酒化学技师，从事实验和数据分析工作. 由于哥塞特接触的样本容量都比较小，只有 4、5 个，通过大量的数据积累，哥塞特发现 $t=\sqrt{n-1}(\bar{x}-\mu)/s$ 的分布与传统认为的 $N(0, 1)$ 分布并不同，特别是尾部概率相差比较大.

由此，哥塞特怀疑是否有另一个分布族存在. 通过深入研究，哥塞特于 1908 年以"Student"的笔名发表了此项研究成果，后人也称 t 分布为学生氏分布. t 分布的发现在

统计学史上具有划时代的意义，打破了正态分布“一统天下”的局面，开创了小样本统计推断的新纪元．

9.2.3 F 分布

定理 6　设 X 和 Y 分别服从自由度为 m，n 的 χ^2 分布，且 X 与 Y 相互独立，则

$$F=\frac{X/m}{Y/n}$$

的分布密度为

$$f(z)=\begin{cases}\dfrac{\Gamma(\frac{m+n}{2})}{\Gamma(\frac{m}{2})\Gamma(\frac{n}{2})}(\frac{m}{n}z)^{\frac{m}{2}-1}(1+\frac{m}{n}z)^{-\frac{m+n}{2}}, & z>0;\\ 0, & z\leqslant 0.\end{cases}$$

这种分布称为第一自由度为 m，第二自由度为 n 的 F 分布，或自由度为 (m, n) 的 F 分布，记为 $F(m, n)$．随机变量 F 简称 F 变量．

证明　令 $U=\dfrac{X}{m}$，$V=\dfrac{Y}{n}$. U，V 的分布密度分别是

$$f_U(u)=\begin{cases}\dfrac{m^{\frac{m}{2}}}{2^{\frac{m}{2}}\Gamma(\frac{m}{2})}u^{\frac{m}{2}-1}e^{-\frac{m}{2}u}, & u\geqslant 0;\\ 0, & u<0.\end{cases}$$

$$f_V(v)=\begin{cases}\dfrac{n^{\frac{n}{2}}}{2^{\frac{n}{2}}\Gamma(\frac{n}{2})}v^{\frac{n}{2}-1}e^{-\frac{n}{2}v}, & v\geqslant 0;\\ 0, & v<0.\end{cases}$$

由于 $F=\dfrac{U}{V}$，用独立随机变量的商分布密度公式，当 $z>0$ 时，F 的分布密度

$$\begin{aligned}f(z)&=\int_{-\infty}^{+\infty}|\nu|f_U(zv)f_V(v)\mathrm{d}v=\frac{m^{\frac{m}{2}}n^{\frac{n}{2}}}{2^{\frac{m}{2}}\Gamma(\frac{m}{2})2^{\frac{n}{2}}\Gamma(\frac{n}{2})}\\ &=\int_0^{+\infty}v(zv)^{\frac{m}{2}-1}e^{-\frac{mzv}{2}}v^{\frac{n}{2}-1}e^{-\frac{nzv}{2}}\mathrm{d}v\\ &=\frac{m^{\frac{m}{2}}n^{\frac{n}{2}}}{2^{\frac{m+n}{2}}\Gamma(\frac{m}{2})\Gamma(\frac{n}{2})}z^{\frac{m}{2}-1}(\frac{2}{mz+n})^{\frac{m+n}{2}}\Gamma(\frac{m+n}{2})\\ &=\frac{\Gamma(\frac{m+n}{2})}{\Gamma(\frac{m}{2})\Gamma(\frac{n}{2})}(\frac{m}{n})(\frac{m}{n}z)^{\frac{m}{2}-1}(1+\frac{m}{n}z)^{-\frac{m+n}{2}}.\end{aligned}$$

显然，由于 F 的值非负，故当 $z \leqslant 0$ 时，$f(z)=0$.

当随机变量 $F \sim F(m, n)$ 时，对给定 $\alpha(0<\alpha<1)$，称满足 $P\{F \leqslant F_{1-\alpha}(m, n)\}=1-\alpha$ 的 $F_{1-\alpha}(m, n)$ 是自由度为 m 与 n 的 F 分布的 $1-\alpha$ 分位数.

由 F 分布的构造知，若 $F \sim F(m, n)$，则有 $1/F \sim F(n, m)$，故对给定 $\alpha(0<\alpha<1)$，

$$\alpha=P\left\{\frac{1}{F}<F_{\alpha}(n, m)\right\}=P\left\{F \geqslant \frac{1}{F_{\alpha}(n, m)}\right\},$$

从而

$$P\left\{F \leqslant \frac{1}{F_{\alpha}(n, m)}\right\}=1-\alpha,$$

这说明

$$F_{\alpha}(n, m)=\frac{1}{F_{1-\alpha}(m, n)}.$$

9.3　抽样分布定理

来自一般正态总体的样本均值 $\overline{X}$ 和样本方差 S^2 的抽样分布是应用最广的抽样分布，本节主要介绍一些重要的抽样分布定理及其应用.

定理 1　设 $X_1, \cdots, X_n$ 是来自正态总体 $N(\mu, \sigma^2)$ 的样本，其样本均值和样本方差分别为

$$\overline{X}=\frac{1}{n}\sum_{i=1}^{n} X_i, \quad S^2=\frac{1}{n-1}\sum_{i=1}^{n}(X_i-\overline{X})^2,$$

则有

(1) $\overline{X}$ 与 S^2 相互独立；

(2) $\overline{X} \sim N\left(\mu, \dfrac{\sigma^2}{n}\right)$；

(3) $\dfrac{(n-1)S^2}{\sigma^2} \sim \chi^2(n-1)$.

推论 1　根据定理 1 的结论，有

$$T=\frac{\sqrt{n}(\overline{X}-\mu)}{S} \sim t(n-1).$$

证明　由定理 1 的结论(2) 可以推出

$$\frac{\overline{X}-\mu}{\sigma/\sqrt{n}} \sim N(0, 1),$$

将所证等式左端改写成

$$\frac{\sqrt{n}(\overline{X}-\mu)}{S}=\frac{\dfrac{\overline{X}-\mu}{\sigma/\sqrt{n}}}{\sqrt{\dfrac{(n-1)S^2/\sigma^2}{n-1}}}.$$

由于分子是标准正态变量，分母的根号里是自由度为$n-1$的χ^2变量除以它的自由度，且分子与分母相互独立，故由t分布的定义可知$T \sim t(n-1)$.

推论 2　设$X_1, X_2, \cdots, X_m$是来自$N(\mu_1, \sigma_1^2)$的样本，$Y_1, Y_2, \cdots, Y_n$是来自$N(\mu_2, \sigma_2^2)$的样本，且此两样本相互独立，记

$$S_X^2 = \frac{1}{m-1}\sum_{i=1}^{m}(X_i - \overline{X})^2,\ S_Y^2 = \frac{1}{n-1}\sum_{i=1}^{n}(Y_i - \overline{Y})^2,$$

其中

$$\overline{X} = \frac{1}{m}\sum_{i=1}^{m}X_i,\ \overline{Y} = \frac{1}{n}\sum_{i=1}^{n}Y_i,$$

则有

$$F = \frac{S_X^2/\sigma_1^2}{S_Y^2/\sigma_2^2} \sim F(m-1,\ n-1),$$

特别，若$\sigma_1^2 = \sigma_2^2$，则$F = \dfrac{S_X^2}{S_Y^2} \sim F(m-1,\ n-1)$.

证明　由两样本相互独立可知，S_X^2与S_Y^2相互独立，且

$$\frac{(m-1)S_X^2}{\sigma_1^2} \sim \chi^2(m-1),\ \frac{(n-1)S_Y^2}{\sigma_2^2} \sim \chi^2(n-1).$$

由F分布定义可知$F \sim F(m-1,\ n-1)$.

推论 3　在推论 2 的记号下，当σ_1^2，σ_2^2已知时

$$Z = \frac{(\overline{X} - \overline{Y}) - (\mu_1 - \mu_2)}{\sqrt{\dfrac{\sigma_1^2}{m} + \dfrac{\sigma_2^2}{n}}} \sim N(0,\ 1).$$

证明　由定理 1 的结论(2) 可知

$$\overline{X} \sim N(\mu_1,\ \frac{\sigma_1^2}{m}),\ \overline{Y} \sim N(\mu_1,\ \frac{\sigma_2^2}{n}),$$

因为$\overline{X}$与$\overline{Y}$相互独立，所以由正态分布的性质可知

$$\overline{X} - \overline{Y} \sim N(\mu_1 - \mu_2,\ \frac{\sigma_1^2}{m} + \frac{\sigma_2^2}{n}),$$

将之标准化可得

$$Z = \frac{(\overline{X} - \overline{Y}) - (\mu_1 - \mu_2)}{\sqrt{\dfrac{\sigma_1^2}{m} + \dfrac{\sigma_2^2}{n}}} \sim N(0,\ 1).$$

推论 4　在推论 2 的记号下，设$\sigma_1^2 = \sigma_2^2 = \sigma^2$且未知时并记

$$S_\omega^2 = \frac{(m-1)S_X^2 + (n-1)S_Y^2}{m+n-2} = \frac{\sum_{i=1}^{m}(X_i - \overline{X})^2 + \sum_{i=1}^{n}(Y_i - \overline{Y})^2}{m+n-2},$$

则

$$\frac{(\overline{X}-\overline{Y})-(\mu_1-\mu_2)}{S_\omega\sqrt{\dfrac{1}{m}+\dfrac{1}{n}}}\sim t(m+n-2).$$

证明：由推论 3 可知

$$\frac{(\overline{X}-\overline{Y})-(\mu_1-\mu_2)}{\sigma\sqrt{\dfrac{1}{m}+\dfrac{1}{n}}}\sim N(0,\ 1),$$

由定理 1 知

$$\frac{(m-1)S_X^2}{\sigma^2}\sim\chi^2(m-1),\quad \frac{(n-1)S_Y^2}{\sigma^2}\sim\chi^2(n-1),$$

且它们都是相互独立，则由可加性知

$$\frac{(m+n-2)S_\omega^2}{\sigma^2}=\frac{(m-1)S_X^2+(n-1)S_Y^2}{\sigma^2}\sim\chi^2(m+n-2).$$

由于 $\overline{X}-\overline{Y}$ 与 S_ω^2 相互独立，根据 t 分布的定义即可得到

$$\frac{(\overline{X}-\overline{Y})-(\mu_1-\mu_2)/\sigma\sqrt{\dfrac{1}{m}+\dfrac{1}{n}}}{\sqrt{\dfrac{(m+n-2)S_\omega^2}{\sigma^2}/(m+n-2)}}=\frac{(\overline{X}-\overline{Y})-(\mu_1-\mu_2)}{S_\omega\sqrt{\dfrac{1}{m}+\dfrac{1}{n}}}\sim t(m+n-2).$$

例 1 设 X_1，X_2，…，X_{16} 是取自正态总体 $N(\mu,\ \sigma^2)$ 的样本，经计算得 $S^2=20.8$.(1) 当 $\sigma^2=9$ 时，求 $P(|\overline{X}-\mu|<2)$；(2) 当 σ^2 未知时，求 $P(|\overline{X}-\mu|<2)$.

解　(1) 当 $\sigma^2=9$ 时，因为 $X\sim N(\mu,\ \sigma^2)$，所以

$$\frac{\overline{X}-\mu}{\sigma/\sqrt{n}}\sim N(0,\ 1),$$

于是，

$$P(|\overline{X}-\mu|<2)=P\left(\frac{|\overline{X}-\mu|}{3/4}<\frac{2}{3/4}\right)\approx 2\Phi(2.67)-1$$
$$=2\times 0.996\,2-1=0.992\,4.$$

(2) 当 σ^2 未知时，

$$\frac{\overline{X}-\mu}{S/\sqrt{n}}\sim t(n-1),$$

于是，

$$P(|\overline{X}-\mu|<2)=P\left(\frac{|\overline{X}-\mu|}{\sqrt{20.8}/4}<\frac{2}{\sqrt{20.8}/4}\right)$$
$$\approx P\left(\frac{|\overline{X}-\mu|}{\sqrt{20.8}/4}<1.754\right).$$

查 t 分布表得

$$t_{0.05}(15)=1.753,\ 即\ P(t>1.753)=0.05,$$

由此可得

$$P(|\overline{X}-\mu|<2)\approx 1-2\times 0.05=0.90.$$

例 2 设总体 $X\sim N(\mu,\sigma^2)$，X_1，X_2，…，X_n 是来自总体 X 的样本，S^2 是其样本方差．求 $D(S^2)$．

解　直接计算 $D(S^2)$ 是困难的，但由定理 7 可知

$$\chi^2=\frac{(n-1)S^2}{\sigma^2}\sim\chi^2(n-1).$$

于是，

$$D\left[\frac{(n-1)S^2}{\sigma^2}\right]=2(n-1),$$

又由方差的性质可得

$$D\left[\frac{(n-1)S^2}{\sigma^2}\right]=\frac{(n-1)^2}{\sigma^4}D(S^2),$$

所以，

$$\frac{(n-1)^2}{\sigma^4}D(S^2)=2(n-1),$$

故 $D(S^2)=\dfrac{2\sigma^4}{n-1}$.

例 3 设总体 $X\sim N(20,5^2)$，$Y\sim N(10,2^2)$，从总体 X 中随机抽取样本 X_1，X_2，…，X_{10}，其样本均值为 $\overline{X}$，从总体 Y 中随机抽取样本 Y_1，Y_2，…，Y_8，其样本均值为 $\overline{Y}$. 设这两个样本是各自独立抽取的，求 $\overline{X}-\overline{Y}$ 大于 6 的概率．

解　根据推论 3 可知，

$$\frac{(\overline{X}-\overline{Y})-(20-10)}{\sqrt{\dfrac{5^2}{10}+\dfrac{2^2}{8}}}=\frac{\overline{X}-\overline{Y}-10}{\sqrt{3}}\sim N(0,1),$$

因此，所求概率为

$$\begin{aligned}P(\overline{X}-\overline{Y}>6)&=P\left(\frac{\overline{X}-\overline{Y}-10}{\sqrt{3}}>\frac{6-10}{\sqrt{3}}\right)\\&=P\left(\frac{\overline{X}-\overline{Y}-10}{\sqrt{3}}>-2.31\right)\\&=1-\Phi(-2.31)\\&=\Phi(2.31)=0.9896.\end{aligned}$$

习题 9

1. 在总体 $N(52,6.3^2)$ 中随机抽取一个容量为36的样本，求样本均值 $\overline{X}$ 落在50.8

到 53.8 之间的概率．

2. 设来自总体 $X\sim N(20,\ 3)$，容量分别为 10，15 的两个相互独立的样本，求两样本均值之差的绝对值大于 0.3 的概率．

3. 设两个正态总体 $X\sim N(\mu_1,\ \sigma^2)$ 和 $Y\sim N(\mu_2,\ \sigma^2)$，$(X_1,\ X_2,\ \cdots,\ X_n)$ 和 $(Y_1,\ Y_2,\ \cdots,\ Y_n)$ 是分别来自 X 和 Y 的两个相互独立的样本，求实数 λ，使得 $P\left(\dfrac{S_1^2}{S_2^2}>\lambda\right)=0.95$.

4. 设 $X_1,\ X_2,\ \cdots,\ X_{10}$ 为 $N(0,\ 0.3^2)$ 的一个样本，求 $P\left\{\sum\limits_{i=1}^{10}X_i^2>1.44\right\}$.

5. 设在总体 $N(\mu,\ \sigma^2)$ 中抽取一容量为 16 的样本．这里 μ，σ^2 均为未知，求 $P\{S^2/\sigma^2\leqslant 2.041\}$ 和 $D(S^2)$．

6. 从一批钉子中抽取 16 枚，测得其长度(单位：cm) 见下表：

2.14	2.10	2.13	2.15	2.13	2.12	2.13	2.10
2.15	2.12	2.14	2.10	2.13	2.11	2.14	2.11

利用 Excel 求长度的方差及标准差．

第10章 参数估计

本章导读

在用数理统计方法解决实际问题时，常会碰到这类问题：由已有的资料分析，我们能基本推断出母体的分布类型，比如其概率函数(密度或概率分布的统称)为 $f(X, \theta)$，但其中参数 θ(一维或多维)却未知，只知道 θ 的可能取值范围，需对 θ 作出估计或推断．这类问题称为参数估计问题．参数估计分为点估计和区间估计．

本章重点

▶ 掌握矩估计.

▶ 了解最大似然估计.

▶ 掌握区间估计的求解.

▶ 熟悉估计量无偏性.

▶ 掌握有效性的验证.

素质目标

▶ 能够意识统计知识在整个生活中的应用价值，感受统计知识在解决生活实际问题的妙处.

▶ 培养学生学习数学的兴趣，树立探究意识.

10.1 点估计

研究统计量的分布时，其中有一个或几个未知参数，其余部分都是样本，如何估计未知的参数是我们感兴趣的问题．因为一旦未知参数估计出来，总体的全部内容都知道了．

还有一类分布只知道属于哪一类，但不知道具体的表达式，其实这些表达式并不需要求出来，知道其数学期望和方差的估计值就足够了，鉴于以上两种情况，我们研究点估计．

用样本的估计量直接作为总体参数的估计值．可以用样本均值直接作为总体均值的估计．例如，根据一个抽出的随机样本计算的平均分数为80分，我们就用80分作为全班考试成绩的平均分数的一个估计值，这就是点估计．

再如，要估计一批产品的合格率，根据抽样结果，合格率为 96%，将 96% 直接作为这批产品合格率的估计值，这也是点估计．

所谓点估计是指把总体的未知参数估计为某个确定的值或在某个确定的点上，故点估计又称为定值估计．

定义 1　设总体 X 的分布函数为 $F(x, \theta)$，θ 是未知参数，$X_1, X_2, \cdots, X_n$ 是 X 的一样本，样本值为 $x_1, x_2, \cdots, x_n$，构造一个统计量 $\hat{\theta}(X_1, X_2, \cdots, X_n)$，用它的观察值 $\hat{\theta}(x_1, x_2, \cdots, x_n)$ 作为 θ 的估计值，这种问题称为点估计问题．习惯上称随机变量 $\hat{\theta}(X_1, X_2, \cdots, X_n)$ 为 θ 的估计量，称 $\hat{\theta}(x_1, x_2, \cdots, x_n)$ 估计为 θ 的估计值．

构造估计量 $\hat{\theta}(X_1, X_2, \cdots, X_n)$ 的方法有很多，下面仅介绍矩法和极大似然估计法．

10.1.1　矩估计法

矩估计法是一种古老的估计方法，是由英国统计学家皮尔逊(K. Pearson) 于 1894 年首创的，它虽然古老，但目前仍常用．

由大数定律可知，样本矩依概率收敛于总体矩．这就是说，只要样本容量取得充分大，用样本矩作为总体矩的估计可以达到任意精度的程度．根据这一原理，矩估计法的基本思想是用样本的阶原点矩去估计总体的阶原点矩．

矩估计法的一般做法：设总体 $X \sim F(X; \theta_1, \theta_2, \cdots, \theta_l)$，其中 $\theta_1, \theta_2, \cdots, \theta_l$ 均未知．

(1) 如果总体 X 的 k 阶矩 $\mu_k = E(X^k)(1 \leqslant k \leqslant l)$ 均存在，则

$$\mu_k = \mu_k(\theta_1, \theta_2, \cdots, \theta_l), \ (1 \leqslant k \leqslant l).$$

(2) 令 $\begin{cases} \mu_1(\theta_1, \theta_2, \cdots, \theta_l) = A_1, \\ \mu_2(\theta_1, \theta_2, \cdots, \theta_l) = A_2, \\ \cdots\cdots \\ \mu_l(\theta_1, \theta_2, \cdots, \theta_l) = A_l. \end{cases}$ 其中 $A_k(1 \leqslant k \leqslant l)$ 为样本 k 阶矩．

求出方程组的解 $\hat{\theta}_1, \hat{\theta}_2, \cdots, \hat{\theta}_l$，我们称 $\hat{\theta}_k = \hat{\theta}_k(X_1, X_2, \cdots, X_n)$ 为参数 $\theta_k(1 \leqslant k \leqslant l)$ 的矩估计量，$\hat{\theta}_k = \hat{\theta}_k(x_1, x_2, \cdots, x_n)$ 为参数 θ_k 的矩估计值．

例 1　设总体 X 的密度函数为：

$$f(x) = \begin{cases} (\alpha + 1)x^{\alpha}, & 0 < x < 1(\alpha > -1); \\ 0, & 其他． \end{cases}$$

其中 α 未知，样本为 $(X_1, X_2, \cdots, X_n)$，求参数 α 的矩法估计．

解　$A_1 = \overline{X}$. 由 $\mu_1 = A_1$ 及

$$\mu_1 = E(X) = \int_{-\infty}^{+\infty} x f(x) \mathrm{d}x = \int_0^1 x(\alpha + 1)x^{\alpha} \mathrm{d}x = \frac{\alpha + 1}{\alpha + 2},$$

由 $\overline{X}=\frac{\alpha+1}{\alpha+2}$，得 $\hat{\alpha}=\frac{1-2\overline{X}}{\overline{X}-1}$.

例 2 设 $X\sim N(\mu,\sigma^2)$，μ，σ^2 未知，试用矩估计法对 μ，σ^2 进行估计.

解 由矩估计法，有

$$\begin{cases}\mu_1=E(X)=A_1=\frac{1}{n}\sum_{i=1}^{n}X_i,\\ \mu_2=E(X^2)=A_2=\frac{1}{n}\sum_{i=1}^{n}X_i^2.\end{cases}$$

又 $E(X)=\mu$，$E(X^2)=D(X)+(EX)^2=\sigma^2+\mu^2$，那么 $\hat{\mu}=\overline{X}$，$\hat{\sigma}^2=A_2-\hat{\mu}^2=\frac{n-1}{n}S^2$.

例 3 在某班期末数学考试成绩中随机抽取 9 人的成绩. 结果如下：

序号	1	2	3	4	5	6	7	8	9
分数	94	89	85	78	75	71	65	63	55

试求该班数学成绩的平均分数、标准差的矩估计值.

解 设 X 为该班数学成绩，$\mu=E(X)$，$\sigma^2=D(X)$

$$\overline{x}=\frac{1}{9}\sum_{i=1}^{9}x_i=\frac{1}{9}(94+89+\cdots+55)=75,$$

$$\sqrt{\frac{8}{9}S^2}=\left[\frac{8}{9}\cdot\frac{1}{8}\sum_{i=1}^{9}(x_i-\overline{x})^2\right]^{1/2}=12.14.$$

$$\begin{cases}\mu_1=E(X)=A_1=\frac{1}{9}\sum_{i=1}^{9}X_i,\\ \mu_2=E(X^2)=A_2=\frac{1}{9}\sum_{i=1}^{9}X_i^2.\end{cases}$$

由于 $E(X^2)=D(X)+(EX)^2=\sigma^2+\mu^2$，那么，

$$\hat{\mu}=\overline{X},\ \hat{\sigma}^2=A_2-\hat{\mu}^2=A_2-(\overline{x})^2=\frac{8}{9}S^2.$$

所以，该班数学成绩的平均分数的矩估计值 $\hat{\mu}=\overline{x}=75$，标准差的矩估计值 $\hat{\sigma}=\sqrt{\frac{8}{9}S^2}=12.14$.

作矩法估计时无需知道总体的概率分布，只要知道总体矩即可. 但矩法估计量有时不唯一，如总体 X 服从参数为 λ 的泊松分布时，$\overline{X}$ 和 B_2 都是参数 λ 的矩法估计.

矩法估计也称为数字特征估计，它的原则是用样本的各阶矩估计总体的各阶矩，以样本的均值估计总体均值，样本方差估计总体方差.

在概率中，我们已经研究了常见的几种离散型和连续型分布，它们的数学期望和方差也已分别求出，所以建立起这些未知参数和样本的各阶矩关系就可以了. 例如，离

散型 0－1 分布的期望是 p，方差是 $p(1-p)$，用 $\overline{x}$ 作为 p 的估计就可以了，不再用样本方差估计总体方差，离散型 $\pi(\lambda)$ 分布类似，连续型指数分布也类似．但连续型的均匀分布和正态分布各自都有两个未知参数，必需用样本的均值和方差分别估计总体的均值和方差才能估计出未知参数．例如总体在 $[a, b]$ 上服从均匀分布，a，b 未知，X_1，X_2，…，X_n 是来自这个分布的一个样本，求 a，b 的矩法估计．由概率可知 $E(X)=\dfrac{b+a}{2}$，$D(X)=\dfrac{(b-a)^2}{12}$，用样本均值 $\overline{X}$ 估计 $\dfrac{b+a}{2}$，用样本方差 S^2 估计总体方差 $\dfrac{(b-a)^2}{12}$，于是建立关系式

$$\begin{cases}\dfrac{\hat{a}+\hat{b}}{2}=\overline{X},\\ \dfrac{(\hat{b}-\hat{a})^2}{12}=S^2,\end{cases}\Rightarrow\begin{cases}\hat{a}+\hat{b}=2\overline{X},\\ \hat{b}-\hat{a}=\sqrt{12S^2}=2\sqrt{3}S.\end{cases}$$

从而 $\hat{b}=\overline{X}+\sqrt{3}S$，$\hat{a}=\overline{X}-\sqrt{3}S$.

10.1.2　极大似然估计法

极大似然估计法(maximum likelihood estimation)，或称为最大似然估计法，最早是由 Gauss 提出的，后来 R. A. Fisher 在 1912 年的一篇文章中重新提出，并证明了这个方法的一些性质．极大似然估计这一名称也是由 Fisher(费歇)给出的，这是目前仍得到广泛应用的一种方法，它建立在极大似然原理的基础上，即一个随机试验中有若干个可能的结果 A，B，C 等，如在一次试验中，结果 A 出现了，那么可以认为 $P(A)$ 较大．

极大似然估计法只能在已知总体分布的前提下进行，为了对它的思想有所了解，先看两个例子．

例 4　某位同学与一位猎人一起外出打猎，一只野兔从前方窜过，只听一声枪响，野兔应声倒下，请猜测这一发命中的子弹是谁打的?

解　由于只发一枪便打中，而猎人命中的概率一般大于这位同学命中的概率，故一般会猜测这一枪是猎人射中的．

这个例子所作的推断已经体现了极大似然法的基本思想．

例 5　假定一个盒子里装有许多大小相同的黑球和白球，并且假定它们的数量之比为 3∶1，但不知是白球多还是黑球多．现在有放回地从盒中抽了 3 个球，试根据所抽 3 个球中黑球的数量确定是白球多还是黑球多．

解　设所抽 3 个球中黑球数为 X，摸到黑球的概率为 p，则 X 服从二项分布

$$P\{X=k\}=C_3^k p^k(1-p)^{3-k},\ k=0,\ 1,\ 2,\ 3.$$

问题是 $p=1/4$ 还是 $p=3/4$? 现根据样本中黑球数，对未知参数 p 进行估计．抽样后，共有 4 种可能结果，其概率见下表．

X	0	1	2	3
$p=1/4$ 时，$P\{X=k\}$	27/64	27/64	9/64	1/64
$p=3/4$ 时，$P\{X=k\}$	1/64	9/64	27/64	27/64

假如某次抽样中，只出现一个黑球，即 $X=1$，$p=1/4$ 时，$P\{X=1\}=27/64$；$p=3/4$ 时，$P\{X=1\}=9/64$. 这时我们就会选择 $p=1/4$，即黑球数比白球数为 1∶3. 因为在一次试验中，事件“1 个黑球”发生了. 我们认为它应有较大的概率 27/64（$27/64>9/64$），而 27/64 对应着参数 $p=1/4$. 同样可以考虑 $X=0$，2，3 的情形，最后可得

$$p=\begin{cases}\dfrac{1}{4}, & \text{当 } x=0,\ 1 \text{ 时},\\ \dfrac{3}{4}, & \text{当 } x=2,\ 3 \text{ 时}.\end{cases}$$

该例从参数估计的角度来看，总体分布中的参数 p 有 $\hat{p}=1/4$ 和 $\hat{p}=3/4$ 两种可能作为估计值的选择，当给定样本 $X=x$ 时，我们选择使概率 $p(X=x)$ 较大的 $\hat{p}$ 作为 p 的估计值.

1. 似然函数

在极大似然估计法中，最关键的问题是如何求得似然函数，有了似然函数，问题就简单了. 下面分两种情形来介绍似然函数.

(1) 离散型总体

设总体为离散型，$P\{X=x\}=p(x,\theta)$，其中 θ 为待估计的未知参数，假定 $(x_1, x_2\cdots, x_n)$ 为样本 $(X_1, X_2, \cdots, X_n)$ 的一组观测值.

$$\begin{aligned}P\{X_1=x, X_2=x_2\cdots X_n=x_n\}&=P\{X_1=x_1\}\{X_2=x_2\}\cdots\{X_n=x_n\}\\&=p(x_1,\theta)p(x_2,\theta)\cdots p(x_n,\theta)\\&=\prod_{i=1}^{n}p(x_i,\theta).\end{aligned}$$

将 $\prod\limits_{i=1}^{n}p(x_i,\theta)$ 看作是参数 θ 的函数，记为 $L(\theta)$，即

$$L(\theta)=\prod_{i=1}^{n}p(x_i,\theta).$$

(2) 连续型总体

设总体 X 为连续型，已知其分布密度函数为 $f(x,\theta)$，θ 为待估计的未知参数，则样本 $(X_1, X_2, \cdots, X_n)$ 的联合密度为

$$f(x_1,\theta)f(x_2,\theta)\cdots f(x_n,\theta)=\prod_{i=1}^{n}f(x_i,\theta).$$

将它也看作是关于参数 θ 的函数，记为 $L(\theta)$，即

$$L(\theta)=\prod_{i=1}^{n}f(x_i,\theta).$$

由此可见：不管是离散型总体，还是连续型总体，只要知道它的概率分布或密度

函数，总可以得到一个关于参数 θ 的函数 $L(\theta)$，称 $L(\theta)$ 为似然函数 .

2. 极大似然估计

极大似然估计法的主要思想是：如果随机抽样得到的样本观测值为 x_1，x_2，…，x_n，则应当这样来选取未知参数 θ 的值，使得出现该样本值的可能性最大，即使得似然函数 $L(\theta)$ 取最大值，从而求参数 θ 的极大似然估计的问题，就转化为求似然函数 $L(\theta)$ 的极值点的问题，一般来说，这个问题可以通过求解下面的方程来解决

$$\frac{\mathrm{d}L(\theta)}{\mathrm{d}\theta}=0.$$

然而，$L(\theta)$ 是 n 个函数的连乘积，求导数比较复杂，由于 $\ln L(\theta)$ 是 $L(\theta)$ 的单调增函数，所以 $L(\theta)$ 与 $\ln L(\theta)$ 在 θ 的同一点处取得极大值 . 于是求解 $\frac{\mathrm{d}L(\theta)}{\mathrm{d}\theta}=0$ 可转化为求解

$$\frac{\mathrm{d}\ln L(\theta)}{\mathrm{d}\theta}=0,$$

称 $\ln L(\theta)$ 为对数似然函数，方程 $\frac{\mathrm{d}\ln L(\theta)}{\mathrm{d}\theta}=0$ 为对数似然方程，求解此方程就可得到参数 θ 的估计值 .

如果总体 X 的分布中含有 k 个未知参数：θ_1，θ_2，…，θ_k，则极大似然估计法也适用 . 此时，所得的似然函数是关于 θ_1，θ_2，…，θ_k 的多元函数 $L(\theta_1, \theta_2, \cdots, \theta_k)$，解下列方程组，就可得到 θ_1，θ_2，…，θ_k 的估计值 .

$$\begin{cases}\dfrac{\partial \ln L(\theta_1, \theta_2, \cdots, \theta_k)}{\partial \theta_1}=0, \\ \dfrac{\partial \ln L(\theta_1, \theta_2, \cdots, \theta_k)}{\partial \theta_2}=0, \\ \cdots\cdots \\ \dfrac{\partial \ln L(\theta_1, \theta_2, \cdots, \theta_k)}{\partial \theta_k}=0.\end{cases}$$

例 6　在泊松总体中抽取样本，其样本值为 x_1，x_2，…，x_n. 试对泊松分布的未知参数 λ 作极大似然估计 .

解　因泊松总体是离散型的，其概率分布为

$$\frac{\lambda^x}{x\,!}\mathrm{e}^{-\lambda},$$

故似然函数为

$$\prod_{i=1}^{n}\frac{\lambda^{x_i}}{x_i\,!}\mathrm{e}^{-\lambda}=\mathrm{e}^{-\lambda n}\cdot\lambda^{\sum\limits_{i=1}^{n}x_i}\cdot\prod_{i=1}^{n}\frac{1}{x_i\,!}-n\lambda+\sum_{i=1}^{n}x_i\ln\lambda-\ln\prod_{i=1}^{n}(x_i\,!\,),$$

$$\frac{\mathrm{d}\ln(\lambda)}{\mathrm{d}\lambda}=-n+\frac{1}{\lambda}\sum_{i=1}^{n}x_i.$$

令$\frac{\mathrm{d}\ln\lambda}{\mathrm{d}\lambda}=0$，得

$$-n+\frac{1}{\lambda}\sum_{i=1}^{n}x_i=0.$$

所以$\hat{\lambda}_L=\frac{1}{n}\sum_{i=1}^{n}x_i=\overline{x}$，$\lambda$的极大似然估计量为$\hat{\lambda}_L=\overline{X}$（为了和$\lambda$的矩法估计区别起见，我们将$\lambda$的极大似然估计记为$\hat{\lambda}_L$）.

例 7 设一批产品含有次品，今从中随机抽出 100 件，发现其中有 8 件次品，试求次品率θ的极大似然估计值.

解 用极大似然法时必须明确总体的分布，现在题目没有说明这一点，故应先来确定总体的分布.

设$X_i=\begin{cases}1, & 第\ i\ 次取次品,\\ 0, & 第\ i\ 次取正品,\end{cases}$ $i=1, 2, \cdots, 100$，则X_i服从两点分布：

X_i	1	0
P	θ	$1-\theta$

设$x_1, x_2, \cdots, x_{100}$为样本观测值，则

$$p(x_i, \theta)=p\{X_i=x_i\}=\theta^{x_i}(1-\theta)^{1-x_i}, \quad x_i=0, 1, \cdots, 100.$$

故似然函数为

$$L(\theta)=\prod_{i=1}^{100}\theta^{x_i}(1-\theta)^{1-x_i}=\theta^{\sum\limits_{i=1}^{100}x_i}(1-\theta)^{100-\sum\limits_{i=1}^{100}x_i}$$

由题知

$$\sum_{i=1}^{100}x_i=8,$$

所以

$$L(\theta)=\theta^8(1-\theta)^{92}.$$

两边取对数得

$$\ln L(\theta)=8\ln\theta+92\ln(1-\theta).$$

对数似然方程为

$$\frac{\mathrm{d}\ln L(\theta)}{\mathrm{d}\theta}=\frac{8}{\theta}-\frac{92}{1-\theta}=0.$$

解之得$\theta=8/100=0.08$，所以$\hat{\theta}_L=0.08$.

例 8 设$x_1, x_2, \cdots, x_n$为来自正态总体$N(\mu, \sigma^2)$的观测值，试求总体未知参数μ，σ^2的极大似然估计.

解 因正态总体为连续型，其密度函数为

$$\frac{1}{\sqrt{2\pi}\sigma}\mathrm{e}^{-\frac{(x-\mu)^2}{2\sigma^2}},$$

所以似然函数为

$$L(\mu,\sigma^2)=\prod_{i=1}^{n}\frac{1}{\sqrt{2\pi}\sigma}e^{\left\{-\frac{(x_i-\mu)^2}{2\sigma^2}\right\}}=\left(\frac{1}{\sqrt{2\pi}\sigma}\right)^n e^{\left\{-\frac{1}{2\sigma^2}\sum_{i=1}^{n}(x_i-\mu)^2\right\}},$$

$$\ln L(\mu,\sigma^2)=-\frac{n}{2}\ln 2\pi-\frac{n}{2}\ln\sigma^2-\frac{1}{2\sigma^2}\sum_{i=1}^{n}(x_i-\mu)^2.$$

故似然方程组为

$$\begin{cases}\dfrac{\partial \ln L(\mu,\sigma^2)}{\partial \mu}=\dfrac{1}{\sigma^2}\sum\limits_{i=1}^{n}(x_i-\mu)=0,\\ \dfrac{\partial \ln L(\mu,\sigma^2)}{\partial \sigma^2}=-\dfrac{n}{2\sigma^2}+\dfrac{1}{2\sigma^4}\sum\limits_{i=1}^{n}(x_i-\mu)^2=0.\end{cases}$$

解以上方程组得

$$\begin{cases}\mu=\dfrac{1}{n}\sum\limits_{i=1}^{n}x_i=\overline{x},\\ \sigma^2=\dfrac{1}{n}\sum\limits_{i=1}^{n}(x_i-\mu)^2=\dfrac{1}{n}\sum\limits_{i=1}^{n}(x_i-\overline{x})^2\xlongequal{\Delta}B_2.\end{cases}$$

所以

$$\begin{cases}\hat{\mu}=\overline{X},\\ \hat{\sigma}_L{}^2=B_2.\end{cases}$$

例 9 设总体服从$[0,\theta]$上的均匀分布，X_1，X_2，…，X_n 是来自 X 的样本，求 θ 的矩法估计和极大似然估计 .

解 因为，令 $\overline{X}$，得 $\hat{\theta}_{矩}=2\overline{X}$.

又

$$\begin{cases}\dfrac{1}{\theta}, & 0\leqslant x\leqslant\theta,\\ 0, & 其他.\end{cases}$$

所以 $L(\theta)=\dfrac{1}{\theta^n}$，$0\leqslant x_i\leqslant\theta$.

要 $L(\theta)$ 最大，θ 必须尽可能小，又 $\theta\geqslant x_i$，$i=1,2,\cdots,n$，所以 $\hat{\theta}_L=\max\limits_{1\leqslant i\leqslant n}\{X_i\}$.

综上所述，若总体 X 属于离散型，X_1，X_2，…，X_n 是取这个总体的一个样本，这个样本取一组值 x_1，x_2，…，x_n，$X_1=x_1$，$X_2=x_2$，…，$X_n=x_n$，相互之间独立，且与总体同分布，所以

$$P\{X_1=x_1,X_2=x_2,\cdots,X_n=x_n\}=P\{X_1=x_1\}P\{X_2=x_2\}\cdots P\{X_n=x_n\},$$

若 X 是离散型中的泊松分布，$P\{X=k\}=\dfrac{e^{-\lambda}\lambda^k}{k!}$ 是其分布律，则

$$P\{X_i=x_i\}=\frac{e^{-\lambda}\lambda^{x_i}}{x_i!},\ P\{X_1=x_1,\cdots,X_n=x_n\}=\prod_{i=1}^{n}\frac{e^{-\lambda}\lambda^{x_i}}{x_i!}=\frac{e^{-n\lambda}\lambda^{\sum x_i}}{\prod\limits_{i=1}^{n}x_i!}.$$

这个联合分布中未知参数是λ. 问当λ取什么值时，联合分布的值最大？这个函数称为似然函数，用L标志，用高等数学求最大值的办法对λ求导，并令其为零，从中解出λ的估计值. 似然函数是λ的幂函数形式，求导不方便，有时取对数，然后再求导数更方便些.

$$L(x_1, x_2, \cdots, x_n, \lambda) = \frac{e^{-n\lambda}\lambda^{\sum x_i}}{\prod_{i=1}^{n} x_i!},$$

$$\ln L = -n\lambda + \sum x_i \ln\lambda - \ln\prod_{i=1}^{n} x_i!,$$

$$\frac{d\ln L}{d\lambda} = -n + \frac{\sum x_i}{\lambda} = 0,$$

$$\lambda = \frac{1}{n}\sum x_i = \overline{x}.$$

若总体是连续型的，用概率函数代替上述离散型的$P\{X_i = x_i\}$就可以了. 有两个以上未知参数求导时用偏导.

例 10 设$X \sim B(1, p)$，X_1，X_2，…，X_n是来自X的一个样本，求参数p的极大似然估计.

解 设x_1，x_2，…，x_n是相应于样本X_1，X_2，…，X_n的一个样本值，X的分布律为

X	0	1
P_k	$1-p$	p

，

用函数表示$p^x(1-p)^{1-x}$，似然函数为

$$L = \prod_{i=1}^{n} p^{x_i}(1-p)^{1-x_i} = p^{\sum_{i=1}^{n} x_i}(1-p)^{n-\sum_{i=1}^{n} x_i},$$

$$\ln L = \sum_{i=1}^{n} x_i \ln p + (n - \sum_{i=1}^{n} x_i)\ln(1-p),$$

$$\frac{d\ln L}{dp} = \frac{\sum_{i=1}^{n} x_i}{p} - \frac{n - \sum_{i=1}^{n} x_i}{1-p} = 0,$$

解出$\hat{p} = \overline{x}$.

例 11 设总体x在$[a, b]$上服从均匀分布，a，b均未知，x_1，x_2，…，x_n是一个样本，求a，b的极大似然估计.

解 x在$[a, b]$上的密度函数为$\frac{1}{b-a}$，似然函数为$\frac{1}{(b-a)^n}$，要使$b-a$取最小，即a，b的作用是使x_1，x_2，…，x_n都在其内，且使区间之长达到最小的程度，取$b = \max\{x_1, x_2, \cdots, x_n\}$，$a = \min\{x_1, x_2., \cdots, x_n\}$.

例 12 设总体的密度函数$f(x) = \begin{cases} (\theta+1)x^\theta, & 0 < x < 1; \\ 0, & 其他. \end{cases}$ 求参数θ的极大似然估

计，再求矩法估计 .

解　当 $0 < x < 1$ 时，$f(x) = (\theta + 1)x^{\theta}$，$x_i$ 的密度为 $(\theta + 1)x_i{}^{\theta}$，

$$L = \prod (\theta + 1)x_i^{\theta} = (\theta + 1)^n \left(\prod_{i=1}^{n} x_i\right)^{\theta},$$

$$\ln L = n\ln(\theta + 1) + \theta \ln(\prod_{i=1}^{n} x_i),$$

$$\frac{\mathrm{d}\ln L}{\mathrm{d}\theta} = \frac{n}{\theta + 1} + \ln(\prod_{i=1}^{n} x_i) = 0,$$

$$\hat{\theta} = \left(\frac{1}{n}\sum_{i=1}^{n} \ln \frac{1}{x_i}\right)^{-1} - 1.$$

用矩法估计，$EX = \int_0^1 (\theta + 1)x^{\theta+1}\mathrm{d}x = \frac{\theta + 1}{\theta + 2}x^{\theta+2} \Big|_0^1 = \frac{\theta + 1}{\theta + 2}$.

所以，$\frac{\theta + 1}{\theta + 2} = \overline{x}$，$\theta + 1 = \theta\overline{x} + 2\overline{x}$，$\hat{\theta} = \frac{2\overline{x} - 1}{1 - \overline{x}}$，两种估计的值不一样 .

10.2　估计量的评价标准

已知某地区新生婴儿的体重 $X \sim N(\mu, \sigma^2)$，其中参数 μ 和 σ^2 都是未知的，如果随机抽查了其中的 100 个婴儿，得到 100 个体重数据，据此应如何计算 μ 和 σ^2 呢?

我们知道，服从正态分布 $N(\mu, \sigma^2)$ 的随机变量 X，它的数学期望是参数 μ. 由大数定律知道，当样本容量 n 很大时，样本平均值以很大的概率与 μ 任意接近，因而自然想到把样本体重的平均值作为总体平均体重 μ 的一个估计，类似地，我们可以用样本体重的方差作为总体方差 σ^2 的一个估计 .

那么要问，样本均值是否是 μ 的一个好的估计量? 样本方差是否是 σ^2 的一个好的估计量? 这就需要讨论以下几个问题.

(1) 我们希望一个“好的”估计量具有什么特性?

(2) 怎样决定一个估计量是否比另一个估计量“好”?

(3) 如何求得合理的估计量?

要估计总体的某一指标，并非只能用一个样本指标，可能有多个指标可供选择，即对同一总体参数，可能会有不同的估计量 . 一个好的估计量必须具有如下性质：无偏性、有效性、一致性 .

10.2.1　无偏性

样本估计量的数学期望(均值) 等于被估总体参数的真值 .

若未知参数 θ 的估计量 $\hat{\theta}$ 的数学期望等于未知参数，即 $E(\hat{\theta}) = \theta$，称 $\hat{\theta}$ 是 θ 的无偏估计 . 因为 $\hat{\theta}$ 是由样本构成，随着取样的不同而不同，所以 $\hat{\theta}$ 是随机变量，我们希望它的

期望等于 θ.

也就是说，如果样本统计量的期望值等于该统计量所估计的总体参数，则这个估计量就叫作无偏估计量．数学表达式为

$$E(\hat{\theta})=\theta,$$

其中 θ 是被估计的总体参数；$\hat{\theta}$ 是 θ 的估计量．

例 1 设 x_1，x_2，…，x_n 是来自具有有限数学期望 μ 的任一总体的一个样本，则 $\overline{x}$ 是 μ 的无偏估计．

解　设 x_1，x_2，…，x_n 相互独立且与总体同分布，则 $\overline{x}=\frac{1}{n}\sum_{i=1}^{n}x_i$ 的期望为

$$E(\overline{x})=\frac{1}{n}\sum_{i=1}^{n}E(x_i)=\frac{1}{n}n\mu=\mu.$$

若总体的 k 阶原点矩存在，样本的 k 阶原点矩是总体 k 阶原点矩的无偏估计．

例 2 对于均值 μ、方差 σ^2 都存在的总体，若 μ 和 σ^2 均为未知，则用 $\frac{1}{n}\sum(x_i-\overline{x^2})$ 估计 σ^2 是有偏的．

解

$$E\left[\frac{1}{n}\sum(x_i-\overline{x^2})\right]=\frac{1}{n}\left(\sum E({x_i}^2)-nE(\overline{x^2})\right),$$

$$E({x_i}^2)=D(x_i)-[E(x_i)]^2=\sigma^2-\mu^2,$$

$$E(\overline{x^2})=D(\overline{x})-[E(\overline{x})]^2=\frac{\sigma^2}{n}-\mu^2,$$

$$nE(\overline{x^2})=n(\frac{\sigma^2}{n}-\mu^2)=\sigma^2-n\mu^2$$

$$\frac{1}{n}\left(\sum E({x_i}^2)-nE(\overline{x^2})\right)=\frac{1}{n}(n\sigma^2-n\mu^2-\sigma^2+n\mu^2)=\frac{n-1}{n}\sigma^2,$$

所以用 $\frac{1}{n}\sum(x_i-\overline{x^2})$ 估计 σ^2 是有偏的，在样本方差定义中令

$$S^2=\frac{1}{n-1}\sum(x_i-\overline{x^2}).$$

这个作为 σ^2 的估计是无偏的，相应地把 $\frac{1}{n}\sum(x_i-\overline{x^2})$ 记为 S^2，由此得出用样本的 k 阶中心矩估计总体的 k 阶中心矩是有偏的．

例 3 设 x_1，x_2，…，x_n 为来自期望为 μ 的总体，讨论下列统计量的无偏性．

(1) $x_i(i=1,2,3,\cdots,n)$；(2) $\frac{1}{2}x_1+\frac{1}{3}x_2+\frac{1}{6}x_n$；(3) $\frac{1}{3}x_1+\frac{1}{3}x_2$.

解　(1) 由于 x_1，x_2，…，x_n 是样本，相互独立且与总体同分布，$E(x_i)=\mu$ 是无偏估计．

(2) $E(\frac{1}{2}x_1+\frac{1}{3}x_2+\frac{1}{6}x_n)$

$$=\frac{1}{2}E(x_1)+\frac{1}{3}E(x_2)+\frac{1}{6}E(x_n)=\frac{1}{2}\mu+\frac{1}{3}\mu+\frac{1}{6}\mu=\mu,$$

所以是无偏估计．

(3) $E(\frac{1}{3}x_1+\frac{1}{3}x_2)=\frac{1}{3}E(x_1)+\frac{1}{3}E(x_2)=\frac{2}{3}\mu$，所以是有偏估计．

以上例子说明样本的线性函数可能是数学期望的无偏估计，主要看系数．

例 4 设总体 X 服从区间 $[0,\theta]$ 上的均匀分布，X_1，X_2，…，X_n 是总体的一组样本，试证：参数 θ 的矩估计量 $\hat{\theta}=2\overline{X}$ 是 θ 的无偏估计．

证　$E(\hat{\theta})=E(2\overline{X})=2E(\overline{X})=2E(X)=2X\ \dfrac{\theta}{2}=\theta$，

故 θ 的矩估计量 $\hat{\theta}$ 是 θ 的无偏估计．

10.2.2　有效性

好的点估计量应具有较小的方差．

在上述无偏性的讨论中，可以看到对于一个估计来说能够做到估计是无偏的，这是常见的要求，但是不能由此产生对无偏的极端要求，即不能认为只要是无偏估计就是好的，而有偏估计就是坏的，除了无偏要求外还应有方差要求，例如，一个未知参数有两个以上的无偏估计，究竟哪个更好些，这就要用方差来衡量．方差小者是好的，即 $D(\hat{\theta}_1)<D(\hat{\theta}_2)$，认为 $\hat{\theta}_1$ 作为 $\hat{\theta}$ 的估计比 $\hat{\theta}_2$ 更有效．

例 5 比较 $S^2=\dfrac{1}{n-1}\sum(x_i-\overline{x})^2$ 与 $\underline{S}^2=\dfrac{1}{n}\sum(x_i-\overline{x})^2$ 的方差．

解　由于 $\dfrac{(n-1)S^2}{\sigma^2}\sim\chi^2(n-1)$，$D(\dfrac{(n-1)}{\sigma^2}S^2)=\dfrac{(n-1)^2D(S^2)}{\sigma^4}$，

而 $(n-1)S^2=n\underline{S}^2=\sum(x_i-\overline{x})^2$，$D(\dfrac{n\underline{S}^2}{\sigma^2})=D(\dfrac{(n-1)S^2}{\sigma^2})$.

但 $D(\dfrac{n\underline{S}^2}{\sigma^2})=\dfrac{n^2D(\underline{S}^2)}{\sigma^4}$，所以 $\dfrac{(n-1)^2D(S^2)}{\sigma^4}=\dfrac{n^2D(\underline{S}^2)}{\sigma^4}$.

比较两个估计的方差，有偏估计 $\underline{S}^2$ 比无偏估计 S^2 的方差要小，这就是因为极大似然估计 $\underline{S}^2$ 是有偏的，但有时还是使用它．

10.2.3　一致性

随着样本容量的增大，估计量越来越接近被估计的总体参数．

上述无论是无偏性还是有效性，都没有变动样本容量 n. 下面我们讨论当容量 n 趋于 ∞ 时，估计量与被估计参数之间的变化情况．$\hat{\theta}$ 作为 θ 的无偏估计量，若 $\lim\limits_{n\to\infty}\{|\hat{\theta}-\theta|<\varepsilon\}=1$，称 $\hat{\theta}$ 是 θ 的一致估计．

例 6 无论 x 服从什么分布，样本均值 $\overline{x}$ 是总体数学期望 $E(X)$ 的一致估计．

解　借助于第 8 章切比雪夫不等式，由于 $E(\overline{x})=E(x)$，$D(\overline{x})=\dfrac{D(x)}{n}$，

$$P\{|\overline{x}-E(x)|<\varepsilon\}\geqslant 1-\frac{D(\overline{x})}{\varepsilon^2}=1-\frac{D(x)}{n\varepsilon^2},$$

由于概率 $\leqslant 1$，用两边夹定理可知 $\lim\limits_{n\to\infty}P\{|\overline{x}-E(x)|<\varepsilon\}=1$.

例 7　无论 x 服从什么分布，样本方差 S^2 总是总体方差的一致估计.

解　由于 $\dfrac{(n-1)S^2}{\sigma^2}\sim\chi^2(n-1)$，$D[\dfrac{(n-1)S^2}{\sigma^2}]=2(n-1)$，

所以 $D(S^2)=\dfrac{2(n-1)\sigma^4}{(n-1)^2}=\dfrac{2\sigma^4}{n-1}$，

于是 $1\geqslant P\{|S^2-\sigma^2|<\varepsilon\}\geqslant 1-\dfrac{D(S^2)}{\varepsilon^2}=1-\dfrac{2\sigma^4}{(n-1)\varepsilon^2}$，

$$\lim_{n\to\infty}P\{|S^2-\sigma^2|<\varepsilon\}=1.$$

由于一致估计只有当样本容量相当大时，才显示出优越性，这在实际中往往很难做到，因此在工程实际中往往使用无偏性和有效性这两个标准.

10.3　区间估计

在点估计的基础上，给出总体参数估计的一个范围，称为参数的区间估计. 通过样本估计总体参数可能位于的区间. 如一批产品的平均使用寿命在 800 至 1 200 小时之间，这就是它的区间估计值.

本节主要介绍总体均值、总体方差的区间估计.

前面我们讨论了参数的点估计，用一个数值去估计一个未知参数，优点是简单、明确，缺点是没有提供精度的概率. 例如，用 $\overline{x}$ 去估计 $E(X)$，由于 $\overline{x}$ 是随机变量，它不会总是恰巧与 $E(X)$ 相等，而总会有正或负偏差，对于一次抽样而言，$\overline{x}$ 距离 $E(X)$ 有多远？我们希望给 $\overline{x}$ 一个范围，这个范围通常以区间的形式给出，同时还给此区间包含 $E(X)$ 的可信程度，这就是我们要研究的区间估计.

10.3.1　总体参数的区间估计的概念和基本思想

假设 $f(x;\theta)$ 是总体 X 的概率函数，这里 θ 是总体 X 的未知参数(本教材中仅仅考虑 θ 是一维的情况)，X_1，…，X_n 是来自该总体的一个样本，x_1，…，x_n 是样本的一组观测值. 利用前面介绍的点估计方法可以得到未知参数 θ 的一个具体的估计值 $\hat{\theta}$，现在考虑 $\hat{\theta}$ 与未知的 θ 的靠近程度，以及相应的可靠程度(用概率表示). 如果对于事先给定的 α(通常 α 是大于 0 小于 1 之间的一个较小的数，如 0.05，0.01 等)，存在两个统计量 $\theta_L(X_1,\cdots,X_n)$ 和 $\theta_U(X_1,\cdots,X_n)$ 使得

$$P(\theta_L(X_1, \cdots, X_n) < \theta < \theta_U(X_1, \cdots, X_n)) = 1-\alpha,$$

则称(θ_L, θ_U)为参数θ的置信度为$1-\alpha$的置信区间(Confidence interval)，这类置信区间也称为双侧置信区间，θ_L和θ_U分别称为置信水平$1-\alpha$的置信下限和置信上限；$1-\alpha$称为置信水平(Confidence level)或置信系数(Confidence coefficient).

由上述定义知道，对于样本，置信区间(θ_L, θ_U)是一个随机区间，它的两个端点都是不依赖未知参数θ的随机变量，该随机区间可能包含参数θ，也可能不包含参数θ，随机区间(θ_L, θ_U)包含未知参数θ的概率为$1-\alpha$；它的另一直观含义是在大量多次抽样下，由于每次抽到的样本一般不会完全相同，用同样的方法构造置信水平为$1-\alpha$的置信区间，将得到许多不同区间$(\theta_L(x_1, \cdots, x_n), \theta_U(x_1, \cdots, x_n))$，这些区间中大约有$100(1-\alpha)\%$的区间包含未知参数$\theta$的真值，大约有$100\alpha\%$的区间不包含参数$\theta$的真值．但是在实际问题中，往往只有一个具体的样本，即样本的一次观测值，根据这个实际样本数据作区间估计，代入置信区间公式得到一个具体的、固定的区间

$$(\theta_L(x_1, \cdots, x_n), \theta_U(x_1, \cdots, x_n)).$$

比如(495，506)，不再是随机区间，其两个端点是两个具体的数，这个区间要么包含参数θ的真值，要么不包含θ的真值，根本不存在这个具体区间“可能包含θ的真值”“可能不包含θ的真值”问题，因此不能说“某具体区间$(\theta_L(x_1, \cdots, x_n)$，$\theta_U(x_1, \cdots, x_n))$，包含参数$\theta$的概率是$1-\alpha$”，但这个具体区间到底包含还是不包含参数$\theta$，我们无法知道。然而根据大数定律，我们宁愿相信这个区间是包含未知参数θ的那$100(1-\alpha)\%$区间中的一个．所以区间$(\theta_L(x_1, \cdots, x_n), \theta_U(x_1, \cdots, x_n))$属于包含未知参数的区间类的置信度(水平)是$1-\alpha$，之所以用置信度，主要是突出它与概率概念的不同．以上是频率学派的观点．在现代贝叶斯学派的研究者看来，既然参数θ是未知的，当然也可以看作随机变量，说“参数θ落入某具体区间$(\theta_L(x_1, \cdots, x_n)$，$\theta_U(x_1, \cdots, x_n))$的概率是$1-\alpha$”或“某具体区间$(\theta_L(x_1, \cdots, x_n)$，$\theta_U(x_1, \cdots, x_n))$包含参数$\theta$的概率是$1-\alpha$”也是有意义的，但频率学派不认同这种说法．

置信区间越小，说明估计的精度越高，即对未知参数的了解越多、越具体；置信水平越大，估计可靠性就越大．一般说来，在样本容量一定的前提下，精度与置信度往往是相互矛盾的；若置信水平增加，则置信区间必然增大，降低了精度；若精度提高，则区间缩小，置信水平必然减小．要同时提高估计的置信水平和精度，就要增加样本容量．

置信区间的构造或区间估计和后续章节的假设检验关系密切，两者有着对偶的关系，只要有一种假设检验就可以根据该假设检验构造相应的置信区间，反之亦然；另外置信区间的构建往往要借助于未知参数点估计或其函数的抽样分布来进行．

构造未知参数θ的置信区间的一般步骤如下．

(1) 寻找样本$X_1, \cdots, X_n$的一个函数$\mu(X_1, \cdots, X_n; \theta)$，它只含待估的未知参数$\theta$，不含其他任何未知参数，并且$u(X_1 \cdots, X_n; \theta)$的分布要已知，但不含任何未知参数(当然也不包含待估参数θ)，在很多情况下，$u(X_1 \cdots, X_n; \theta)$可以从$\theta$的点估计经过变换获得．

(2) 对给定的置信水平 $1-\alpha$，由 $u(X_1\cdots, X_n; \theta)$ 的抽样分布确定分位点．由于 $u(X_1, \cdots X_n; \theta)$ 的分布已知(多数情况下都是常见分布)且不含任何未知参数，因此它的分位点可以计算出来(通过查表或利用统计分析软件获得)．

(3) 通过不等式变形，即可求出未知参数 θ 的置信水平为 $1-\alpha$ 的置信区间．

上述过程中，比较困难的是第一步，即如何选择满足条件的只含待估计参数的样本函数，并且确定出其分布．下面仅就一维未知参数介绍常见的置信区间．

10.3.2 单个正态总体均值的区间估计

我们将分两种情况按照上面的步骤介绍正态总体均值的置信区间：一是总体方差已知；二是总体方差未知．

1. 总体方差 σ^2 已知，μ 的区间估计

设样本 $X_1, \cdots, X_n$ 来自正态总体 $N(\mu, \sigma^2)$，这里 σ^2 已知，总体均值 μ 未知，如何求总体均值 μ 的置信水平为 $1-\alpha$ 的置信区间?

注意到 $\overline{X}$ 是均值 μ 的点估计，由此构造 $Z=\dfrac{\overline{X}-\mu}{\sigma/\sqrt{n}}$，它是样本和未知参数 μ 的函数，除了包含未知参数 μ 以外，不再含任何其他未知变量，更重要的是，$Z=\dfrac{\overline{X}-\mu}{\sigma/\sqrt{n}}$ 服从标准正态分布 $N(0, 1)$，这个分布不含有任何未知参数，只要给定概率 $1-\alpha$(置信水平)很容易就可以通过查标准正态分布表(见附录)或软件计算出其分位点 $z_{\frac{\alpha}{2}}$，使得 $P(|Z|<z_{\frac{\alpha}{2}})=1-\alpha$，即

$$P\left(\left|\frac{X-\mu}{\sigma/\sqrt{n}}\right|<z_{\frac{\alpha}{2}}\frac{\sigma}{\sqrt{n}}\right)=1-\alpha,$$

通过变形得

$$P\left(\overline{X}-z_{\frac{\alpha}{2}}\frac{\sigma}{\sqrt{n}}<\mu<\overline{X}+z_{\frac{\alpha}{2}}\frac{\sigma}{\sqrt{n}}\right)=1-\alpha.$$

区间 $\left(\overline{X}-z_{\frac{\alpha}{2}}\dfrac{\sigma}{\sqrt{n}}, \overline{X}+z_{\frac{\alpha}{2}}\dfrac{\sigma}{\sqrt{n}}\right)$ 就是总体均值 μ 的置信水平为 $1-\alpha$ 的(双侧)置信区间．如果 $1-\alpha=0.95$，则 $z_{\frac{\alpha}{2}}=z_{0.025}=1.96$；若 $1-\alpha=0.99$，则 $z_{\frac{\alpha}{2}}=z_{0.005}=2.576$．一旦一个样本被抽取，得到了样本观测值，那么对于该样本观测值，总体均值 μ 的置信水平为 $1-\alpha$ 的(双侧)置信区间为

$$\left(\overline{x}-z_{\frac{\alpha}{2}}\frac{\sigma}{\sqrt{n}}, \overline{x}+z_{\frac{\alpha}{2}}\frac{\sigma}{\sqrt{n}}\right),$$

它就是一个已知的具体的区间了．

例 1 设总体 $X\sim N(\mu, 0.09)$，随机抽得 4 个独立观察值 x_1，x_2，x_3，x_4，求总体均值 μ 的 95% 的置信区间．

解 此题 σ 已知，使用标准正态分布

$$\frac{\overline{X}-\mu}{\frac{\sigma}{\sqrt{n}}} \sim N(0,\ 1),\quad n=4,\quad 1-\alpha=95\%,$$

$$\sigma=\sqrt{0.09}=0.3,\qquad \frac{\overline{X}-\mu}{\frac{\sigma}{\sqrt{n}}}=\frac{2}{0.3}(\overline{X}-\mu),$$

要求 $P\{-u_{0.025}<\frac{2}{0.3}(\overline{x}-\mu)<u_{0.025}\}=0.95$，估计区间 $\overline{x}-\frac{0.3}{2}u_{0.025}<\mu<\overline{x}+\frac{0.3}{2}u_{0.025}$，

查表知，$u_{0.025}=1.96$，$\mu\in(\overline{x}-0.294,\ \overline{x}+0.294)$.

当没有给 $\overline{x}$ 时，也即没有给定 x_1，x_2，x_3，x_4 时，$(\overline{x}-0.294,\ \overline{x}+0.294)$ 是随机区间，有 95% 的区间包含着 μ，有 5% 的区间不包含 μ.

当给定 $\overline{x}$ 时，也即给定 x_1，x_2，x_3，x_4 时，如：12.6，13.4，12.8，13.2，算出 $\overline{x}=13$，这时 $(\overline{x}-0.294,\ \overline{x}+0.294)$ 变成具体区间 (12.71，13.29)，这个具体区间包含 μ 的可靠程度为 95%.

若用一般公式来叙述置信区间，设总体有个未知参数 θ，若用样本确定两个统计量，$\theta_L(x_1,\ x_2,\ \cdots,\ x_n)$ 及 $\theta_U(x_1,\ x_2,\ \cdots,\ x_n)$，对于给定值 $\alpha(0<\alpha<1)$ 满足 $P(\theta_L(x_1,\ x_2,\ \cdots,\ x_n)<\theta<\theta_U(x_1,\ x_2,\ \cdots,\ x_n))=1-\alpha$，则称 θ_L 为置信区间下限，θ_U 为置信区间上限，$(\theta_L,\ \theta_U)$ 为未知参数的置信区间．一般的情况都求未知参数的对称区间，因为这样区间比其他区间要短．上面用总体的方差已知时估计总体均值 μ 为例子，下面例举其他情况．

2. 总体方差 σ^2 未知时，μ 的区间估计

在实际中，经常会遇到总体的方差 σ^2 未知的情况，前面构造的 $z=\frac{\overline{X}-\mu}{\sigma/\sqrt{n}}$ 就无法再用来求置信区间了，主要是因为它除了包含待估参数 μ 以外，还含有未知变量 σ^2，在获得样本观测值后，无法计算出置信区间．此时考虑用样本方差 $S^2=\frac{1}{n-1}\sum_{i=1}^{n}(X_i-\overline{X})^2$ 来代替 σ^2，即采用统计量 $t=\frac{\overline{X}-\mu}{S/\sqrt{n}}$，而样本方差可以通过样本计算出来．需要注意的是，此时统计量 t 的分布发生了变化．由于 $t=\frac{\overline{X}-\mu}{S/\sqrt{n}}$ 服从自由度为 $(n-1)$ 的 t 分布，这个分布不含有任何未知参数，且这一结论对任意的 n 都成立．也就是说不论样本容量 n 是大还是小，$t=\frac{\overline{X}-\mu}{S/\sqrt{n}}$ 的精确分布都是自由度为 $(n-1)$ 的 t 分布 $t(n-1)$. 查自由度为 $(n-1)$ 的 t 分布表(见附录）可得满足下式的 $t_{\frac{\alpha}{2}}(n-1)$，

$$P(|t|<t_{\frac{\alpha}{2}}(n-1))=P\left(\left|\frac{\overline{X}-\mu}{S/\sqrt{n}}\right|<t_{\frac{\alpha}{2}}(n-1)\right)=1-\alpha.$$

上式经整理变形可得

$$P(\overline{X}-t_{\frac{\alpha}{2}}(n-1)\times\frac{S}{\sqrt{n}}<\mu<\overline{X}+t_{\frac{\alpha}{2}}(n-1)\times\frac{S}{\sqrt{n}})=1-\alpha.$$

正态总体方差 σ^2 未知时，总体均值 μ 的置信水平为 $(1-\alpha)$ 的(双侧)置信区间为

$$(\overline{X}-t_{\frac{\alpha}{2}}(n-1)\times\frac{S}{\sqrt{n}},\ \overline{X}+t_{\frac{\alpha}{2}}(n-1)\times\frac{S}{\sqrt{n}}),$$

抽取一个样本，得到其观测值后，即可得到总体均值 μ 的置信水平为 $1-\alpha$ 的(双侧)置信区间的观测值为 $(\overline{x}-t_{\frac{\alpha}{2}}(n-1)\times\frac{s}{\sqrt{n}},\ \overline{x}+t_{\frac{\alpha}{2}}(n-1)\times\frac{s}{\sqrt{n}})$. 下面来看关于饮料问题的例子.

例 2 A 公司生产的某饮料，瓶上标明净容量是 500 mL，在市场上随机抽取了 25 瓶，测得到其平均容量为 499.5 mL，标准差为 2.63 mL. 试求该公司生产的这种瓶装饮料的平均容量的置信水平为 99% 的置信区间(假定饮料的容量服从正态分布 $N(\mu,\sigma^2)$).

解 以 μ 表示瓶装饮料的平均容量，由已知可得，样本容量为 $n=25$，样本均值 $\overline{x}=499.5$，样本标准差为 $S=2.63$，因为置信水平 $1-\alpha=0.99$，查自由度为 $n-1=24$ 的 t 分布表得分位数 $t_{\frac{\alpha}{2}}(n-1)=t_{0.005}(24)=2.797$，所以

$$\overline{x}-t_{\frac{\alpha}{2}}(n-1)\times\frac{S}{\sqrt{n}}=499.5-2.797\times2.63/\sqrt{25}=499.5-1.4712\approx498.03,$$

$$\overline{x}+t_{\frac{\alpha}{2}}(n-1)\times\frac{S}{\sqrt{n}}=499.5+1.4712\approx500.97.$$

因此该公司生产的这种瓶装饮料的平均容量的置信水平为 99% 的置信区间为 (498.03, 500.97). 由于该区间包含了 500，故该公司的这种瓶装饮料的容量符合其包装上的标准，不存在容量不足欺骗消费者的行为.

不论样本容量 n 是大还是小，只要总体为正态分布，总体方差未知，总体均值 μ 的置信水平为 $1-\alpha$ 的(双侧)置信区间都可以进行计算. 但是由于在自由度较大时(比如大于或等于 30 或 50)，t 分布和标准正态分布极为接近，所以也可以用标准正态分布的分位数 $z_{\frac{\alpha}{2}}$ 来近似 t 分布的分位数 $t_{\frac{\alpha}{2}}(n-1)$. 实际上，也可以证明当样本容量 n 充分大时，枢轴量 $t=\dfrac{\overline{X}-\mu}{S/\sqrt{n}}$ 近似服从标准正态分布. 这也可以解释当 n 较大时，用标准正态分布的分位数 $z_{\frac{\alpha}{2}}$ 来近似 t 分布的分位数 $t_{\frac{\alpha}{2}}(n-1)$ 的合理性.

例 3 为研究某内陆湖湖水的含盐量，随机从该湖的 32 个取样点采了 32 个湖水样本，测得它们的含钠量(单位：ppm)分别为：

13.0，18.5，16.4，14.8，19.4，17.3，23.2，24.9，20.8，19.3，18.8，23.1，

15.2，19.9，19.1，18.1，25.1，16.8，20.4，17.4，25.2，23.1，15.3，19.4，16.0，21.7，15.2，21.3，21.5，16.8，15.6，17.6

假设湖水中钠的含量为随机变量 X，服从正态分布 $N(\mu, \sigma^2)$，试求湖水钠的平均含量 μ 的 95% 置信区间．

解　由已知可得，样本容量为 $n=32$，样本均值 $\overline{x}=19.0688$，样本标准差为 $S=3.2555$，因为置信水平 $1-\alpha=0.95$，查自由度为 $n-1=31$ 的 t 分布表得分位数 $t_{\frac{\alpha}{2}}(n-1)=t_{0.025}(31)=2.04$，所以

$$\overline{x}-t_{\frac{\alpha}{2}}(n-1)\times\frac{S}{\sqrt{n}}=19.0688-2.04\times3.2555/\sqrt{32}=19.0688-1.1737\approx17.90,$$

$$\overline{x}+t_{\frac{\alpha}{2}}(n-1)\times\frac{S}{\sqrt{n}}=19.0688+1.1737\approx20.24.$$

因此湖水钠的平均含量 μ 的 95% 置信区间为(17.90，20.24)．如果用正态分布近似，$z_{0.05}(31)=1.96$，则湖水钠的平均含量 μ 的 95% 近似置信区间为(17.94，20.20)．

本题也可用 Excel 求解，如下：

(1) 将数据输入工作表中；

(2) 选择菜单“工具”—“数据分析”，打开“数据分析”对话框，如图 10-1 所示；

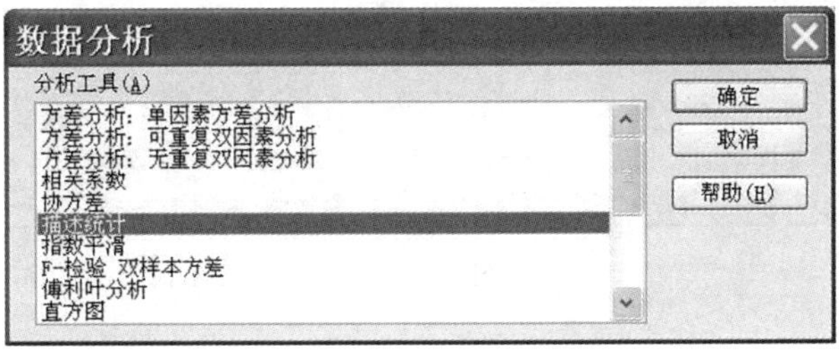

图 10-1

(3) 选择其中的“描述统计”，打开对话框，如图 10-2 所示；

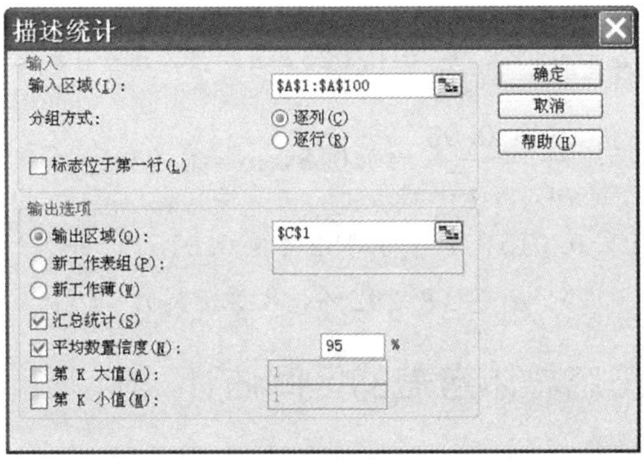

图 10-2

(4) 正确填写相关信息后，点“确定”，结果在 C1 到 D16 这个区域内显示，如图 10-3 所示；

(5) 在 F12 中输入＝TINV(0.05，31)＊D7/SQRT(D15)，按 ENTER 键即可计算得 $t_{\frac{\alpha}{2}}(n-1)\times\frac{s}{\sqrt{n}}$ 的值，结果如图 10－3 所示；

(6) 在 F10 中输入＝D3－TINV(0.05，32－1)＊D7/SQRT(D15)，按 ENTER 键即可计算得 $\overline{x}-t_{\frac{\alpha}{2}}(n-1)\times\frac{s}{\sqrt{n}}$ 的值，结果如图 10－3 所示；

(7) 在 G10 中输入＝D3＋TINV(0.05，32－1)＊D7/SQRT(D15)，按 ENTER 键即可计算得 $\overline{x}+t_{\frac{\alpha}{2}}(n-1)\times\frac{s}{\sqrt{n}}$ 的值，结果如图 10－3 所示．

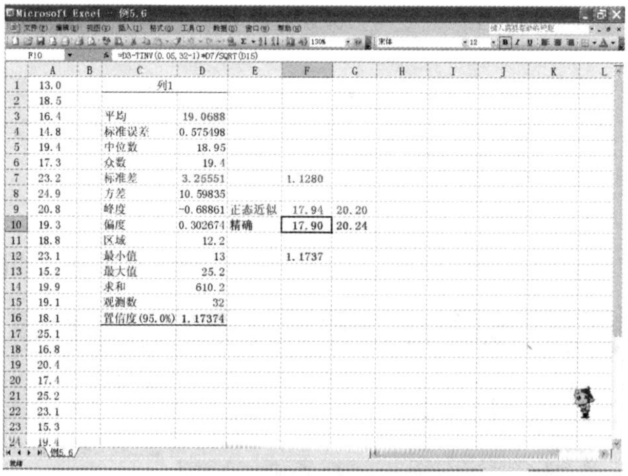

图 10－3

例 4 为确定某种溶液中的甲醛溶液，取样本 x_1，x_2，x_3，x_4，测得其平均值 $\overline{x}=8.34\%$. 样本标准差 $S=0.03\%$，并设被测总体近似服从正态分布，求总体均值 μ 的 95% 的置信区间．

解 由题意，$1-\alpha=95\%$，$\frac{\alpha}{2}=0.025$，$n=4$，$n-1=3$，

查表 $t_{0.025}(3)=3.182\ 45$，$\frac{S}{\sqrt{n}}=\frac{0.03}{\sqrt{4}}=0.015$，$\overline{x}=8.34$，

所以 $\mu\in(\overline{x}-3.182\ 4\times0.015,\ \overline{x}+3.182\ 4\times0.015)$，即

$$\mu\in(8.292\%,\ 8.338\%).$$

10.3.3 单个正态总体方差的区间估计

1. 总体均值 μ 未知时，σ^2 区间估计

因为 $\frac{(n-1)S^2}{\sigma^2}\sim\chi^2(n-1)$，$P\left(\chi^2_{1-\frac{\alpha}{2}}(n-1)<\frac{(n-1)S^2}{\sigma^2}<\chi^2_{\frac{\alpha}{2}}(n-1)\right)=1-\alpha$，

由不等式 $\chi^2_{1-\frac{\alpha}{2}}(n-1) < \frac{(n-1)S^2}{\sigma^2} < \chi^2_{\frac{\alpha}{2}}(n-1)$ 推得

$$\frac{(n-1)S^2}{\chi^2_{\frac{\alpha}{2}}(n-1)} < \sigma^2 < \frac{(n-1)S^2}{\chi^2_{1-\frac{\alpha}{2}}(n-1)},$$

开方后是 σ 的区间估计.

例 5 在例 4 中求总体方差 σ^2 的 95% 的置信区间.

解 $S=0.03\%$，$S^2=0.000\,9/100\,000=9\times 10^{-8}$，查表 $\chi^2_{0.025}(3)=9.348$，$\chi^2_{0.975}(3)=0.216$，则

$$\sigma^2 \in \left(\frac{3\times 9\times 10^{-8}}{9.348}, \frac{3\times 9\times 10^{-8}}{0.216}\right)=(2.9\times 10^{-8}, 125\times 10^{-8}).$$

2. 总体均值 μ 已知时，σ^2 的区间估计

设 X_1，…，X_n 是来自正态总体 $N(u, \sigma^2)$ 的一个随机样本，这里 σ^2 未知. 当总体均值 μ 已知时，可以取 $\chi^2=\frac{\sum_{i=1}^{n}(X_i-\mu)^2}{\delta^2}$ 为枢轴量，它的精确分布是自由度为 n 的卡方分布 $\chi^2(n)$，由

$$P(\chi^2_{1-\frac{\alpha}{2}}(n) < \chi^2 < \chi^2_{\frac{\alpha}{2}}(n))=1-\alpha,$$

即 $P\left(\chi^2_{1-\frac{\alpha}{2}}(n) < \frac{\sum_{i=1}^{n}(X_i-\mu)^2}{\delta^2} < \chi^2_{\frac{\alpha}{2}}(n)\right)=1-\alpha$ 得

$$P\left(\frac{\sum_{i=1}^{n}(X_i-\mu)^2}{\chi^2_{\frac{\alpha}{2}}(n)} < \sigma^2 < \frac{\sum_{i=1}^{n}(X_i-\mu)^2}{\chi^2_{1-\frac{\alpha}{2}}(n)}\right)=1-\alpha.$$

所以，单正态总体方差 σ^2 的置信水平为 $1-\alpha$ 的(双侧) 置信区间为

$$\left(\frac{\sum_{i=1}^{n}(X_i-\mu)^2}{\chi^2_{\frac{\alpha}{2}}(n)}, \frac{\sum_{i=1}^{n}(X_i-\mu)^2}{\chi^2_{1-\frac{\alpha}{2}}(n)}\right).$$

这里 $\chi^2_{\frac{\alpha}{2}}(n)$ 和 $\chi^2_{1-\frac{\alpha}{2}}(n)$ 可查自由度为 n 的卡方分布表(见附录) 得到.

总体均值 μ 已知的情形并不多见，更常见的是总体均值 μ 也未知. 在 μ 未知时，则取 $\chi^2=\frac{\sum_{i=1}^{n}(X_i-\overline{X})^2}{\sigma^2}=\frac{(n-1)S^2}{\sigma^2}$ 为枢轴量，它服从 $\chi^2(n-1)$. 类似于上面的推导，可以得到单正态总体方差 σ^2 的置信水平为 $1-\alpha$ 的(双侧) 置信区间为

$$\left(\frac{(n-1)S^2}{\chi^2_{\frac{\alpha}{2}}(n-1)}, \frac{(n-1)S^2}{\chi^2_{1-\frac{\alpha}{2}}(n-1)}\right).$$

这里样本方差 $S^2=\frac{1}{n-1}\sum_{i=1}^{n}(X_i-\overline{X})^2$. 总体标准差 σ 的置信水平为 $1-\alpha$ 的(双侧)

置信区间为$\left(\sqrt{\dfrac{(n-1)S^2}{\chi^2_{\frac{\alpha}{2}}(n-1)}},\ \sqrt{\dfrac{(n-1)S^2}{\chi^2_{1-\frac{\alpha}{2}}(n-1)}}\right)$.

例 6 令随机变量 X 表示春季捕捉到的某种鱼的体长(单位：cm)，假定这种鱼的体长服从正态分布 $N(\mu, \sigma^2)$，现在随机抽取了 13 条鱼，测量它们的体长分别为：

13.1，5.1，18.0，8.7，16.5，9.8，6.8，12.0，17.8，25.4，19.2，15.8，23.0

求总体方差 σ^2 和总体标准差 σ 的置信水平为 95% 的(双侧) 置信区间.

解 由于总体均值也未知，$n=13$，由 Excel 计算得样本均值 $\overline{X}=14.7077$，样本方差 $S^2=\dfrac{1}{n-1}\sum_{i=1}^{n}(X_i-\overline{X})^2=37.7508$，因为 $1-\alpha=0.95$，所以 $\alpha/2=0.025$，$1-\alpha/2=0.975$，查自由度为 12 的卡方分布表得

$$\chi^2_{\frac{\alpha}{2}}(n-1)=\chi^2_{0.025}(12)=23.3367,\quad \chi^2_{1-\frac{\alpha}{2}}(n-1)=\chi^2_{0.975}(12)=4.4038,$$

$$\frac{(n-1)S^2}{\chi^2_{\frac{\alpha}{2}}(n-1)}<\sigma^2<\frac{(n-1)S^2}{\chi^2_{1-\frac{\alpha}{2}}(n-1)},$$

$$\frac{12\times 37.7508}{23.3367}<\sigma^2<\frac{12\times 37.7508}{23.3367}<\sigma^2<\frac{12\times 37.7508}{4.4038},$$

$$19.4119<\sigma^2<102.8681,$$

所以，总体方差 σ^2 的置信水平为 95% 的(双侧) 置信区间为(19.41，102.87). 总体标准差 σ 置信水平为 95% 的(双侧) 置信区间为$(\sqrt{19.4119}, \sqrt{102.8681})$. 如图 10-4 所示.

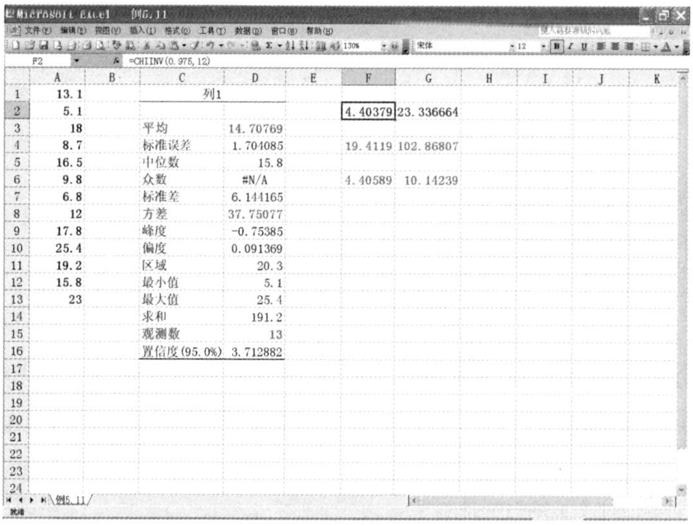

	A	B	C	D	E	F	G
1	13.1		列1				
2	5.1					4.40379	23.336664
3	18		平均	14.70769			
4	8.7		标准误差	1.704085		19.4119	102.86807
5	16.5		中位数	15.8			
6	9.8		众数	#N/A		4.40589	10.14239
7	6.8		标准差	6.144165			
8	12		方差	37.75077			
9	17.8		峰度	-0.75385			
10	25.4		偏度	0.091369			
11	19.2		区域	20.3			
12	15.8		最小值	5.1			
13	23		最大值	25.4			
14			求和	191.2			
15			观测数	13			
16			置信度(95.0%)	3.712882			

图 10-4

习题 10

1. 设 X_1，X_2，…，X_n 是正态总体 $X \sim N(\mu, 1)$ 的一个样本，求 μ 的最大似然估计量.

2. 某工地加工固定模板所用的螺杆其直径服从正态分布，即 $X \sim N(\mu, 0.3^2)$，现随机抽取 5 根，测得直径(单位：mm) 分别为：22.3，21.5，22.0，21.8，21.4，试求直径 μ 的置信系数为 $1-\alpha=95\%$ 的置信区间.

3. 某土石方填筑工程，其填筑密度服从正态分布 $N(\mu, \sigma^2)$，抽取一个容量 $n=10$ 的样本，计算得到其修正后的样本方差 $S_{n-1}^2=0.058$. 求参数 σ^2 的置信系数 $1-\alpha=0.95$ 的置信区间.

4. 已知某电子管的使用寿命服从正态分布(单位：h)，即 $X \sim N(\mu, \sigma^2)$，现从一批电子管中随机抽取 16 只，检测结果，样本平均寿命为 1 950，标准差为 300，试求这批电子管的平均寿命及其方差、标准差的置信区间($\alpha=0.05$).

5. 已知钢材的屈服点服从正态分布，即 $X \sim N(\mu, \sigma^2)$，现从一批钢材中随机抽取 20 根，检测结果，样本平均屈服点为 5.21，方差为 0.049，试求这批钢材的屈服点总体均值及其方差的置信区间($\alpha=0.05$).

6. 设 X_1，X_2，…，X_n 是正态总体 $X \sim N(\mu, 1)$ 的一个样本，求 μ 的最大似然估计量.

7. 某工厂日产某电子元件 2 000 只，最近几次抽样调查所得的产品不合格率分别 0.046，0.035，0.050，现为了调查产品的不合格率，至少应抽查多少只产品才能以 95.45% 的概率保证抽样误差不超过 2%?

8. 工程师对一批钢材直径进场检查，随机抽取 16 件，测得它们的直径(单位：mm) 为

12.15	12.12	12.01	12.28	12.09	12.16	12.03	12.01
12.06	12.13	12.07	12.11	12.08	12.01	12.03	12.06

试在 0.95 置信水平下估计该批钢材直径方差的置信区间.

9. 从甲、乙两村的农户中，分别抽取 10 户做调查，每户每日的平均收入(单位：元) 如下：

甲村：146，141，138，142，140，143，138，137，142，137

乙村：141，143，139，139，140，141，138，140，142，136

假设收入服从正态分布，试求两村的农户日均收入方差之比的置信水平为 95% 的置信区间.

第 11 章　假设检验

本章导读

统计推断的另一类重要问题是假设检验问题，在科学研究和生产、生活实践中应用非常广泛，在数理统计和实际应用中占有重要地位．在总体的分布函数完全未知或只知其形式但不知其参数的情况，为了推断总体的某些未知特性，提出某些关于总体的假设，根据抽取的样本观测值，运用数理统计的分析方法，检验这种假设是否正确，从而决定接受或拒绝所作假设，这就是假设检验问题．

本章重点

- 掌握假设检验的基本概念.
- 掌握假设检验的一般步骤.
- 了解假设检验的基本原理.
- 熟悉参数的假设检验.

素质目标

- 培养学生的实用技能，能将所学知识应用到具体的生活中解决实际问题.
- 培养学生在遇到困难或挫折时，保持冷静，抑制负面情绪或行动，提升自我控制能力.

11.1　假设检验的基本概念

本节主要介绍假设检验的一些基本概念，包括假设检验的基本原理、基本步骤以及可能犯的两类错误．

11.1.1　假设检验的基本思想

在假设检验时首先要提出一个假设，称作原假设，又称零假设或虚拟假设等，通常用 H_0 表示．而当原假设不成立时必然选择的假设称为备择假设，记为 H_1.

例如：某车间用一台打包机包装糖，设包装的袋装糖重量近似服从正态分布．长期实践表明，标准差 $\sigma=10$ 克，当机器正常工作时，其均值为 500 克．为检验某天打包机是否正常，从该天所包装的糖中取出 16 袋，称得其样本均值为 510 克，问这天的打包机工作是否正常？

分析　设包装的袋装糖重量为 X，则服从正态分布 $N(\mu, \sigma^2)$，且 $\sigma=10$，要判断该天的打包机工作是否正常，就是要判断这一天打包机包装的袋装糖重量 X 的均值 μ 是否等于 500，所以选择 $\mu=500$ 为原假设，$\mu\neq 500$ 为备择假设．不妨设

$$H_0: \mu=500;\ H_1: \mu\neq 500.$$

基本思路是：给出一个合理的法则，根据这一个法则，利用已知样本作出决策是接受假设 H_0，还是拒绝假设 H_0．如果作出的决策是接受，则认为 $\mu=500$ 克，即认为机器正常工作，否则认为是不正常的．

这个问题是在正态分布总体方差已知时对总体均值的假设检验问题．这种总体分布类型已知，对总体未知参数作的假设进行的检验称为参数假设检验．否则称为非参数假设检验．本书只讨论参数假设检验问题．

在此例中，问这天的打包机工作是否正常，这一问题转化为提出假设

$$H_0: \mu=500;\ H_1: \mu\neq 500.$$

其中 H_0 为原假设，H_1 为备择假设．

这里的假设涉及总体均值 μ，故首先想到是否可以借助样本均值 $\overline{X}$ 这一统计量来进行检验．我们知道 $\overline{X}$ 是 μ 的无偏估计量，样本均值的大小在一定程度上反映总体均值的大小．因此，如果 H_0 为真，则 $\overline{X}$ 与 500 的偏差 $|\overline{X}-500|$ 一般不应该太大，若 $|\overline{X}-500|$ 过大，就有理由怀疑原假设 H_0 的正确性而拒绝 H_0．即当 H_0 为真时，可适当选定一正数 k，事件 $\{|\overline{X}-500|\geqslant k\}$ 应该是一个小概率事件，一般用一个很小的正数 α 来描述其发生的概率，根据小概率事件原理，概率小的事件在一次试验中是不可能发生的，如果在一次试验中小概率事件居然发生了，则有理由怀疑该事件的前提条件的正确性．若当 H_0 为真时，如果根据 $\overline{X}$ 的观测值 $\overline{x}$，计算出 $|\overline{X}-500|\geqslant k$，则认为原假设 H_0 是不成立的，原因是在一次试验中小概率事件竟然发生了；否则只能接受 H_0．由于当 H_0 为真时，统计量

$$Z=\frac{\overline{X}-500}{\sigma/\sqrt{n}}\sim N(0,\ 1).$$

所以衡量 $|\overline{X}-500|$ 的大小可归结为衡量 $\dfrac{|\overline{X}-500|}{\sigma\sqrt{n}}$ 的大小．基于以上分析，我们可适当选定一个很小的正数 α，确定 k，使

$$\left\{\frac{|\overline{X}-500|}{\sigma\sqrt{n}}\geqslant\frac{k}{\sigma\sqrt{n}}\right\}=\alpha.$$

由标准正态分位点的定义得

$$z_{\alpha/2}=\frac{k}{\sigma\sqrt{n}}$$

计算统计量 Z 的观测值 $z=\dfrac{|\overline{X}-500|}{\sigma\sqrt{n}}$，当 $|z|\geqslant z_{\alpha/2}$ 时，说明在一次抽样中小概

率事件发生了，从而拒绝 H_0；反之，就接受 H_0. 在检验时，α 是一个事先给定的很小的正数，由于 α 很小，一般取 $\alpha=0.05$，$\alpha=0.01$ 等，称之为显著性水平，$z_{\alpha/2}-z_{\alpha/2}$ 称为临界值，$|z|\geqslant z_{\alpha/2}$ 为拒绝域，$|z|<z_{\alpha/2}$ 为接受域.

在引例中，如果取显著水平 $\alpha=0.05$，则

$$z_{\alpha/2}=z_{0.025}=1.96.$$

又已知，$n=16$，$\sigma=10$，$\overline{x}=510$，从而有

$$\frac{|\overline{x}-500|}{\sigma/\sqrt{n}}=4>1.96.$$

即上述小概率事件在一次试验中竟然发生了，我们就有理由怀疑原假设 H_0 的正确性，从而拒绝原假设 H_0，接受 H_1，认为这天的打包机工作不正常.

11.1.2 假设检验中的两类错误

从假设检验的原理与规则可以看到，它是根据小概率原理来判断的，因此有可能会判断错误. 因为在原假设为真的情况下，很可能有些样本统计量的估计值会落入小概率的拒绝域内而按决策规则加以拒绝. 另外，在原假设非真的情况下也有可能有一些统计量的估计值落入接受域的范围之内而接受原假设. 因此可以把这些情况归结为两类错误.

(1) 第一类错误：弃真

原假设 H_0 实际是正确的，而检验结果被错误地拒绝了，犯了弃真的错误，犯错误的概率就是 α，所以也叫 α 错误或称第一类错误，也可称弃真错误. 犯第一类错误地概率记为 α(拒绝 H_0，H_0 为真).

(2) 第二类错误：纳伪

这是指原假设 H_0 为非真而却予以接受的错误，这是一种取伪的错误，这种错误发生的概率记为 P(接受 H_0，H_0 为假)，通常称这种错误为第二类错误，或称纳伪错误.

当然，在确定检验法则时应尽可能使犯这两类错误的概率都较小. 但是，当样本容量固定时，减少犯第一类错误的概率，则会增加犯第二类错误的概率. 反之，减少犯第二类错误的概率，则会增加犯第一类错误的概率. 若要使犯两类错误的概率同时减少，可增加样本的容量. 但对于给定容量的样本，一般先控制犯第一类错误的概率，让它的概率小于或等于事先给定的显著性水平，我们称这种检验为显著性检验. 检验决策与两类错误的关系如表 11－1 所示.

表 11－1 检验决策与两类错误关系表

状况 \ 检验决策	为真	为非真
拒绝原假设	犯弃真(第一类) 错误	正确
接受原假设	正确	犯取伪(第二类) 错误

11.1.3 假设检验的基本步骤

从上面的讨论可知，假设检验可按如下基本步骤进行.

(1) 根据研究问题的需要，充分考虑和利用已知的背景知识，提出原假设 H_0 和备择假设 H_1.

(2) 构造适当的统计量，并在 H_0 成立的条件下确定统计量的分布.

(3) 对于给定的显著性水平 α，由 P(拒绝 H_0，H_0 为真) 查表求得临界值，确定拒绝域和接受域.

(4) 求检验统计量的观测值，看它属于接受域还是拒绝域，从而作出接受 H_0 还是拒绝 H_0 的决策.

11.2 单个正态总体参数的假设检验

本节主要介绍单个正态总体参数的假设检验问题.

11.2.1 单个正态总体均值 μ 的假设检验

设总体 $X \sim N(\mu, \sigma^2)$，抽取容量为 n 的样本 $X_1, X_2, \cdots, X_n$，样本均值与样本方差分别是

$$\overline{X}=\frac{1}{n}\sum_{i=1}^{n}X_i,\quad S^2=\frac{1}{n-1}\sum_{i=1}^{n}(X_i-\overline{X})^2.$$

下面对于给定的显著性水平 α，考虑参数 μ 的某些假设问题.

1. 方差 σ^2 已知，关于总体均值 μ 的假设检验(z 检验法)

(1) 检验假设 H_0：$\mu=\mu_0$；H_1：$\mu\neq\mu_0$

选择检验统计量

$$Z=\frac{\overline{X}-\mu_0}{\sigma\sqrt{n}}\sim N(0, 1),$$

对于给定的显著性水平 α，根据

$$P\{|Z|\geqslant z_{\alpha/2}\}$$

来确定拒绝域，如图 11-1 所示.

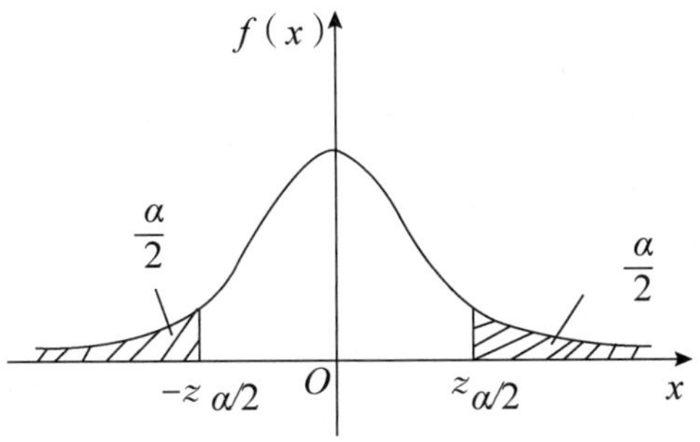

图 11-1

由图 11-1 可知，

$$P\{Z<-z_{\alpha/2}\}+P\{Z>z_{\alpha/2}\}=\alpha,$$

从而有

$$P\{Z<-z_{\alpha/2}\}=\frac{\alpha}{2},$$

$$P\{Z>-z_{\alpha/2}\}=1-\frac{\alpha}{2}.$$

利用概率 $1-\frac{\alpha}{2}$，反查标准正态分布函数表，得双侧 α 分位点(即临界值)$z_{\alpha/2}$.

另一方面，利用样本观察值 x_1，x_2，…，x_n 计算统计量 Z 的观察值

$$Z_0=\frac{\overline{x}-\mu_0}{S/\sqrt{n}},$$

若 $|Z_0|>z_{\alpha/2}$，则在显著性水平 α 下，拒绝原假设 H_0(接受备择假设 H_1)；

若 $|Z_0|\leqslant z_{\alpha/2}$，则在显著性水平 α 下，接受原假设 H_0，认为 H_0 正确.

(2) 检验假设 H_0：$\mu\leqslant\mu_0$；H_1：$\mu>\mu_0$

当 H_0 为真时，对于给定的显著性水平 α，根据

$$P\{Z\geqslant z_{\alpha}\}=\alpha$$

查标准正态分布函数表的临界值 z_{α}，从而确定拒绝域 $Z\geqslant z_{\alpha}$，如图 11-2 所示.

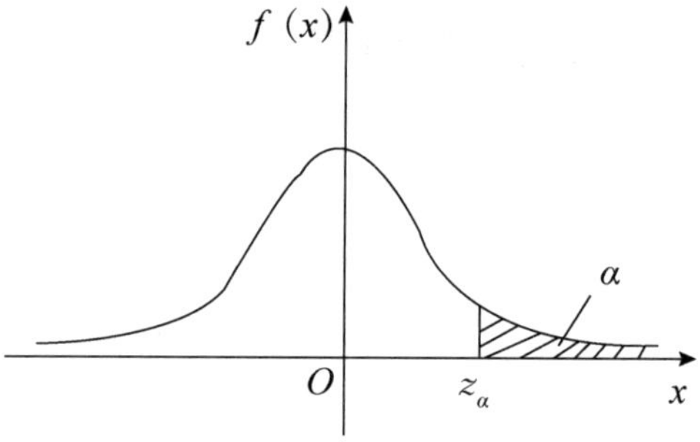

图 11-2

3. 检验假设 H_0：μ_0；H_1：$\mu<\mu_0$

当 H_0 为真时，对于给定的显著性水平 α，根据

$$P\{Z\leqslant -z_{\alpha}\}=\alpha$$

查标准正态分布函数表的临界值 $-z_{\alpha}$，从而确定拒绝域 $Z\leqslant -z_{\alpha}$，如图 11-3 所示.

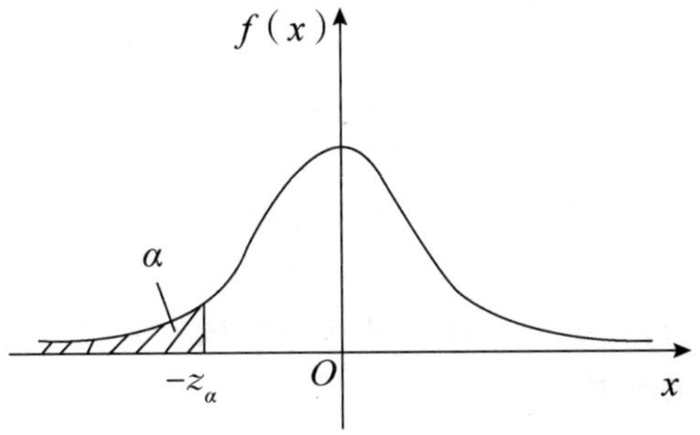

图 11－3

例 1　根据长期经验和资料的分析，某砖厂生产的砖的“抗断强度”X 服从正态分布，方差 $\sigma^2=121$. 从该厂产品中随机抽取 6 块，测得抗断强度如下(单位：$\mathrm{kg\cdot cm^2}$)：

$$32.56,\ 29.66,\ 31.64,\ 30.00,\ 31.87,\ 31.03$$

检验这批砖的平均抗断强度为 $32.50\ \mathrm{kg\cdot cm^2}$ 是否成立？(取 $\alpha=0.05$，并假设砖的抗断强度的方差不会有什么变化)？

解　(1) 提出假设

$$H_0:\mu=\mu_0=32.50;\ H_1:\mu\neq 32.50.$$

(2) 若 H_0 为真，选取统计量

$$Z=\frac{\overline{X}-\mu_0}{\sigma/\sqrt{n}}\sim N(0,\ 1).$$

(3) 对给定的显著性水平 $\alpha=0.05$，求 $z_{\alpha/2}$ 使

$$P\{|Z|\geqslant z_{\alpha/2}\}=\alpha,$$

查表可得 $z_{\alpha/2}=z_{0.025}=1.96$. 从而拒绝域为 $|Z|\geqslant 1.96$.

(4) 计算统计量 Z 的观察值

$$|Z_0|=\left|\frac{\overline{x}-\mu_0}{\sigma/\sqrt{n}}\right|=\left|\frac{31.13-32.50}{11\sqrt{6}}\right|=3.05>z_{0.025}=1.96.$$

(5) 由于 $|Z_0|=3.05>z_{0.025}=1.96$，所以在显著性水平 $\alpha=0.05$ 下否定 H_0，即不能认为这批产品的平均抗断强度是 $32.50\ \mathrm{kg\cdot cm^2}$.

例 2　一个生产宇航飞行器的工厂需要经常购置一种耐高温的零件，要求抗热的平均温度是 1 500 ℃. 在过去，供货者提供的产品都符合要求，并从大量的数据获知零件抗热的标准差是 120 ℃. 在最近的一批进货中随机测试了 100 个零件，其平均的抗热温度为 1 450 ℃，能否接受这批产品？工厂希望“对实际符合要求的产品被错误地加以拒绝”的风险为 0.05(即 $a=0.0.5$).

解　检验的步骤如下：

(1) 提出假设

$$H_0:\mu\geqslant 1\,500,\ H_1:\mu<1\,500.$$

(2) 若 H_0 为真，选取统计量

$$Z=\frac{\overline{X}-\mu_0}{\sigma/\sqrt{n}}\sim N(0,1).$$

(3) 对给定的显著性水平 $\alpha=0.05$，求 $-z_\alpha$，使

$$P\{Z\leqslant -z_\alpha\}=\alpha,$$

查表可得 $-z_\alpha=-z_{0.05}=-1.645$. 从而拒绝域为 $Z\leqslant -z_\alpha=-1.645$.

(4) 计算统计量 Z 的观察值

$$Z_0=\frac{\overline{x}-\mu_0}{\sigma/\sqrt{n}}=\frac{1450-1500}{120/\sqrt{100}}=-4.167.$$

(5) 由于 $Z_0=-4.167<-z_\alpha$，所以拒绝 H_0，接受 H_1，表明这批产品零件的抗高温性能低于 5 000 ℃，不符合要求，因此不能接受这批产品.

2. 方差 σ^2 未知，关于总体均值 μ 的假设检验(t 检验法)

(1) 检验假设，H_0：$\mu=\mu_0$；H_1：$\mu\neq\mu_0$

由于 σ^2 未知，$\dfrac{\overline{X}-\mu_0}{\sigma/\sqrt{n}}$ 便不是统计量，这时可以用 σ^2 的无偏估计量 —— 样本方差 S^2 代替 σ^2，由于当 H_0 为真时，

$$\frac{\overline{X}-\mu_0}{S/\sqrt{n}}\sim t(n-1).$$

故选取样本的函数

$$T=\frac{\overline{X}-\mu_0}{S/\sqrt{n}}$$

作为检验统计量.

当 H_0 为真($\mu=\mu_0$)时，对给定的检验显著性水平 α，由

$$P\{|T|\geqslant t_{\alpha/2}\}(n-1)=\alpha$$

直接查 t 分布表可得 t 分布分位点 $t_{\alpha/2}(n-1)$，如图 11－4 所示.

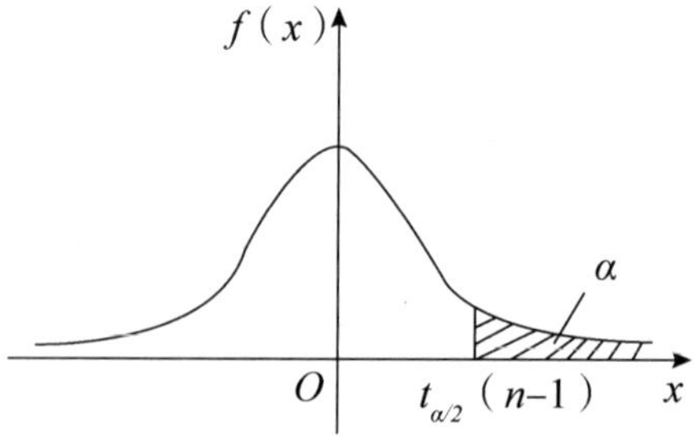

图 11－4

利用样本观察值，计算统计量的观察值 t.

因而原假设 H_0 的拒绝域为

$$|t|=\left|\frac{\overline{x}-\mu_0}{S/\sqrt{n}}\right|\geqslant t_{\alpha/2}(n-1),$$

所以，若

$$|t_0|\geqslant t_{\alpha/2}(n-1),$$

则拒绝 H_0，接受 H_1；若

$$|t_0|< t_{\alpha/2}(n-1),$$

则接受原假设 H_0.

(2) 检验假设 H_0：$\mu\leqslant\mu_0$；H_1：$\mu>\mu_0$

当 H_0 为真时，对于给定的显著性水平 α，查 t 分布表的临界值 $t_\alpha(n-1)$，从而确定拒绝域，如图 11 - 5 所示 .

$$t=\frac{\overline{x}-\mu_0}{S/\sqrt{n}}>t_\alpha(n-1).$$

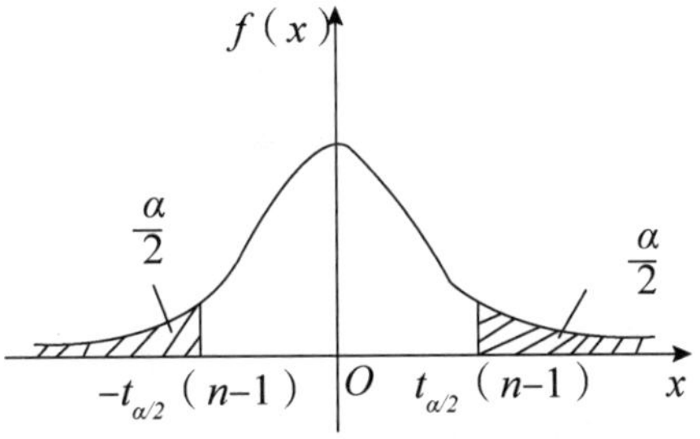

图 11 - 5

(3) 检验假设，H_0：$\mu\geqslant\mu_0$；H_1：$\mu<\mu_0$

当 H_0 为真时，对于给定的显著性水平 α，根据

$$P\{Z\leqslant -z_\alpha\}=\alpha$$

查 t 分布表的临界值 $-t_\alpha$，从而确定拒绝域 $t=\dfrac{\overline{x}-\mu_0}{S/\sqrt{n}}<-t_\alpha(n-1)$，如图 11 - 6 所示 .

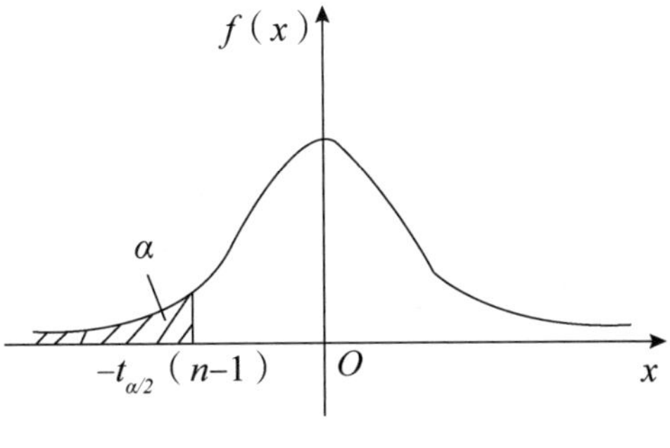

图 11 - 6

上述利用 t 统计量得出的检验法称为 t 检验法 .

在实际中，正态总体的方差常为未知量，所以我们常用检验法来检验关于正态总

体均值的问题.

例 3 某批大米的包装要求定额质重量为50 kg，某日随机抽取一批待运出的9袋大米，称其质量为：

49.6，49.3，50.1，50.0，49.2，49.9，49.8，51.0，50.2

设每袋质量服从正态分布．问该批大米是否合格？($\alpha = 0.05$)

解 按题意建立检验假设

$$H_0: \mu = 50, H_1: \mu \neq 50.$$

当 H_0 为真时，选择检验统计量

$$T = \frac{\overline{X} - \mu_0}{S/\sqrt{n}} \sim t(8).$$

根据题中条件可得：$\mu_0 = 50$，$S^2 = 0.29$，$n = 9$，$\overline{x} = 49.9$，则统计量 t 的值为

$$|t_0| = \left|\frac{\overline{x} - \mu_0}{S/\sqrt{n}}\right| = 0.56.$$

当 $\alpha = 0.05$ 时，临界值 $t_\alpha(8) = 2.306$，因为 $|t_0| = 0.56 < 2.306$，所以接受 H_0，说明这批大米是合格的.

11.2.2 单个正态总体方差 σ^2 的假设检验(χ^2 检验法)

设总体 $X \sim N(\mu, \sigma^2)$，抽取容量为 n 的样本 X_1，X_2，…，X_n，样本均值与样本方差分别是

$$\overline{X} = \frac{1}{n}\sum_{i=1}^{n} X_i, \ S^2 = \frac{1}{n-1}\sum_{i=1}^{n}(X_i - \overline{X})^2.$$

这里仅考虑未知的情况．因为当 χ 为真时，

$$\frac{(n-1)S^2}{\sigma_0^2} \sim \chi^2(n-1),$$

所以取

$$\chi^2 = \frac{(n-1)S^2}{\sigma_0^2} \sim \chi^2(n-1).$$

1. 检验假设 H_0：$\sigma^2 = \sigma_0^2$；H_1：$\sigma^2 \neq \sigma_0^2$

当 H_0 为真($\mu = \mu_0$)，对给定的检验显著性水平 α，由

$$P\{\chi^2 > \chi^2_{\alpha/2}(n-1)\} = \frac{\alpha}{2},$$

或

$$P\{\chi^2 < \chi^2_{1-\alpha/2}(n-1)\} = \frac{\alpha}{2}.$$

查表得临界值 $\chi^2_{\alpha/2}(n-1)$ 和 $\chi^2_{1-\alpha/2}(n-1)$．计算统计量 χ^2 的观测值，若 $\chi^2 \geqslant \chi^2_{\alpha/2}(n-1)$ 或 $\chi^2 \leqslant \chi^2_{1-\alpha/2}(n-1)$，则拒绝，否则接受，从而确定拒绝域，如图 11－7 所示.

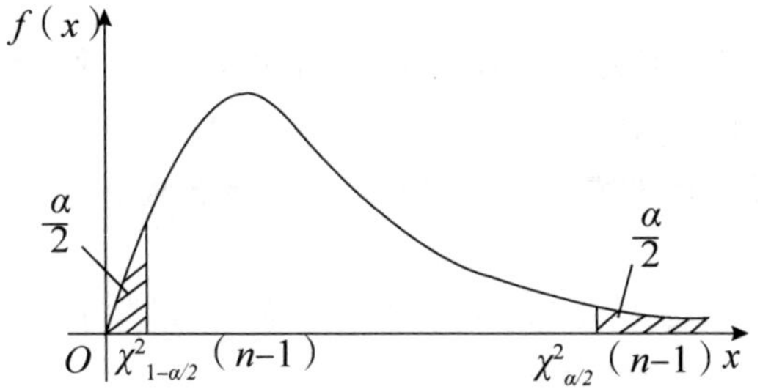

图 11 - 7

2. 检验假设，H_0：$\sigma^2 \geqslant \sigma_0^2$；$H_1$：$\sigma^2 < \sigma_0^2$，可得拒绝域(图 11 - 8)

$$\chi^2 = \frac{(n-1)S^2}{\sigma_0^2} \leqslant \chi^2_{1-\alpha}(n-1).$$

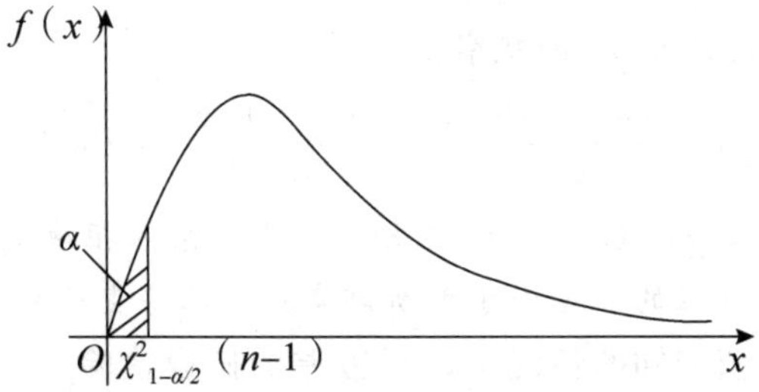

图 11 - 8

3. 检验假设 H_0：$\sigma^2 \leqslant \sigma_0^2$；$H_1$：$\sigma^2 > \sigma_0^2$

$$\chi^2 = \frac{(n-1)S^2}{\sigma_0^2} \geqslant \chi^2_{1-\alpha}(n-1).$$

可得拒绝域如图 11 - 9 所示 .

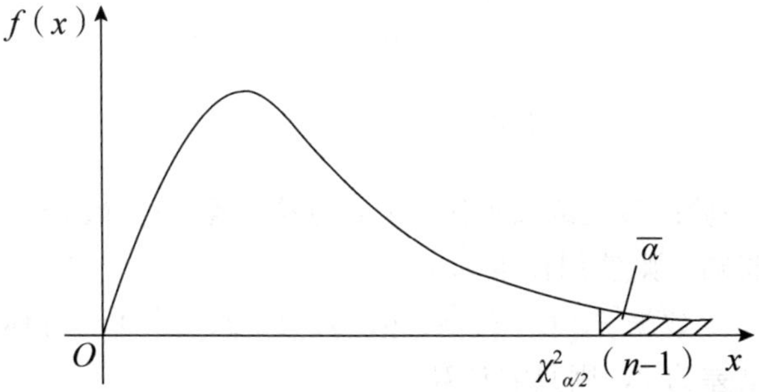

图 11 - 9

这种用服从 χ^2 分布的统计量对个单正态总体方差进行假设检验的方法，称为 χ^2 检验法 .

例 4 现进行某项工艺革新，从革新后的产品中抽取25个零件，测量其直径，计算得样本方差为 $S^2=0.000\ 66$，已知革新前零件直径的方差 $\sigma^2=0.001\ 2$，设零件直径服从正态分布，问革新后生产的零件直径的方差是否显著减小？（$\alpha=0.05$）

解 (1) 提出假设

$$H_0: \sigma^2 \geqslant \sigma_0^2=0.001\ 2;\ H_1: \sigma^2<\sigma_0^2.$$

(2) 当 H_0 为真时，选取统计量

$$\chi^2=\frac{(n-1)S^2}{\sigma_0^2}\sim\chi^2(24),$$

(3) 对于显著性水平 $\alpha=0.05$，查 χ^2 分布表得

$$\chi_{1-n}^2(1-n)=\chi_{0.095}^2(24)=13.848,$$

故拒绝域为

$$\chi^2 \leqslant \chi_{1-\alpha}^2(n-1)=13.848.$$

(4) 根据样本观察值计算 χ^2 的观察值

$$\chi^2=\frac{(n-1)S^2}{\sigma_0^2}=\frac{24\times 0.000\ 66}{0.001\ 2}=13.2.$$

(5) 由于 $\chi^2=13.2<\chi_{1-\alpha}^2(n-1)=13.848$，即 χ^2 落入拒绝域中，所以拒绝 H_0，即认为革新后生产的零件直径的方差小于革新前生产的零件直径的方差.

以上讨论的是在均值未知的情况下，对方差的假设检验，这种情况在实际问题中较多. 至于均值已知的情况下，对方差的假设检验，其方法类似，只是所选的统计量为

$$\chi^2=\frac{\sum_{i-1}^{n}(X_i-\mu_0)}{\sigma_0^2}.$$

对于总体方差 σ^2 已知时，进行单个正态总体均值的 Z 检验 H_0：$\mu=\mu_0$，可利用检验统计量 $Z=\dfrac{\overline{X}-\mu_0}{\sigma/\sqrt{n}}$ 来进行.

Excel 中，可利用函数 ZTEST 进行，其格式为 ZTEST(array，a，sigma) 返回检验的双侧概率 P 值 $P\{|Z|>z\}$，其中 $Z=\dfrac{\overline{X}-\alpha}{\sigma/\sqrt{n}}$.

其中：array 为用来检验的数组或数据区域；α 为被检验的已知均值，即 sigma 为已知的总体标准差，如果省略，则使用样本标准差.

例如，要检验样本数据 3，6，7，8，6，5，4，2，1，9 的总体均值是否等于 4，如果已知其总体标准差为 2，则只需计算

ZTEST({3，6，7，8，6，5，4，2，1，9}，4，2)，

其概率值 $P=0.040\ 995\ 1<0.05$，认为在显著性水平下，总体均值与 4 有显著差异.

如果总体标准差未知，而用样本标准差替代时，计算

ZTEST({3，6，7，8，6，5，4，2，1，9}，4)，

得到其概率值 $P=0.905\ 74>0.05$，认为在显著性水平下 $\alpha=0.05$，总体均值与 4 无显

著差异．

当总体方差 σ^2 未知时，单个正态总体均值的 t 检验对于大样本($n>30$)问题可归结为上述检验进行．对于小样本，则可利用函数和输入公式的方法计算统计量 $t=\dfrac{\overline{x}-\mu_0}{S/\sqrt{n}}$ 和 P 值来进行 t 检验．

例 5 正常人的脉搏平均为 72(次 /min)，现测得 50 例慢性四乙基铅中毒患者的脉搏(次 /min) 的均值是 65.45，标准差是 5.67，若四乙基铅中毒患者的脉搏服从正态分布，问四乙基铅中毒患者和正常人的脉搏有无显著性差异($\alpha=0.05$)?

Excel 求解： 应检验 H_0：$\mu=72$. 其实现 t 检验的步骤如下．

(1) 按图 11-10 输入已知数据：单元格 C4 中输入总体均值 72，单元格 B7 中输入样本容量 25，单元格 C7 中输入样本均值 65.45，单元格 D7 中输入样本标准差 7.67.

(2) 计算 t 统计量的值和 P 值.

① 在单元格 G4 中输入"=ABS(C7－C4)/D7 * B7^0.5"，求 t 值；

② 在单元格 G5 中输入"=B7－1"，求自由度；

③ 在单元格 G6 中输入"=TDIST(G4，G5，1)"，求单侧 P 值；

④ 在单元格 G7 中输入"=TDIST(G4，G5，2)"，求双侧 P 值．

所得结果如图 11－10 所示．

结果分析：因 $|t|=4.27$，$P=0.000\,26<0.05$，则拒绝原假设 H_0，即认为四乙基铅中毒患者和正常人的脉搏有显著性差异．

注意：利用上述函数和公式，每次只要更改相应单元格的总体均值(C4)、样本容量(B7)、样本均值(C7) 和标准差(D7)，即可得到对应的结果．

如果已知的不是样本均值、标准差，而是原始数据，则只要先用 Excel 函数 AVERAGE、STDEV 计算出均值、标准差即可与上题类似进行．

G4　=　=ABS(C4-C7)/D7*B7^0.5

10 t检验 [只读]

	A	B	C	D	E	F	G
1							
2	t-检验:单个总体的均值检验（已知样本均值和标准差）						
3							
4	总体均值	μ0= 72				t值	4.26988266
5						自由度ν	24
6		容量n	均值 $\bar{X}$	标准差S		P值（单侧）	0.000133
7	样本	25	65.45	7.67		P值（双侧）	0.000266
8							

图 11－10

例 6 已知某炼铁厂正常情况下的铁水含碳量 $X\sim N(4.55,\sigma^2)$. 现观测 5 炉铁水的含碳量分别为：4.40，4.25，4.21，4.33，4.46，问此时铁水的平均含碳量 $\mu=E(x)$ 是否有显著变化?($\alpha=0.05$)

Excel 求解： 应检验 H_0：$\mu=4.55$.

本题已知样本原始数据，其实现检验的步骤与上例类似.

(1) 将上例的图 11－10 所在的工作表复制(图 11－11)，并在第 I 列依次输入：样本数据 4.40，…，4.46.

(2) 将单元格 C4 的总体均值改为 4.55；将单元格 B7 的样本容量改为 5；在单元格 B7 的样本容量中输入公式“＝COUNT(I2：I6)”；在单元格 C7 的样本均值中输入公式“＝AVERAGE(I2：I6)”；在单元格 D7 的样本标准差中输入公式“＝STDEV (I2：I6)”，即可得到计算结果如图 11－11 所示．

C7 = =AVERAGE(I:I)

	A	B	C	D	E	F	G	H	I
1									样本数据
2	t-检验:单个总体的均值检验（已知原始数据）								4.4
3									4.25
4	总体均值	μ0=	4.55			t值	4.7668653		4.21
5						自由度ν	4		4.33
6		容量n	均值$\bar{X}$	标准差S		P值（单侧）	0.004430		4.46
7	样本	5	4.33	0.1031988		P值（双侧）	0.008860		

图 11－11

结果分析：因 $|t|=4.467$，$P=0.008\,86<0.05$，则拒绝原假设 H_0，即认为此时铁水的平均含碳量 $\mu=E(x)$ 有显著变化．

注意：利用上述函数和公式，每次只要更改相应单元格的总体均值(C4)与原始数据(第 I 列)，即可得到对应的结果．对于单个正态总体方差的检验，利用相应的 Excel 函数和输入公式的方法与上题类似地建立工作表，即可进行相应检验．

11.3　两个正态总体参数的假设检验

本节主要介绍双正态总体的参数假设检验以及两个总体之间的差异．

设 $X\sim N(\mu_1,\sigma_1^2)$，$Y\sim N(\mu_2,\sigma_2^2)$，$X_1,X_2,\cdots,X_{n_1}$ 为取自总体 $N(\mu_1,\sigma_1^2)$ 的一个样本，$Y_1,Y_2,\cdots,Y_{n_2}$ 为取自总体 $N(\mu_2,\sigma_2^2)$ 的一个样本，并且两个样本相互独立，记 $\overline{X}$ 与 $\overline{Y}$ 分别为样本 $X_1,X_2,\cdots,X_{n_1}$ 与 $Y_1,Y_2,\cdots,Y_{n_2}$ 的均值，S_1^2 与 S_2^2 分别为 $X_1,X_2,\cdots,X_{n_1}$ 与 $Y_1,Y_2,\cdots,Y_{n_2}$ 的方差．

11.3.1　关于两个正态总体均值的检验

1. 两个总体方差 σ_1^2，σ_2^2 已知情形

检验假设 H_0：$\mu_1-\mu_2=\mu_0$，H_1：$\mu_1-\mu_2\neq\mu_0$，其中 μ_0 为已知常数．

当 H_0 为真时，

$$U=\frac{\overline{X}-\overline{Y}-\mu_0}{\sqrt{\sigma_1^2/n_1+\sigma_2^2/n_2}}\sim N(0,1),$$

故选取 U 作为检验统计量．记其观察值为 u. 称相应的检验法为 **u 检验法**．

由于 $\overline{X}$ 与 $\overline{Y}$ 是 μ_1 与 μ_2 的无偏估计量，当 H_0 成立时，$|u|$ 不应太大，当 H_1 成立时，$|u|$ 有偏大的趋势，故拒绝域形式为

$$|u|=\left|\frac{\overline{X}-\overline{Y}-\mu_0}{\sqrt{\sigma_1^2/n_1+\sigma_2^2/n_2}}\right|\geqslant k(\text{待定}).$$

对于给定的显著性水平 α，查标准正态分布表得 $k=u_{\alpha/2}$，使

$$P\{|U|\geqslant u_{\alpha/2}\}=\alpha,$$

由此即得拒绝域为

$$|u|=\left|\frac{\overline{X}-\overline{Y}-\mu_0}{\sqrt{\sigma_1^2/n_1+\sigma_2^2/n_2}}\right|\geqslant u_{\alpha/2}.$$

根据一次抽样后得到的样本观察值 $x_1, x_2, \cdots, x_{n_1}$ 和 $y_1, y_2, \cdots, y_{n_2}$ 计算出的观察值，若 $|u|\geqslant u_{\alpha/2}$，则拒绝原假设 H_0，当 $\mu_0=0$ 时，即认为总体均值 μ_1 与 μ_2 有显著差异；若 $|u|<u_{\alpha/2}$，则接受原假设 H_0，当 $\mu_0=0$ 时，即认为总体均值 μ_1 与 μ_2 无显著差异．

类似地，对单侧检验有：

(1) 右侧检验．检验假设 H_0：$\mu_1-\mu_2\leqslant\mu_0$，$H_1$：$\mu_1-\mu_2>\mu_0$，其中 μ_0 为已知常数．得拒绝域为

$$u=\frac{\overline{X}-\overline{Y}-\mu_0}{\sqrt{\sigma_1^2/n_1+\sigma_2^2/n_2}}>u_\alpha.$$

(2) 左侧检验．检验假设 H_0：$\mu_1-\mu_2\geqslant\mu_0$，$H_1$：$\mu_1-\mu_2<\mu_0$，其中 μ_0 为已知常数．得拒绝域为

$$u=\frac{\overline{X}-\overline{Y}-\mu_0}{\sqrt{\sigma_1^2/n_1+\sigma_2^2/n_2}}<-u_\alpha.$$

2. 方差 σ_1^2，σ_2^2 未知，但 $\sigma_1^2=\sigma_2^2=\sigma^2$

检验假设 H_0：$\mu_1-\mu_2=\mu_0$，H_1：$\mu_1-\mu_2\neq\mu_0$，其中 μ_0 为已知常数．

当 H_0 为真时，

$$T=\frac{\overline{X}-\overline{Y}-\mu_0}{S_w\sqrt{1/n_1+1/n_2}}\sim t(n_1+n_2-2).$$

故选取 T 作为检验统计量．记其观察值为 t．相应的检验法称为 t 检验法．

由于 $S_w{}^2$ 也是 σ^2 的无偏估计量，当 H_0 成立时，$|t|$ 不应太大，当 H_1 成立时，$|t|$ 有偏大的趋势，故拒绝域形式为

$$|t|=\left|\frac{\overline{X}-\overline{Y}-\mu_0}{S_w\sqrt{1/n_1+1/n_2}}\right|\geqslant k(\text{待定}).$$

对于给定的显著性水平 α，查分布表得 $k=t_{\alpha/2}(n_1+n_2-2)$，使

$$P\{|T|\geqslant t_{\alpha/2}(n_1+n_2-2)\}=\alpha,$$

由此即得拒绝域为

$$|t|=\left|\frac{\overline{X}-\overline{Y}-\mu_0}{S_w\sqrt{1/n_1+1/n_2}}\right|\geqslant t_{\alpha/2}(n_1+n_2-2),$$

根据一次抽样后得到的样本观察值 x_1，x_2，…，x_{n_1} 和 y_1，y_2，…，y_{n_2} 计算出的观察值，若 $|t|\geq t_{\alpha/2}(n_1+n_2-2)$，则拒绝原假设 H_0，否则接受原假设 H_0.

类似地，对单侧检验有：

(1) 右侧检验．检验假设 H_0：$\mu_1-\mu_2\leq\mu_0$，H_1：$\mu_1-\mu_2>\mu_0$，其中 μ_0 为已知常数．得拒绝域为

$$t=\frac{\overline{X}-\overline{Y}-\mu_0}{S_w\sqrt{1/n_1+1/n_2}}>t_\alpha(n_1+n_2-2).$$

(2) 左侧检验．检验假设 H_0：$\mu_1-\mu_2\geq\mu_0$，H_1：$\mu_1-\mu_2<\mu_0$，其中 μ_0 为已知常数．得拒绝域为

$$t=\frac{\overline{X}-\overline{Y}-\mu_0}{S_w\sqrt{1/n_1+1/n_2}}<-t_\alpha(n_1+n_2-2).$$

3. 方差 σ_1^2，σ_2^2 未知，但 $\sigma_1^2\neq\sigma_2^2$

检验假设 H_0：$\mu_1-\mu_2=\mu_0$，H_1：$\mu_1-\mu_2\neq\mu_0$，其中 μ_0 为已知常数．当 H_0 为真时，

$$T=\frac{\overline{X}-\overline{Y}-\mu_0}{\sqrt{S_1^2/n_1+S_2^2/n_2}},$$

近似地服从 $t(f)$.

其中

$$f=\frac{\left(\frac{S_1^2}{n_1}+\frac{S_2^2}{n_2}\right)^2}{\frac{S_1^4}{n_1^2(n_1-1)}+\frac{S_2^4}{n_2^2(n_2-1)}},$$

故选取 T 作为检验统计量．记其观察值为 t．可得拒绝域为

$$|t|=\left|\frac{\overline{X}-\overline{Y}-\mu_0}{\sqrt{S_1^2/n_1+S_2^2/n_2}}\right|>t_{\alpha/2}(f).$$

根据一次抽样后得到的样本观察值 x_1，x_2，…，x_{n_1} 和 y_1，y_2，…，y_{n_2} 计算出的观察值，若 $|t|\geq t_{\alpha/2}(f)$，则拒绝原假设 H_0，否则接受原假设 H_0.

类似地，

(1) 检验假设 H_0：$\mu_1-\mu_2\leq\mu_0$，H_1：$\mu_1-\mu_2>\mu_0$，其中 μ_0 为已知常数．得拒绝域为

$$t=\frac{\overline{X}-\overline{Y}-\mu_0}{\sqrt{S_1^2/n_1+S_2^2/n_2}}>t_\alpha(f).$$

(2) 检验假设 H_0：$\mu_1-\mu_2\geq\mu_0$，H_1：$\mu_1-\mu_2<\mu_0$，其中 μ_0 为已知常数．得拒绝域为

$$t=\frac{\overline{X}-\overline{Y}-\mu_0}{\sqrt{S_1^2/n_1+S_2^2/n_2}}<-t_\alpha(f).$$

注：当 n_1，n_2 充分大时($n_1+n_2\geq 50$)，

$$T=\frac{\overline{X}-\overline{Y}-\mu_0}{\sqrt{S_1^2/n_1+S_2^2/n_2}}.$$

近似地服从 $N(0,\ 1)$.

上述拒绝域的临界点可分别改换为 $u_{\alpha/2}$；u_α；$-u_\alpha$.

例 1 设甲、乙两厂生产同样的灯泡，其寿命 X，Y 分别服从正态分布 $N(\mu_1,\ \sigma_1^2)$，$N(\mu_2,\ \sigma_2^2)$，已知它们寿命的标准差分别为84 h和96 h，现从两厂生产的灯泡中各取60只，测得平均寿命甲厂为1 295h，乙厂为1 230h，能否认为两厂生产的灯泡寿命无显著差异？$(\alpha=0.05)$

解　(1) 建立假设 H_0：$\mu_1=\mu_2$，H_1：$\mu_1\neq\mu_2$.

(2) 选择统计量 $U=\dfrac{\overline{X}-\overline{Y}}{\sqrt{\dfrac{\sigma_1^2}{n_1}+\dfrac{\sigma_2^2}{n_2}}}\sim N(0,\ 1)$.

(3) 对于给定的显著性水平 α，确定 k，使 $P\{|U|>k\}=\alpha$，

查标准正态分布表 $k=u_{\alpha/2}=u_{0.025}=1.96$，从而拒绝域为 $|u|>1.96$.

(4) 由于 $\overline{x}=1295$，$\overline{y}=1230$，$\sigma_1=84$，$\sigma_2=96$，所以

$$|u|=\left|\frac{\overline{x}-\overline{y}}{\sqrt{\dfrac{\sigma_1^2}{n_1}+\dfrac{\sigma_1^2}{n_2}}}\right|=3.95>1.96,$$

故应拒绝 H_0，即认为两厂生产的灯泡寿命有显著差异.

例 2 一药厂生产一种新的止痛片，厂房希望验证服用新药后至开始起作用的时间间隔较原有止痛片至少缩短一半，因此厂方提出需检验假设

$$H_0:\ \mu_1\geqslant 2\mu_2,\qquad H_1:\ \mu_1<2\mu_2,$$

此处 μ_1，μ_2 分别是服用原有止痛片和服用新止痛片后至起作用的时间间隔的总体的均值．设两总体均为正态分布且方差分别为已知值 σ_1^2，σ_2^2，现分别在两总体中取样 X_1，X_2，…，X_{n1} 和 Y_1，Y_2，…，Y_{n2}，设两个样本独立．试给出上述假设 H_0 的拒绝域，取显著性水平为 α.

解　检验假设 H_0：$\mu_1\geqslant 2\mu_2$，H_1：$\mu_1<2\mu_2$. 采用 $\overline{X}-2\overline{Y}\sim N\left(\mu_1-2\mu_2,\ \dfrac{\sigma_1^2}{n_1}+\dfrac{4\sigma_2^2}{n_2}\right)$.

在 H_0 成立下，$U=\dfrac{\overline{X}-2\overline{Y}-(\mu_1-2\mu_2)}{\sqrt{\dfrac{\sigma_1^2}{n_1}+\dfrac{4\sigma_2^2}{n_2}}}\sim N(0,\ 1)$.

因此，类似于右侧检验，对于给定的 $\alpha>0$，则 H_0 成立时$(\mu_1\geqslant 2\mu_2)$，其概率

$$P\{U>u_\alpha\}=\alpha,$$

该检验法的拒绝域为

$$W=\left\{\frac{\overline{x}-2\overline{y}}{\sqrt{\frac{\sigma_1^2}{n_1}+\frac{4\sigma_2^2}{n_2}}}<-u_\alpha\right\}.$$

习题 11

1. 某批矿砂的 5 个样本中的镍含量，经测定为(%)：

3.25，3.27，3.24，3.26，3.24

设测定值总体服从正态分布，问在 $\alpha=0.01$ 下，能否接受假设：这批矿砂的含量的均值为 3.25.

2. 已知精料养鸡时，经若干天，鸡的平均重量为 4 kg. 今对一批鸡改用粗料饲养，同时改善饲养方法，经同样长的饲养期后随机抽取 10 只，其数据如下：

3.7，3.8，4.1，3.9，4.6，4.7，5.0，4.5，4.3，3.8

已知同一批鸡的重量 X 服从正态分布，试推断：这一批鸡的平均重量是否显著性提高. 试就 $\alpha=0.01$ 和 $\alpha=0.05$ 分别推断.

3. 测定某种溶液中的水分，它的10个测定值给出 $S=0.037\%$，设测定值总体为正态分布，σ^2 为总体方差，试在水平 $\alpha=0.05$ 下检验假设 H_0：$\sigma=0.04\%$；H_1：$\sigma<0.04\%$.

4. 某种产品的次品率原为0.1，对这种产品进行新工艺试验，抽取200件发现了13件次品，能否认为这项新工艺显著性地降低了产品的次品率($\alpha=0.05$)？

5. 设 X_1，X_2，…，X_n 为总体 $X\sim N(a,4)$ 的样本，已知对假设 H_0：$a=1$，H_1：$a=2.5$，H_0 的拒绝域为 $w=\{\overline{X}>2\}$. ① 当 $u=9$ 时，求犯两类错误的概率 α 和 β；② 证明：当 $n\to\infty$ 时，$\alpha\to0$，$\beta\to0$.

6. 某厂用自动包装机装箱，在正常情况下，每箱重量服从正态分布 $N(100,\sigma^2)$. 某日开工后，随机抽查 10 箱，重量如下(单位：斤)：99.3，98.9，100.5，100.1，99.9，99.7，100.0，100.2，99.5，100.9. 问包装机工作是否正常，即该日每箱重量的数学期望与 100 是否有显著差异？(显著性水平 $\alpha=0.05$)

7. 某项考试要求成绩的标准差为 12，先从考试成绩单中任意抽出 15 份，计算样本标准差为 16，设成绩服从正态分布，问此次考试的标准差是否符合要求(显著性水平 $\alpha=0.05$)？

附录1　泊松分布表

$$P(X=m)=\frac{\lambda^m}{m!}e^{-\lambda}$$

k \ λ	0.1	0.2	0.3	0.4	0.5	0.6	0.7	0.8
0	0.904837	0.818731	0.740818	0.670320	0.606531	0.548812	0.496585	0.449329
1	0.090484	0.163746	0.222245	0.268128	0.303265	0.329287	0.347610	0.359463
2	0.004524	0.016375	0.033337	0.053626	0.075816	0.098786	0.121663	0.143785
3	0.000151	0.001092	0.003334	0.007150	0.012636	0.019757	0.028388	0.038343
4	0.000004	0.000055	0.000250	0.000715	0.001580	0.002964	0.004968	0.007669
5		0.000002	0.000015	0.000057	0.000158	0.000356	0.000696	0.001227
6			0.000001	0.000004	0.000013	0.000036	0.000081	0.000164
7					0.000001	0.000003	0.000008	0.000019
8							0.000001	0.000002

k \ λ	0.9	1.0	1.5	2.0	2.5	3.0	3.5	4.0
0	0.406570	0.367879	0.223130	0.135335	0.082085	0.049787	0.030197	0.018316
1	0.365913	0.367879	0.334695	0.270671	0.205212	0.149361	0.105691	0.073263
2	0.164661	0.183940	0.251021	0.270671	0.256516	0.224042	0.184959	0.146525
3	0.049398	0.061313	0.125511	0.180447	0.213763	0.224042	0.215785	0.195367
4	0.011115	0.015328	0.047067	0.090224	0.133602	0.168031	0.188812	0.195367
5	0.002001	0.003066	0.014120	0.036089	0.066801	0.100819	0.132169	0.156293
6	0.000300	0.000511	0.003530	0.012030	0.027834	0.050409	0.077098	0.104196
7	0.000039	0.000073	0.000756	0.003437	0.009941	0.021604	0.038549	0.059540
8	0.000004	0.000009	0.000142	0.000859	0.003106	0.008102	0.016865	0.029770
9		0.000001	0.000024	0.000191	0.000863	0.002701	0.006559	0.013231
10			0.000004	0.000038	0.000216	0.000810	0.002296	0.005292
11				0.000007	0.000049	0.000221	0.000730	0.001925
12				0.000001	0.000010	0.000055	0.000213	0.000642
13					0.000002	0.000013	0.000057	0.000197
14						0.000003	0.000014	0.000056
15						0.000001	0.000003	0.000015
16							0.000001	0.000004
17								0.000001

k \ λ	4.5	5.0	5.5	6.0	6.5	7.0	7.5	8.0
0	0.011109	0.006738	0.004087	0.002479	0.001503	0.000912	0.000553	0.000335
1	0.049990	0.033690	0.022477	0.014873	0.009772	0.006383	0.004148	0.002684
2	0.112479	0.084224	0.061812	0.044618	0.031760	0.022341	0.015555	0.010735
3	0.168718	0.140374	0.113323	0.089235	0.068814	0.052129	0.038889	0.028626
4	0.189808	0.175467	0.155819	0.133853	0.111822	0.091226	0.072916	0.057252
5	0.170827	0.175467	0.171401	0.160623	0.145369	0.127717	0.109375	0.091604
6	0.128120	0.146223	0.157117	0.160623	0.157483	0.149003	0.136718	0.122138
7	0.082363	0.104445	0.123449	0.137677	0.146234	0.149003	0.146484	0.139587
8	0.046329	0.065278	0.084871	0.103258	0.118815	0.130377	0.137329	0.139587
9	0.023165	0.036266	0.051866	0.068838	0.085811	0.101405	0.114440	0.124077
10	0.010424	0.018133	0.028526	0.041303	0.055777	0.070983	0.085830	0.099262
11	0.004264	0.008242	0.014263	0.022529	0.032959	0.045171	0.058521	0.072190
12	0.001599	0.003434	0.006537	0.011264	0.017853	0.026350	0.036575	0.048127
13	0.000554	0.001321	0.002766	0.005199	0.008926	0.014188	0.021101	0.029616
14	0.000178	0.000472	0.001087	0.002228	0.004144	0.007094	0.011304	0.016924
15	0.000053	0.000157	0.000398	0.000891	0.001796	0.003311	0.005652	0.009026
16	0.000015	0.000049	0.000137	0.000334	0.000730	0.001448	0.002649	0.004513
17	0.000004	0.000014	0.000044	0.000118	0.000279	0.000596	0.001169	0.002124
18	0.000001	0.000004	0.000014	0.000039	0.000101	0.000232	0.000487	0.000944
19		0.000001	0.000004	0.000012	0.000034	0.000085	0.000192	0.000397
20			0.000001	0.000004	0.000011	0.000030	0.000072	0.000159
21				0.000001	0.000003	0.000010	0.000026	0.000061
22					0.000001	0.000003	0.000009	0.000022
23						0.000001	0.000003	0.000008
24							0.000001	0.000003
25								0.000001

k \ λ	8.5	9.0	9.5	10	12	15	18	20
0	0.000203	0.000123	0.000075	0.000045	0.000006	0.000000	0.000000	0.000000
1	0.001729	0.001111	0.000711	0.000454	0.000074	0.000005	0.000000	0.000000
2	0.007350	0.004998	0.003378	0.002270	0.000442	0.000034	0.000002	0.000000
3	0.020826	0.014994	0.010696	0.007567	0.001770	0.000172	0.000015	0.000003
4	0.044255	0.033737	0.025403	0.018917	0.005309	0.000645	0.000067	0.000014
5	0.075233	0.060727	0.048266	0.037833	0.012741	0.001936	0.000240	0.000055
6	0.106581	0.091090	0.076421	0.063055	0.025481	0.004839	0.000719	0.000183
7	0.129419	0.117116	0.103714	0.090079	0.043682	0.010370	0.001850	0.000523
8	0.137508	0.131756	0.123160	0.112599	0.065523	0.019444	0.004163	0.001309
9	0.129869	0.131756	0.130003	0.125110	0.087364	0.032407	0.008325	0.002908
10	0.110388	0.118580	0.123502	0.125110	0.104837	0.048611	0.014985	0.005816

（续表）

k \ λ	8.5	9.0	9.5	10	12	15	18	20
11	0.085300	0.097020	0.106661	0.113736	0.114368	0.066287	0.024521	0.010575
12	0.060421	0.072765	0.084440	0.094780	0.114368	0.082859	0.036782	0.017625
13	0.039506	0.050376	0.061706	0.072908	0.105570	0.095607	0.050929	0.027116
14	0.023986	0.032384	0.041872	0.052077	0.090489	0.102436	0.065480	0.038737
15	0.013592	0.019431	0.026519	0.034718	0.072391	0.102436	0.078576	0.051649
16	0.007221	0.010930	0.015746	0.021699	0.054293	0.096034	0.088397	0.064561
17	0.003610	0.005786	0.008799	0.012764	0.038325	0.084736	0.093597	0.075954
18	0.001705	0.002893	0.004644	0.007091	0.025550	0.070613	0.093597	0.084394
19	0.000763	0.001370	0.002322	0.003732	0.016137	0.055747	0.088671	0.088835
20	0.000324	0.000617	0.001103	0.001866	0.009682	0.041810	0.079804	0.088835
21	0.000131	0.000264	0.000499	0.000889	0.005533	0.029865	0.068403	0.084605
22	0.000051	0.000108	0.000215	0.000404	0.003018	0.020362	0.055966	0.076914
23	0.000019	0.000042	0.000089	0.000176	0.001574	0.013280	0.043800	0.066881
24	0.000007	0.000016	0.000035	0.000073	0.000787	0.008300	0.032850	0.055735
25	0.000002	0.000006	0.000013	0.000029	0.000378	0.004980	0.023652	0.044588
26	0.000001	0.000002	0.000005	0.000011	0.000174	0.002873	0.016374	0.034298
27		0.000001	0.000002	0.000004	0.000078	0.001596	0.010916	0.025406
28			0.000001	0.000001	0.000033	0.000855	0.007018	0.018147
29				0.000001	0.000014	0.000442	0.004356	0.012515
30					0.000005	0.000221	0.002613	0.008344
31					0.000002	0.000107	0.001517	0.005383
32					0.000001	0.000050	0.000854	0.003364
33						0.000023	0.000466	0.002039
34						0.000010	0.000246	0.001199
35						0.000004	0.000127	0.000685
36						0.000002	0.000063	0.000381
37						0.000001	0.000031	0.000206
38							0.000015	0.000108
39							0.000007	0.000056

附录 2　标准正态分布函数数值表

$$\Phi(x)=\int_{-\infty}^{x}\frac{1}{\sqrt{2\pi}}e^{-\frac{t^2}{2}}dt$$

x	0.00	0.01	0.02	0.03	0.04	0.05	0.06	0.07	0.08	0.09
0.0	0.5000	0.5040	0.5080	0.5120	0.5160	0.5199	0.5239	0.5279	0.5319	0.5359
0.1	0.5398	0.5438	0.5478	0.5517	0.5557	0.5596	0.5636	0.5675	0.5714	0.5753
0.2	0.5793	0.5832	0.5871	0.5910	0.5948	0.5987	0.6026	0.6064	0.6103	0.6141
0.3	0.6179	0.6217	0.6255	0.6293	0.6331	0.6368	0.6406	0.6443	0.6480	0.6517
0.4	0.6554	0.6591	0.6628	0.6664	0.6700	0.6736	0.6772	0.6808	0.6844	0.6879
0.5	0.6915	0.6950	0.6985	0.7019	0.7054	0.7088	0.7123	0.7157	0.7190	0.7224
0.6	0.7257	0.7291	0.7324	0.7357	0.7389	0.7422	0.7454	0.7486	0.7517	0.7549
0.7	0.7580	0.7611	0.7642	0.7673	0.7703	0.7734	0.7764	0.7794	0.7823	0.7852
0.8	0.7881	0.7910	0.7939	0.7967	0.7995	0.8023	0.8051	0.8078	0.8106	0.8133
0.9	0.8159	0.8186	0.8212	0.8238	0.8264	0.8289	0.8315	0.8340	0.8365	0.8389
1.0	0.8413	0.8438	0.8461	0.8485	0.8508	0.8531	0.8554	0.8577	0.8599	0.8621
1.1	0.8643	0.8665	0.8686	0.8708	0.8729	0.8749	0.8770	0.8790	0.8810	0.8830
1.2	0.8849	0.8869	0.8888	0.8907	0.8925	0.8944	0.8962	0.8980	0.8997	0.9015
1.3	0.9032	0.9049	0.9066	0.9082	0.9099	0.9115	0.9131	0.9147	0.9162	0.9177
1.4	0.9192	0.9207	0.9222	0.9236	0.9251	0.9265	0.9278	0.9292	0.9306	0.9319
1.5	0.9332	0.9345	0.9357	0.9370	0.9382	0.9394	0.9406	0.9418	0.9430	0.9441
1.6	0.9452	0.9463	0.9474	0.9484	0.9495	0.9505	0.9515	0.9525	0.9535	0.9545
1.7	0.9554	0.9564	0.9573	0.9582	0.9591	0.9599	0.9608	0.9616	0.9625	0.9633
1.8	0.9641	0.9648	0.9656	0.9664	0.9671	0.9678	0.9686	0.9693	0.9700	0.9706
1.9	0.9713	0.9719	0.9726	0.9732	0.9738	0.9744	0.9750	0.9756	0.9762	0.9767
2.0	0.9772	0.9778	0.9783	0.9788	0.9793	0.9798	0.9803	0.9808	0.9812	0.9817
2.1	0.9821	0.9826	0.9830	0.9834	0.9838	0.9842	0.9846	0.9850	0.9854	0.9857
2.2	0.9861	0.9864	0.9868	0.9871	0.9874	0.9878	0.9881	0.9884	0.9887	0.9890
2.3	0.9893	0.9896	0.9898	0.9901	0.9904	0.9906	0.9909	0.9911	0.9913	0.9916
2.4	0.9918	0.9920	0.9922	0.9925	0.9927	0.9929	0.9931	0.9932	0.9934	0.9936
2.5	0.9938	0.9940	0.9941	0.9943	0.9945	0.9946	0.9948	0.9949	0.9951	0.9952
2.6	0.9953	0.9955	0.9956	0.9957	0.9959	0.9960	0.9961	0.9962	0.9963	0.9964
2.7	0.9965	0.9966	0.9967	0.9968	0.9969	0.9970	0.9971	0.9972	0.9973	0.9974
2.8	0.9974	0.9975	0.9976	0.9977	0.9977	0.9978	0.9979	0.9979	0.9980	0.9981
2.9	0.9981	0.9982	0.9982	0.9983	0.9984	0.9984	0.9985	0.9985	0.9986	0.9986
3.0	0.9987	0.9990	0.9993	0.9995	0.9997	0.9998	0.9998	0.9999	0.9999	1.0000

注：本表最后一行自左至右依次是 Φ（3，0），…，Φ（3，9）的值．

附录3　χ^2 分布表

$$P\{\chi^2(n) > \chi_\alpha^2(n)\} = \alpha$$

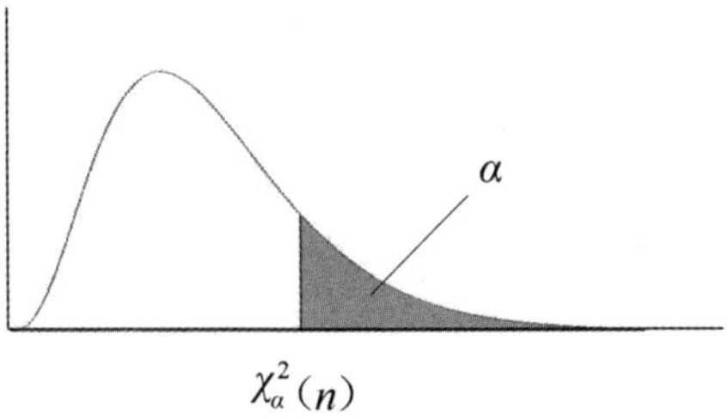

n	α=0.995	0.99	0.975	0.95	0.90	0.75	0.25	0.1	0.05	0.025	0.01	0.005
1	—	—	0.001	0.004	0.016	0.102	1.323	2.706	3.841	5.024	6.635	7.879
2	0.010	0.020	0.051	0.103	0.211	0.575	2.773	4.605	5.991	7.378	9.210	10.597
3	0.072	0.115	0.216	0.352	0.584	1.213	4.108	6.251	7.815	9.348	11.345	12.838
4	0.207	0.297	0.484	0.711	1.064	1.923	5.385	7.779	9.488	11.143	13.277	14.860
5	0.412	0.554	0.831	1.145	1.610	2.675	6.626	9.236	11.070	12.833	15.086	16.750
6	0.676	0.872	1.237	1.635	2.204	3.455	7.841	10.645	12.592	14.449	16.812	18.548
7	0.989	1.239	1.690	2.167	2.833	4.255	9.037	12.017	14.067	16.013	18.475	20.278
8	1.344	1.646	2.180	2.733	3.490	5.071	10.219	13.362	15.507	17.535	20.090	21.955
9	1.735	2.088	2.700	3.325	4.168	5.899	11.389	14.684	16.919	19.023	21.666	23.589
10	2.156	2.558	3.247	3.940	4.865	6.737	12.549	15.987	18.307	20.483	23.209	25.188
11	2.603	3.053	3.816	4.575	5.578	7.584	13.701	17.275	19.675	21.920	24.725	26.757
12	3.074	3.571	4.404	5.226	6.304	8.438	14.845	18.549	21.026	23.337	26.217	28.300
13	3.565	4.107	5.009	5.892	7.042	9.299	15.984	19.812	22.362	24.736	27.688	29.819
14	4.075	4.660	5.629	6.571	7.790	10.165	17.117	21.064	23.685	26.119	29.141	31.319
15	4.601	5.229	6.262	7.261	8.547	11.037	18.245	22.307	24.996	27.488	30.578	32.801
16	5.142	5.812	6.908	7.962	9.312	11.912	19.369	23.542	26.296	28.845	32.000	34.267
17	5.697	6.408	7.564	8.672	10.085	12.792	20.489	24.769	27.587	30.191	33.409	35.718
18	6.265	7.015	8.231	9.390	10.865	13.675	21.605	25.989	28.869	31.526	34.805	37.156
19	6.844	7.633	8.907	10.117	11.651	14.562	22.718	27.204	30.144	32.852	36.191	38.582
20	7.434	8.260	9.591	10.851	12.443	15.452	23.828	28.412	31.410	34.170	37.566	39.997

（续表）

n	α=0.995	0.99	0.975	0.95	0.90	0.75	0.25	0.1	0.05	0.025	0.01	0.005
21	8.034	8.897	10.283	11.591	13.240	16.344	24.935	29.615	32.671	35.479	38.932	41.401
22	8.643	9.542	10.982	12.338	14.041	17.240	26.039	30.813	33.924	36.781	40.289	42.796
23	9.260	10.196	11.689	13.091	14.848	18.137	27.141	32.007	35.172	38.076	41.638	44.181
24	9.886	10.856	12.401	13.848	15.659	19.037	28.241	33.196	36.415	39.364	42.980	45.559
25	10.520	11.524	13.120	14.611	16.473	19.939	29.339	34.382	37.652	40.646	44.314	46.928
26	11.160	12.198	13.844	15.379	17.292	20.843	30.435	35.563	38.885	41.923	45.642	48.290
27	11.808	12.879	14.573	16.151	18.114	21.749	31.528	36.741	40.113	43.195	46.963	49.645
28	12.461	13.565	15.308	16.928	18.939	22.657	32.620	37.916	41.337	44.461	48.278	50.993
29	13.121	14.256	16.047	17.708	19.768	23.567	33.711	39.087	42.557	45.722	49.588	52.336
30	13.787	14.953	16.791	18.493	20.599	24.478	34.800	40.256	43.773	46.979	50.892	53.672
31	14.458	15.655	17.539	19.281	21.434	25.390	35.887	41.422	44.985	48.232	52.191	55.003
32	15.134	16.362	18.291	20.072	22.271	26.304	36.973	42.585	46.194	49.480	53.486	56.328
33	15.815	17.074	19.047	20.867	23.110	27.219	38.058	43.745	47.400	50.725	54.776	57.648
34	16.501	17.789	19.806	21.664	23.952	28.136	39.141	44.903	48.602	51.966	56.061	58.964
35	17.192	18.509	20.569	22.465	24.797	29.054	40.223	46.059	49.802	53.203	57.342	60.275
36	17.887	19.233	21.336	23.269	25.643	29.973	41.304	47.212	50.998	54.437	58.619	61.581
37	18.586	19.960	22.106	24.075	26.492	30.893	42.383	48.363	52.192	55.668	59.893	62.883
38	19.289	20.691	22.878	24.884	27.343	31.815	43.462	49.513	53.384	56.896	61.162	64.181
n	=0.995	0.99	0.975	0.95	0.90	0.75	0.25	0.1	0.05	0.025	0.01	0.005
39	19.996	21.426	23.654	25.695	28.196	32.737	44.539	50.660	54.572	58.120	62.428	65.476
40	20.707	22.164	24.433	26.509	29.051	33.660	45.616	51.805	55.758	59.342	63.691	66.766
41	21.421	22.906	25.215	27.326	29.907	34.585	46.692	52.949	56.942	60.561	64.950	68.053
42	22.138	23.650	25.999	28.144	30.765	35.510	47.766	54.090	58.124	61.777	66.206	69.336
43	22.859	24.398	26.785	28.965	31.625	36.436	48.840	55.230	59.304	62.990	67.459	70.616
44	23.584	25.148	27.575	29.787	32.487	37.363	49.913	56.369	60.481	64.201	68.710	71.893
45	24.311	25.901	28.366	30.612	33.350	38.291	50.985	57.505	61.656	65.410	69.957	73.166

附录 4　t 分布表

$$P\{t(n) > t_\alpha(n)\} = \alpha$$

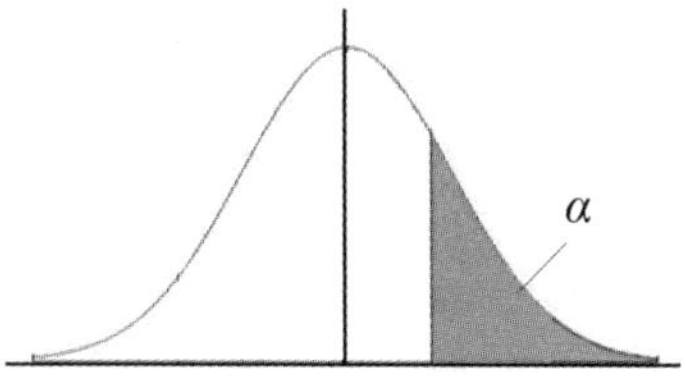

$t_\alpha(n)$

n	α=0.1	0.05	0.025	0.01	0.005	n	α=0.1	0.05	0.025	0.01	0.005
1	3.0777	6.3138	12.7062	31.8205	63.6567	24	1.3178	1.7109	2.0639	2.4922	2.7969
2	1.8856	2.9200	4.3027	6.9646	9.9248	25	1.3163	1.7081	2.0595	2.4851	2.7874
3	1.6377	2.3534	3.1824	4.5407	5.8409						
4	1.5332	2.1318	2.7764	3.7469	4.6041	26	1.3150	1.7056	2.0555	2.4786	2.7787
5	1.4759	2.0150	2.5706	3.3649	4.0321	27	1.3137	1.7033	2.0518	2.4727	2.7707
						28	1.3125	1.7011	2.0484	2.4671	2.7633
6	1.4398	1.9432	2.4469	3.1427	3.7074	29	1.3114	1.6991	2.0452	2.4620	2.7564
7	1.4149	1.8946	2.3646	2.9980	3.4995	30	1.3104	1.6973	2.0423	2.4573	2.7500
8	1.3968	1.8595	2.3060	2.8965	3.3554						
9	1.3830	1.8331	2.2622	2.8214	3.2498	31	1.3095	1.6955	2.0395	2.4528	2.7440
10	1.3722	1.8125	2.2281	2.7638	3.1693	32	1.3086	1.6939	2.0369	2.4487	2.7385
						33	1.3077	1.6924	2.0345	2.4448	2.7333
11	1.3634	1.7959	2.2010	2.7181	3.1058	34	1.3070	1.6909	2.0322	2.4411	2.7284
12	1.3562	1.7823	2.1788	2.6810	3.0545	35	1.3062	1.6896	2.0301	2.4377	2.7238
13	1.3502	1.7709	2.1604	2.6503	3.0123						
14	1.3450	1.7613	2.1448	2.6245	2.9768	36	1.3055	1.6883	2.0281	2.4345	2.7195
15	1.3406	1.7531	2.1314	2.6025	2.9467	37	1.3049	1.6871	2.0262	2.4314	2.7154
						38	1.3042	1.6860	2.0244	2.4286	2.7116
16	1.3368	1.7459	2.1199	2.5835	2.9208	39	1.3036	1.6849	2.0227	2.4258	2.7079
17	1.3334	1.7396	2.1098	2.5669	2.8982	40	1.3031	1.6839	2.0211	2.4233	2.7045
18	1.3304	1.7341	2.1009	2.5524	2.8784						
19	1.3277	1.7291	2.0930	2.5395	2.8609	41	1.3025	1.6829	2.0195	2.4208	2.7012
20	1.3253	1.7247	2.0860	2.5280	2.8453	42	1.3020	1.6820	2.0181	2.4185	2.6981
						43	1.3016	1.6811	2.0167	2.4163	2.6951
21	1.3232	1.7207	2.0796	2.5176	2.8314	44	1.3011	1.6802	2.0154	2.4141	2.6923
22	1.3212	1.7171	2.0739	2.5083	2.8188	45	1.3006	1.6794	2.0141	2.4121	2.6896
23	1.3195	1.7139	2.0687	2.4999	2.8073						

附录5 F 分布表

$$P\{F(n_1, n_2) > F_\alpha(n_1, n_2)\} = \alpha$$

$\alpha = 0.10$

n_2 \ n_1	1	2	3	4	5	6	7	8	9	10	12	15	20	24	30	40	60	120	∞
1	39.86	49.50	53.59	55.83	57.24	58.20	58.91	59.44	59.86	60.19	60.71	61.22	61.74	62.00	62.26	62.53	62.79	63.06	63.33
2	8.53	9.00	9.16	9.24	9.29	9.33	9.35	9.37	9.38	9.39	9.41	9.42	9.44	9.45	9.46	9.47	9.47	9.48	9.49
3	5.54	5.46	5.39	5.34	5.31	5.28	5.27	5.25	5.24	5.23	5.22	5.20	5.18	5.18	5.17	5.16	5.15	5.14	5.13
4	4.54	4.32	4.19	4.11	4.05	4.01	3.98	3.95	3.94	3.92	3.90	3.87	3.84	3.83	3.82	3.80	3.79	3.78	3.76
5	4.06	3.78	3.62	3.52	3.45	3.40	3.37	3.34	3.32	3.30	3.27	3.24	3.21	3.19	3.17	3.16	3.14	3.12	3.10
6	3.78	3.46	3.29	3.18	3.11	3.05	3.01	2.98	2.96	2.94	2.90	2.87	2.84	2.82	2.80	2.78	2.76	2.74	2.72
7	3.59	3.26	3.07	2.96	2.88	2.83	2.78	2.75	2.72	2.70	2.67	2.63	2.59	2.58	2.56	2.54	2.51	2.49	2.47
8	3.46	3.11	2.92	2.81	2.73	2.67	2.62	2.59	2.56	2.54	2.50	2.46	2.42	2.40	2.38	2.36	2.34	2.32	2.29
9	3.36	3.01	2.81	2.69	2.61	2.55	2.51	2.47	2.44	2.42	2.38	2.34	2.30	2.28	2.25	2.23	2.21	2.18	2.16
10	3.29	2.92	2.73	2.61	2.52	2.46	2.41	2.38	2.35	2.32	2.28	2.24	2.20	2.18	2.16	2.13	2.11	2.08	2.06
11	3.23	2.86	2.66	2.54	2.45	2.39	2.34	2.30	2.27	2.25	2.21	2.17	2.12	2.10	2.08	2.05	2.03	2.00	1.97
12	3.18	2.81	2.61	2.48	2.39	2.33	2.28	2.24	2.21	2.19	2.15	2.10	2.06	2.04	2.01	1.99	1.96	1.93	1.90
13	3.14	2.76	2.56	2.43	2.35	2.28	2.23	2.20	2.16	2.14	2.10	2.05	2.01	1.98	1.96	1.93	1.90	1.88	1.85
14	3.10	2.73	2.52	2.39	2.31	2.24	2.19	2.15	2.12	2.10	2.05	2.01	1.96	1.94	1.91	1.89	1.86	1.83	1.80
15	3.07	2.70	2.49	2.36	2.27	2.21	2.16	2.12	2.09	2.06	2.02	1.97	1.92	1.90	1.87	1.85	1.82	1.79	1.76
16	3.05	2.67	2.46	2.33	2.24	2.18	2.13	2.09	2.06	2.03	1.99	1.94	1.89	1.87	1.84	1.81	1.78	1.75	1.72
17	3.03	2.64	2.44	2.31	2.22	2.15	2.10	2.06	2.03	2.00	1.96	1.91	1.86	1.84	1.81	1.78	1.75	1.72	1.69
18	3.01	2.62	2.42	2.29	2.20	2.13	2.08	2.04	2.00	1.98	1.93	1.89	1.84	1.81	1.78	1.75	1.72	1.69	1.66
19	2.99	2.61	2.40	2.27	2.18	2.11	2.06	2.02	1.98	1.96	1.91	1.86	1.81	1.79	1.76	1.73	1.70	1.67	1.63

（续表）

n_2 \ n_1	1	2	3	4	5	6	7	8	9	10	12	15	20	24	30	40	60	120	∞
20	2.97	2.59	2.38	2.25	2.16	2.09	2.04	2.00	1.96	1.94	1.89	1.84	1.79	1.77	1.74	1.71	1.68	1.64	1.61
21	2.96	2.57	2.36	2.23	2.14	2.08	2.02	1.98	1.95	1.92	1.87	1.83	1.78	1.75	1.72	1.69	1.66	1.62	1.59
22	2.95	2.56	2.35	2.22	2.13	2.06	2.01	1.97	1.93	1.90	1.86	1.81	1.76	1.73	1.70	1.67	1.64	1.60	1.57
23	2.94	2.55	2.34	2.21	2.11	1.05	1.99	1.95	1.92	1.89	1.84	1.80	1.74	1.72	1.69	1.66	1.62	1.59	1.55
24	2.93	2.54	2.33	2.19	2.10	2.04	1.98	1.94	1.91	1.88	1.83	1.78	1.73	1.70	1.67	1.64	1.61	1.57	1.53
25	2.92	2.53	2.32	2.18	2.09	2.02	1.97	1.93	1.89	1.87	1.82	1.77	1.72	1.69	1.66	1.63	1.59	1.56	1.52
26	2.91	2.52	2.31	2.17	2.08	2.01	1.96	1.92	1.88	1.86	1.81	1.76	1.71	1.68	1.65	1.61	1.58	1.54	1.50
27	2.90	2.51	2.30	2.17	2.07	2.00	1.95	1.91	1.87	1.85	1.80	1.75	1.70	1.67	1.64	1.60	1.57	1.53	1.49
28	2.89	2.50	2.29	2.16	2.06	2.00	1.94	1.90	1.87	1.84	1.79	1.74	1.69	1.66	1.63	1.59	1.56	1.52	1.48
29	2.89	2.50	2.28	2.15	2.06	1.99	1.93	1.89	1.86	1.83	1.78	1.73	1.68	1.65	1.62	1.58	1.55	1.51	1.47
30	2.88	2.49	2.28	2.14	2.05	1.98	1.93	1.88	1.85	1.82	1.77	1.72	1.67	1.64	1.61	1.57	1.54	1.50	1.46
40	2.84	2.44	2.23	2.09	2.00	1.93	1.87	1.83	1.79	1.76	1.71	1.66	1.61	1.57	1.54	1.51	1.47	1.42	1.38
60	2.79	2.39	2.18	2.04	1.95	1.87	1.82	1.77	1.74	1.71	1.66	1.60	1.54	1.51	1.48	1.44	1.40	1.35	1.29
120	2.75	2.35	2.13	1.99	1.90	1.82	1.77	1.72	1.68	1.65	1.60	1.55	1.48	1.45	1.41	1.37	1.32	1.26	1.19
∞	2.71	2.30	2.08	1.94	1.85	1.77	1.72	1.67	1.63	1.60	1.55	1.49	1.42	1.38	1.34	1.30	1.24	1.17	1.00

$\alpha=0.05$

n_2 \ n_1	1	2	3	4	5	6	7	8	9	10	12	15	20	24	30	40	60	120	∞
1	161.4	199.5	215.7	224.6	230.2	234.0	236.8	238.9	240.5	241.9	243.9	245.9	248.0	249.1	250.1	251.1	252.2	253.3	254.3
2	18.51	19.00	19.16	19.25	19.30	19.33	19.35	19.37	19.38	19.40	19.41	19.43	19.45	19.45	19.46	19.47	19.48	19.49	19.50
3	10.13	9.55	9.28	9.12	9.01	8.94	8.89	8.85	8.81	8.79	8.74	8.70	8.66	8.64	8.62	8.59	8.57	8.55	8.53
4	7.71	6.94	6.59	6.39	6.26	6.16	6.09	6.04	6.00	5.96	5.91	5.86	5.80	5.77	5.75	5.72	5.69	5.66	5.63
5	6.61	5.79	5.41	5.19	5.05	4.95	4.88	4.82	4.77	4.74	4.68	4.62	4.56	4.53	4.50	4.46	4.43	4.40	4.36
6	5.99	5.14	4.76	4.53	4.39	4.28	4.21	4.15	4.10	4.06	4.00	3.94	3.87	3.84	3.81	3.77	3.74	3.70	3.67
7	5.59	4.74	4.35	4.12	3.97	3.87	3.79	3.73	3.68	3.64	3.57	3.51	3.44	3.41	3.38	3.34	3.30	3.27	3.23
8	5.32	4.46	4.07	3.84	3.69	3.58	3.50	3.44	3.39	3.35	3.28	3.22	3.15	3.12	3.08	3.04	3.01	2.97	2.93
9	5.12	4.26	3.86	3.63	3.48	3.37	3.29	3.23	3.18	3.14	3.07	3.01	2.94	2.90	2.86	2.83	2.79	2.75	2.71
10	4.96	4.10	3.71	3.48	3.33	3.22	3.14	3.07	3.02	2.98	2.91	2.85	2.77	2.74	2.70	2.66	2.62	2.58	2.54
11	4.84	3.98	3.59	3.36	3.20	3.09	3.01	2.95	2.90	2.85	2.79	2.72	2.65	2.61	2.57	2.53	2.49	2.45	2.40
12	4.75	3.89	3.49	3.26	3.11	3.00	2.91	2.85	2.80	2.75	2.69	2.62	2.54	2.51	2.47	2.43	2.38	2.34	2.30
13	4.67	3.81	3.41	3.18	3.03	2.92	2.83	2.77	2.71	2.67	2.60	2.53	2.46	2.42	2.38	2.34	2.30	2.25	2.21
14	4.60	3.74	3.34	3.11	2.96	2.85	2.76	2.70	2.65	2.60	2.53	2.46	2.39	2.35	2.31	2.27	2.22	2.18	2.13
15	4.54	3.68	3.29	3.06	2.90	2.79	2.71	2.64	2.59	2.54	2.48	2.40	2.33	2.29	2.25	2.20	2.16	2.11	2.07
16	4.49	3.63	3.24	3.01	2.85	2.74	2.66	2.59	2.54	2.49	2.42	2.35	2.28	2.24	2.19	2.15	2.11	2.06	2.01
17	4.45	3.59	3.20	2.96	2.81	2.70	2.61	2.55	2.49	2.45	2.38	2.31	2.23	2.19	2.15	2.10	2.06	2.01	1.96
18	4.41	3.55	3.16	2.93	2.77	2.66	2.58	2.51	2.46	2.41	2.34	2.27	2.19	2.15	2.11	2.06	2.02	1.97	1.92
19	4.38	3.52	3.13	2.90	2.74	2.63	2.54	2.48	2.42	2.38	2.31	2.23	2.16	2.11	2.07	2.03	1.98	1.93	1.88

（续表）

n_2 \ n_1	1	2	3	4	5	6	7	8	9	10	12	15	20	24	30	40	60	120	∞
20	4.35	3.49	3.10	2.87	2.71	2.60	2.51	2.45	2.39	2.35	2.28	2.20	2.12	2.08	2.04	1.99	1.95	1.90	1.84
21	4.32	3.47	3.07	2.84	2.68	2.57	2.49	2.42	2.37	2.32	2.25	2.18	2.10	2.05	2.01	1.96	1.92	1.87	1.81
22	4.30	3.44	3.05	2.82	2.66	2.55	2.46	2.40	2.34	2.30	2.23	2.15	2.07	2.03	1.98	1.94	1.89	1.84	1.78
23	4.28	3.42	3.03	2.80	2.64	2.53	2.44	2.37	2.32	2.27	2.20	2.13	2.05	2.01	1.96	1.91	1.86	1.81	1.76
24	4.26	3.40	3.01	2.78	2.62	2.51	2.42	2.36	2.30	2.25	2.18	2.11	2.03	1.98	1.94	1.89	1.84	1.79	1.73
25	4.24	3.39	2.99	2.76	2.60	2.49	2.40	2.34	2.28	2.24	2.16	2.09	2.01	1.96	1.92	1.87	1.82	1.77	1.71
26	4.23	3.37	2.98	2.74	2.59	2.47	2.39	2.32	2.27	2.22	2.15	2.07	1.99	1.95	1.90	1.85	1.80	1.75	1.69
27	4.21	3.35	2.96	2.73	2.57	2.46	2.37	2.31	2.25	2.20	2.13	2.06	1.97	1.93	1.88	1.84	1.79	1.73	1.67
28	4.20	3.34	2.95	2.71	2.56	2.45	2.36	2.29	2.24	2.19	2.12	2.04	1.96	1.91	1.87	1.82	1.77	1.71	1.65
29	4.18	3.33	2.93	2.70	2.55	2.43	2.35	2.28	2.22	2.18	2.10	2.03	1.94	1.90	1.85	1.81	1.75	1.70	1.64
30	4.17	3.32	2.92	2.69	2.53	2.42	2.33	2.27	2.21	2.16	2.09	2.01	1.93	1.89	1.84	1.79	1.74	1.68	1.62
40	4.08	3.23	2.84	2.61	2.45	2.34	2.25	2.18	2.12	2.08	2.00	1.92	1.84	1.79	1.74	1.69	1.64	1.58	1.51
60	4.00	3.15	2.76	2.53	2.37	2.25	2.17	2.10	2.04	1.99	1.92	1.84	1.75	1.70	1.65	1.59	1.53	1.47	1.39
120	3.92	3.07	2.68	2.45	2.29	2.17	2.09	2.02	1.96	1.91	1.83	1.75	1.66	1.61	1.55	1.50	1.43	1.35	1.25
∞	3.84	3.00	2.60	2.37	2.21	2.10	2.01	1.94	1.88	1.83	1.75	1.67	1.57	1.52	1.46	1.39	1.32	1.22	1.00

$\alpha=0.025$

n_2 \ n_1	1	2	3	4	5	6	7	8	9	10	12	15	20	24	30	40	60	120	∞
1	647.8	799.5	864.2	899.6	921.8	937.1	948.2	956.7	963.3	968.6	976.7	984.9	993.1	997.2	1001	1006	1010	1014	1018
2	38.51	39.00	39.17	39.25	39.30	39.33	39.36	39.37	39.39	39.40	39.41	39.43	39.45	39.46	39.46	39.47	39.48	39.40	39.50
3	17.44	16.04	15.44	15.10	14.88	14.73	14.62	14.54	14.47	14.42	14.34	14.25	14.17	14.12	14.08	14.04	13.99	13.95	13.90
4	12.22	10.65	9.98	9.60	9.36	9.20	9.07	8.98	8.90	8.84	8.75	8.66	8.56	8.51	8.46	8.41	8.36	8.31	8.26
5	10.01	8.43	7.76	7.39	7.15	6.98	6.85	6.76	6.68	6.62	6.52	6.43	6.33	6.28	6.23	6.18	6.12	6.07	6.02
6	8.81	7.26	6.60	6.23	5.99	5.82	5.70	5.60	5.52	5.46	5.37	5.27	5.17	5.12	5.07	5.01	4.96	4.90	4.85
7	8.07	6.54	5.89	5.52	5.29	5.12	4.99	4.90	4.82	4.76	4.67	4.57	4.47	4.42	4.36	4.31	4.25	4.20	4.14
8	7.57	6.06	5.42	5.05	4.82	4.65	4.53	4.43	4.36	4.30	4.20	4.10	4.00	3.95	3.89	3.84	3.78	3.73	3.67
9	7.21	5.71	5.08	4.72	4.48	4.23	4.20	4.10	4.03	3.96	3.87	3.77	3.67	3.61	3.56	3.51	3.45	3.39	3.33
10	6.94	5.46	4.83	4.47	4.24	4.07	3.95	3.85	3.78	3.72	3.62	3.52	3.42	3.37	3.31	3.26	3.20	3.14	3.08
11	6.72	5.26	4.63	4.28	4.04	3.88	3.76	3.66	3.59	3.53	3.43	3.33	3.23	3.17	3.12	3.06	3.00	2.94	2.88
12	6.55	5.10	4.47	4.12	3.89	3.73	3.61	3.51	3.44	3.37	3.28	3.18	3.07	3.02	2.96	2.91	2.85	2.79	2.72
13	6.41	4.97	4.35	4.00	3.77	3.60	3.48	3.39	3.31	3.25	3.15	3.05	2.95	2.89	2.84	2.78	2.72	2.66	2.60
14	6.30	4.86	4.24	3.89	3.66	3.50	3.38	3.29	3.21	3.15	3.05	2.95	2.84	2.79	2.73	2.67	2.61	2.55	2.49
15	6.20	4.77	4.15	3.80	3.58	3.41	3.29	3.20	3.12	3.06	2.96	2.86	2.76	2.70	2.64	2.59	2.52	2.46	2.40
16	6.12	4.69	4.08	3.73	3.50	3.34	3.22	3.12	3.05	2.99	2.89	2.79	2.68	2.63	2.57	2.51	2.45	2.38	2.32
17	6.04	4.62	4.01	3.66	3.44	3.28	3.26	3.06	2.98	2.92	2.82	2.72	2.62	2.56	2.50	2.44	2.38	2.32	2.25
18	5.98	4.56	3.95	3.61	3.38	3.22	3.10	3.01	2.93	2.87	2.77	2.67	2.56	2.50	2.44	2.38	2.32	2.26	2.19
19	5.92	4.51	3.90	3.56	3.33	3.17	3.05	2.96	2.88	2.82	2.72	2.62	2.51	2.45	2.39	2.33	2.27	2.20	2.13

（续表）

n_2 \ n_1	1	2	3	4	5	6	7	8	9	10	12	15	20	24	30	40	60	120	∞
20	5.87	4.46	3.86	3.51	3.29	3.13	3.01	2.91	2.84	2.77	2.68	2.57	2.46	2.41	2.35	2.29	2.22	2.16	2.09
21	5.83	4.42	3.82	3.48	3.25	3.09	2.97	2.87	2.80	2.73	2.64	2.53	2.42	2.37	2.31	2.25	2.18	2.11	2.04
22	5.79	4.38	3.78	3.44	3.22	3.05	2.73	2.84	2.76	2.70	2.60	2.50	2.39	2.33	2.27	2.21	2.14	2.08	2.00
23	5.75	4.35	3.75	3.41	3.18	3.02	2.90	2.81	2.73	2.67	2.57	2.47	2.36	2.30	2.24	2.18	2.11	2.04	1.97
24	5.72	4.32	3.72	3.38	3.15	2.99	2.87	2.78	2.70	2.64	2.54	2.44	2.33	2.27	2.21	2.15	2.08	2.01	1.94
25	5.69	4.29	3.69	3.35	3.13	2.97	2.85	2.75	2.68	2.61	2.51	2.41	2.30	2.24	2.18	2.12	2.05	1.98	1.91
26	5.66	4.27	3.67	3.33	3.10	2.94	2.82	2.73	2.65	2.59	2.49	2.39	2.28	2.22	2.16	2.09	2.03	1.95	1.88
27	5.63	4.24	3.65	3.31	3.08	2.92	2.80	2.71	2.63	2.57	2.47	2.36	2.25	2.19	2.13	2.07	2.00	1.93	1.85
28	5.61	4.22	3.63	3.29	3.06	2.90	2.78	2.69	2.61	2.55	2.45	2.34	2.23	2.17	2.11	2.05	1.98	1.91	1.83
29	5.59	4.20	3.61	3.27	3.04	2.88	2.76	2.67	2.59	2.53	2.43	2.32	2.21	2.15	2.09	2.03	1.96	1.89	1.81
30	5.57	4.18	3.59	3.25	3.03	2.87	2.75	2.65	2.57	2.51	2.41	2.31	2.20	2.14	2.07	2.01	1.94	1.87	1.79
40	5.42	4.05	3.46	3.13	3.90	2.74	2.62	2.53	2.45	2.39	2.29	2.18	2.07	2.01	1.94	1.88	1.80	1.72	1.64
60	5.29	3.93	3.34	3.01	2.79	2.63	2.51	2.41	2.33	2.27	3.17	2.06	1.94	1.88	1.82	1.74	1.67	1.58	1.48
120	5.15	3.80	3.23	2.89	2.67	2.52	2.39	2.30	2.22	2.16	2.05	1.94	1.82	1.76	1.69	1.61	1.53	1.43	1.31
∞	5.02	3.69	3.12	2.79	2.57	2.41	2.29	2.19	2.11	2.05	1.94	1.83	1.71	1.64	1.57	1.48	1.39	1.27	1.00

$\alpha=0.01$

n_2 \ n_1	1	2	3	4	5	6	7	8	9	10	12	15	20	24	30	40	60	120	∞
1	4052	4999.5	5403	5625	5764	5859	5928	5982	6022	6056	6106	6157	6209	6235	6261	6287	6313	6339	6366
2	98.50	99.00	99.17	99.25	99.30	99.33	99.36	99.37	99.39	99.40	99.42	99.43	99.45	99.46	99.47	99.47	99.48	99.49	99.50
3	34.12	30.82	29.46	28.71	28.24	27.91	27.67	27.49	27.35	27.23	27.05	26.87	26.69	26.60	26.50	26.41	26.32	26.22	26.13
4	21.20	18.00	16.69	15.98	15.52	15.21	14.98	14.80	14.66	14.55	14.37	24.20	14.02	13.93	13.84	13.75	13.65	13.56	13.46
5	16.26	13.27	12.06	11.39	10.97	10.67	10.46	10.29	10.16	10.05	9.89	9.72	9.55	9.47	9.38	9.29	9.20	9.11	9.02
6	13.75	10.93	9.78	9.15	8.75	8.47	8.26	8.10	7.98	7.87	7.72	7.56	7.40	7.31	7.23	7.14	7.06	6.97	6.88
7	12.25	9.55	8.45	7.85	7.46	7.19	6.99	6.84	6.72	6.62	6.47	6.31	6.16	6.07	5.99	5.91	5.82	5.74	5.65
8	11.26	8.65	7.59	7.01	6.63	6.37	6.18	6.03	5.91	5.81	5.67	5.52	5.36	5.28	5.20	5.12	5.03	4.95	4.86
9	10.56	8.02	6.99	6.42	6.06	5.80	5.61	5.47	5.35	5.26	5.11	4.96	4.81	4.73	4.65	4.57	4.48	4.40	4.31
10	10.04	7.56	6.55	5.99	5.64	5.39	5.20	5.06	4.94	4.85	4.71	4.56	4.41	4.33	4.25	4.17	4.08	4.00	3.91
11	9.65	7.21	6.22	5.67	5.32	5.07	4.89	4.74	4.63	4.54	4.40	4.25	4.10	4.02	3.94	3.86	3.78	3.69	3.60
12	9.33	6.93	5.95	5.41	5.06	4.82	4.64	4.50	4.39	4.30	4.16	4.01	3.86	3.78	3.70	3.62	3.54	3.45	3.36
13	9.07	6.70	5.74	5.21	4.86	4.62	4.44	4.30	4.19	4.10	3.96	3.82	3.66	3.59	3.51	3.43	3.34	3.25	3.17
14	8.86	6.51	5.56	5.04	4.69	4.46	4.28	4.14	4.03	3.94	3.80	3.66	3.51	3.43	3.35	3.27	3.18	3.09	3.00
15	8.68	6.36	5.42	4.89	4.56	4.32	4.14	4.00	3.89	3.80	3.67	3.52	3.37	3.29	3.21	3.13	3.05	2.96	2.87
16	8.53	6.23	5.29	4.77	4.44	4.20	4.03	3.89	3.78	3.69	3.55	3.41	3.26	3.18	3.10	3.02	2.93	2.84	2.75
17	8.40	6.11	5.18	4.67	4.34	4.10	3.93	3.79	3.68	3.59	3.46	3.31	3.16	3.08	3.00	2.92	2.83	2.75	2.65
18	8.29	6.01	5.09	4.58	4.25	4.01	3.94	3.71	3.60	3.51	3.37	3.23	3.08	3.00	2.92	2.84	2.75	2.66	2.57
19	8.18	5.93	5.01	4.50	4.17	3.94	3.77	3.63	3.52	3.43	3.30	3.15	3.00	2.92	2.84	2.76	2.67	2.58	2.49

（续表）

n_2 \ n_1	1	2	3	4	5	6	7	8	9	10	12	15	20	24	30	40	60	120	∞
20	8.10	5.85	4.94	4.43	4.10	3.87	3.70	3.56	3.46	3.37	3.23	3.09	2.94	2.86	2.78	2.69	2.61	2.52	2.42
21	8.02	5.78	4.87	4.37	4.04	3.81	3.64	3.51	3.40	3.31	3.17	3.03	2.88	2.80	2.72	2.64	2.55	2.46	2.36
22	7.95	5.72	4.82	4.31	3.99	3.76	3.59	3.45	3.35	3.26	3.12	2.98	2.83	2.75	2.67	2.58	2.50	2.40	2.31
23	7.88	5.66	4.76	4.26	3.94	3.71	3.54	3.41	3.30	3.21	3.07	2.93	2.78	2.70	2.62	2.54	2.45	2.35	2.26
24	7.82	5.61	4.72	4.22	3.90	3.67	3.50	3.36	3.26	3.17	3.03	2.89	2.74	2.66	2.58	2.49	2.40	2.31	2.21
25	7.77	5.57	4.68	4.18	3.85	3.63	3.46	3.32	3.22	3.13	2.99	2.85	2.70	2.62	2.54	2.45	2.36	2.27	2.17
26	7.72	5.53	4.64	4.14	3.82	3.59	3.42	3.29	3.18	3.09	2.96	2.81	2.66	2.58	2.50	2.42	2.33	2.23	2.13
27	7.68	5.49	4.60	4.11	3.78	3.56	3.39	3.26	3.15	3.06	2.93	2.78	2.63	2.55	2.47	2.38	2.29	2.20	2.10
28	7.64	5.45	4.57	4.07	3.75	3.53	3.36	3.23	3.12	3.03	2.90	2.75	2.60	2.52	2.44	2.35	2.26	2.17	2.06
29	7.60	5.42	4.54	4.04	3.73	3.50	3.33	3.20	3.09	3.00	2.87	2.73	2.57	2.49	2.41	2.33	2.23	2.14	2.03
30	7.56	5.39	4.51	4.02	3.70	3.47	3.30	3.17	3.07	2.98	2.84	2.70	2.55	2.47	2.39	2.30	2.21	2.11	2.01
40	7.31	5.18	4.31	3.83	3.51	3.29	3.12	2.99	2.89	2.80	2.66	2.52	2.37	2.29	2.20	2.11	2.02	1.92	1.80
60	7.08	4.98	4.13	3.65	3.34	3.12	2.95	2.82	2.72	2.63	2.50	2.35	2.20	2.12	2.03	1.94	1.84	1.73	1.60
120	6.85	4.79	3.95	3.48	3.17	2.96	2.79	2.66	2.56	2.47	2.34	2.19	2.03	1.95	1.86	1.76	1.66	1.53	1.38
∞	6.63	4.61	3.78	3.32	3.02	2.80	2.64	2.51	2.41	2.32	2.18	2.04	1.88	1.79	1.70	1.59	1.47	1.32	1.00

$\alpha=0.005$

n_2 \ n_1	1	2	3	4	5	6	7	8	9	10	12	15	20	24	30	40	60	120	∞
1	16211	20000	21615	22500	23056	23437	23715	23925	24091	24224	24426	24630	24836	24940	25044	25148	35253	25359	25465
2	198.5	199.0	199.2	199.2	199.3	199.3	199.4	199.4	199.4	199.4	199.4	199.4	199.4	199.5	199.5	199.5	199.5	199.5	199.5
3	55.55	49.80	47.47	46.19	45.39	44.84	44.43	44.13	43.88	43.69	43.39	43.08	42.78	42.62	42.47	42.31	42.15	41.99	41.83
4	31.33	26.28	24.26	23.15	22.46	21.97	21.62	21.35	21.14	20.97	20.70	20.44	20.17	20.03	19.89	19.75	19.61	19.47	19.32
5	22.78	18.31	16.53	15.56	14.94	14.51	14.20	13.96	13.77	13.62	13.38	13.15	12.90	12.78	12.66	12.53	12.40	12.27	12.14
6	18.63	14.54	12.92	12.03	11.46	11.07	10.79	10.57	10.39	10.25	10.03	9.81	9.59	9.47	9.36	9.24	9.12	9.00	8.88
7	16.24	12.40	10.88	10.05	9.52	9.16	8.89	8.68	8.51	8.38	8.18	7.97	7.75	7.65	7.53	7.42	7.31	7.19	7.08
8	14.69	11.04	9.60	8.81	8.30	7.95	7.69	7.50	7.34	7.21	7.01	6.81	6.61	6.50	6.40	6.29	6.18	6.06	5.95
9	13.61	10.11	8.72	7.96	7.47	7.13	6.88	6.69	6.54	6.42	6.23	6.03	5.83	5.73	5.62	5.52	5.41	5.30	5.19
10	12.83	9.43	8.08	7.34	6.87	6.54	6.30	6.12	5.97	5.85	5.66	5.47	5.27	5.17	5.07	4.97	4.86	4.75	4.64
11	12.23	8.91	7.60	6.88	6.42	6.10	5.86	5.68	5.54	5.42	5.24	5.05	4.86	4.76	4.65	4.55	4.44	4.34	4.23
12	11.75	8.51	7.23	6.52	6.07	5.76	5.52	5.35	5.20	5.09	4.91	4.72	4.53	4.43	4.33	4.23	4.12	4.01	3.90
13	11.37	8.19	6.93	6.23	5.79	5.48	5.25	5.08	4.94	4.82	4.64	4.46	4.27	4.17	4.07	3.97	3.87	3.76	3.65
14	11.06	7.92	6.68	6.00	5.56	5.26	5.03	4.86	4.72	4.60	4.43	4.25	4.06	3.96	3.86	3.76	3.66	3.55	3.44
15	10.80	7.70	6.48	5.80	5.37	5.07	4.85	4.67	4.54	4.42	4.25	4.07	3.88	3.79	3.69	3.58	3.48	3.37	3.26
16	10.58	7.51	6.30	5.64	5.21	4.91	4.69	4.52	4.38	4.27	4.10	3.92	3.73	3.64	3.54	3.44	3.33	3.22	3.11
17	10.38	7.35	6.16	5.50	5.07	4.78	4.56	4.39	4.25	4.14	3.97	3.79	3.61	3.51	3.41	3.31	3.21	3.10	2.98
18	10.22	7.21	6.03	5.37	4.96	4.66	4.44	4.28	4.14	4.03	3.86	3.68	3.50	3.40	3.30	3.20	3.10	2.99	2.87
19	10.07	7.09	5.92	5.27	7.85	4.56	4.34	4.18	4.04	3.93	3.76	3.59	3.40	3.31	3.21	3.11	3.00	2.89	2.78

（续表）

n_2 \ n_1	1	2	3	4	5	6	7	8	9	10	12	15	20	24	30	40	60	120	∞
20	9.94	6.99	5.82	5.17	4.76	4.47	4.26	4.09	3.96	3.85	3.68	3.50	3.32	3.22	3.12	3.02	2.92	2.81	2.69
21	9.83	6.89	5.73	5.09	4.68	4.39	4.18	4.01	3.88	3.77	3.60	3.43	3.24	3.15	3.05	2.95	2.84	2.73	2.61
22	9.73	6.81	5.65	5.02	4.61	4.32	4.11	3.94	3.81	3.70	3.54	3.36	3.18	3.08	2.98	2.88	2.77	2.66	2.55
23	9.63	6.73	5.58	4.95	4.54	4.26	4.05	3.88	3.75	3.64	3.47	3.30	3.12	3.02	2.92	2.82	2.71	2.60	2.48
24	9.55	6.66	5.52	4.89	4.49	4.20	3.99	3.83	3.69	3.59	3.42	3.25	3.06	2.97	2.87	2.77	2.66	2.55	2.43
25	9.48	6.60	5.46	4.84	4.43	4.15	3.94	3.78	3.64	3.54	3.37	3.20	3.01	2.92	2.82	2.72	2.61	2.50	2.38
26	9.41	6.54	5.41	4.79	4.38	4.10	3.89	3.73	3.60	3.49	3.33	3.15	2.97	2.87	2.77	2.67	2.56	2.45	2.33
27	9.34	6.49	5.36	4.74	4.34	4.06	3.85	3.69	3.56	3.45	3.28	3.11	2.93	2.83	2.73	2.63	2.52	2.41	2.29
28	9.28	6.44	5.32	4.70	4.30	4.02	3.81	3.65	3.52	3.41	3.25	3.07	2.89	2.79	2.69	2.59	2.48	2.37	2.25
29	9.23	6.40	5.28	4.66	4.26	3.98	3.77	3.61	3.48	3.38	3.21	3.04	2.86	2.76	2.66	2.56	2.45	2.33	2.21
30	9.18	6.35	5.24	4.62	4.23	3.95	3.74	3.58	3.45	3.34	3.18	3.01	2.82	2.73	2.63	2.52	2.42	2.30	2.18
40	8.83	6.07	4.98	4.37	3.99	3.71	3.51	3.35	3.22	3.12	2.95	2.78	2.60	2.50	2.40	2.30	2.18	2.06	1.93
60	8.49	5.79	4.73	4.14	3.76	3.49	3.29	3.13	3.01	2.90	2.74	2.57	2.39	2.29	2.19	2.08	1.96	1.83	1.69
120	8.18	5.54	4.50	3.92	3.55	3.28	3.09	2.93	2.81	2.71	2.54	2.37	2.19	2.09	1.98	1.87	1.75	1.61	1.43
∞	7.88	5.30	4.28	3.72	3.35	3.09	2.90	2.74	2.62	2.52	2.36	2.19	2.00	1.90	1.79	1.67	1.53	1.36	1.00

$\alpha=0.001$

n_2 \ n_1	1	2	3	4	5	6	7	8	9	10	12	15	20	24	30	40	60	120	∞
1	4053+	5000+	5404+	5625+	5764+	5859+	5929+	5981+	6023+	6056+	6107+	6158+	6209+	6235+	6261+	6287+	6313+	6340+	6366+
2	998.5	999.0	999.2	999.2	999.3	999.3	999.4	999.4	999.4	999.4	999.4	999.4	999.4	999.5	999.5	999.5	999.5	999.5	999.5
3	167.0	148.5	141.1	137.1	134.6	132.8	131.6	130.6	129.9	129.2	128.3	127.4	126.4	125.9	125.4	125.0	124.5	124.0	123.5
4	74.14	61.25	56.18	53.44	51.71	50.53	49.66	49.00	48.47	48.05	47.41	46.76	46.10	45.77	45.43	45.09	44.75	44.40	44.05
5	47.18	37.12	33.20	31.09	27.75	28.84	28.16	27.64	27.24	26.92	26.42	25.91	25.39	25.14	24.87	24.60	24.33	24.06	23.79
6	35.51	27.00	23.70	21.92	20.81	20.03	19.46	19.03	18.69	18.41	17.99	17.56	17.12	16.89	16.67	16.44	16.21	15.99	15.75
7	29.25	21.69	18.77	17.19	16.21	15.52	15.02	14.63	14.33	14.08	13.71	13.32	12.93	12.73	12.53	12.33	12.12	11.91	11.70
8	25.42	18.49	15.83	14.39	13.49	12.86	12.40	12.04	11.77	11.54	11.19	10.84	10.48	10.30	10.11	9.92	9.73	9.53	9.33
9	22.86	16.39	13.90	12.56	11.71	11.13	10.70	10.37	10.11	9.89	9.57	9.24	8.90	8.72	8.55	8.37	8.19	8.00	7.80
10	21.04	14.91	12.55	11.28	10.48	9.92	9.52	9.20	8.96	8.75	8.45	8.13	7.80	7.64	7.47	7.30	7.12	6.94	6.76
11	19.69	13.81	11.56	10.35	9.58	9.05	8.66	8.35	8.12	7.92	7.63	7.32	7.01	6.85	6.68	6.52	6.35	6.17	6.00
12	18.64	12.97	10.80	9.63	8.89	8.38	8.00	7.71	7.48	7.29	7.00	6.71	6.40	6.25	6.09	5.93	5.76	5.59	5.42
13	17.81	12.31	10.21	9.07	8.35	7.86	7.49	7.21	6.98	6.80	6.52	6.23	5.93	6.78	5.63	5.47	5.30	5.14	4.97
14	17.14	11.78	9.73	8.62	7.92	7.43	7.08	6.80	6.58	6.40	6.13	5.85	5.56	5.41	5.25	5.10	4.94	4.77	4.60
15	16.59	11.34	9.34	8.25	7.57	7.09	6.74	6.47	6.26	6.08	5.81	5.54	5.25	5.10	4.95	4.80	4.64	4.47	4.31
16	16.12	10.97	9.00	7.94	7.27	6.81	6.46	6.19	5.98	5.81	5.55	5.27	4.99	4.85	4.70	4.54	4.39	4.23	4.06
17	15.72	10.36	8.73	7.68	7.02	6.56	6.22	5.96	5.75	5.58	5.32	5.05	4.78	4.63	4.48	4.33	4.18	4.02	3.85
18	15.38	10.39	8.49	7.46	6.81	6.35	6.02	5.76	5.56	5.39	5.13	4.87	4.59	4.45	4.30	4.15	4.00	3.84	3.67
19	15.08	10.16	8.28	7.26	6.62	6.18	5.85	5.59	5.39	5.22	4.97	4.70	4.43	4.29	4.14	3.99	3.84	3.68	3.51

（续表）

n_2 \ n_1	1	2	3	4	5	6	7	8	9	10	12	15	20	24	30	40	60	120	∞
20	14.82	9.95	8.10	7.10	6.46	6.02	5.69	5.44	5.24	5.08	4.82	4.56	4.29	4.15	4.00	3.86	3.70	3.54	3.38
21	14.59	9.77	7.94	6.95	6.32	5.88	5.56	5.31	5.11	4.95	4.70	4.44	4.17	4.03	3.88	3.74	3.58	3.42	3.26
22	14.38	9.61	7.80	6.81	6.19	5.76	5.44	5.19	4.98	4.83	4.58	4.33	4.06	3.92	3.78	3.63	3.48	3.32	3.15
23	14.19	9.47	7.67	6.69	6.08	5.65	5.33	5.09	4.89	4.73	4.48	4.23	3.96	3.82	3.68	3.53	3.38	3.22	3.05
24	14.03	9.34	7.55	6.59	5.98	5.55	5.23	4.99	4.80	4.64	4.39	4.14	3.87	3.74	3.59	3.45	3.29	3.14	2.97
25	13.88	9.22	7.45	6.49	5.88	5.46	5.15	4.91	4.71	4.56	4.31	4.06	3.79	3.66	3.52	3.37	3.22	3.06	2.89
26	13.74	9.12	7.36	6.41	5.80	5.38	5.07	4.83	4.64	4.48	4.24	3.99	3.72	3.59	3.44	3.30	3.15	2.99	2.82
27	13.61	9.02	7.27	6.33	5.73	5.31	5.00	4.76	4.57	4.41	4.17	3.92	3.66	3.52	3.38	3.23	3.08	2.92	2.75
28	13.50	8.93	7.19	6.25	5.66	5.24	4.93	4.69	4.50	4.35	4.11	3.86	3.60	3.46	3.32	3.18	3.02	2.86	2.69
29	13.39	8.85	7.12	6.19	5.59	5.18	4.87	4.64	4.45	4.29	4.05	3.80	3.54	3.41	3.27	3.12	2.97	2.81	2.64
30	13.29	8.77	7.05	6.12	5.53	5.12	4.82	4.58	4.39	14.24	4.00	3.75	3.49	3.36	3.22	3.07	2.92	2.76	2.59
40	12.61	8.25	6.60	5.70	5.13	4.73	4.44	4.21	4.02	3.87	3.64	3.40	3.15	3.01	2.87	2.73	2.57	2.41	2.23
60	11.97	7.76	6.17	5.31	4.76	4.37	4.09	3.87	3.69	3.54	3.31	3.08	2.83	2.69	2.55	2.41	2.25	2.08	1.89
120	11.38	7.32	5.79	4.95	4.42	4.04	3.77	3.55	3.38	3.24	3.02	2.78	2.53	2.40	2.26	2.11	1.95	1.76	1.54
∞	10.83	6.91	5.42	4.62	4.10	3.74	3.47	3.27	3.10	2.96	2.74	2.51	2.27	2.13	1.99	1.84	1.66	1.45	1.00

注：“＋”表示要将所列数字乘以 100.

参考文献

[1] 戴明强，刘海涛，艾小川．工程数学［M］．3 版．北京：科学出版社，2021.

[2] 郑洲顺，张鸿雁，王国富．高等工程数学［M］．北京：机械工业出版社，2019.

[3] 张元林，东南大学数学学院．工程数学 积分变换［M］．6 版．北京：高等教育出版社，2019.

[4] 同济大学数学科学学院．工程数学 线性代数［M］．7 版．北京：高等教育出版社，2023.

[5] 吉林大学数学学院，王忠仁，高彦伟．工程数学 复变函数与积分变换［M］．3 版．北京：高等教育出版社，2022.

[6] 王玉清．工程数学（理工类）［M］．天津：天津大学出版社，2019.

[7] 代鸿，张玮．工程数学［M］．北京：清华大学出版社，2019.

[8] 蔡建平，陈婷婷．工程数学基础［M］．杭州：浙江大学出版社，2022.

[9] 严树林，陈莉敏．工程数学基础［M］．北京：高等教育出版社，2022.